高等院校化学化工类专业系列教材

Introductory Guide to
Green Chemical Industry and Cleaner Production

绿色化工
与清洁生产导论

■ 赵德明 编

ZHEJIANG UNIVERSITY PRESS
浙江大学出版社

前　言

　　化学工业为人类作出了巨大贡献,但是纵观整个化学工业,人类已经认识到它虽能向我们提供所需的产品,但也会造成严重的环境污染。人类环境意识的提高与可持续发展的需要均要求现有的化学合成与工业化过程清洁化和绿色化,于是清洁生产和绿色化学应运而生。

　　绿色化学和清洁生产工艺的实施是防治污染的基础和重要工具。绿色和清洁应该成为今后化学发展的特征之一。清洁生产和绿色化学是世界环境保护工作的重大改革,使得环境保护工作由过去的单一末端治理转向以清洁生产及综合利用为主的预防治理,这样不但可减少污染的产生,也可减少污染治理的费用,因此,绿色化学和清洁生产的发展可促进新的工业革命。

　　人类的需求也支配着化学的发展轨迹,人类的绿色需求必将使得化学工业朝着绿色的方向发展。21 世纪化学工业面临的挑战是:一方面要继续为人类的衣、食、住、行和医疗保健等事业作出应有的贡献;另外一方面又要不产生对人类健康和环境有害的影响。惟一的解决办法是走可持续发展道路,从源头考虑,推行清洁生产,探索绿色化学的新途径和新技术,只有当零排放和环境友好的开发理念成为化学工业从业人员的指导思想时,未来以化学为基础的工业才能实现绿色化和清洁化,实现可持续发展。

　　本书主要阐述了环境保护与可持续发展、化学工业与环境污染、化学工业的可持续发展、清洁生产的基本概念、实行清洁生产的步骤、绿色化学和工业生态学、绿色化学与清洁生产、绿色化工产品与清洁生产、工业生态学与清洁生产,以及国内外实施的绿色化工技术实例等内容。全书内容丰富,具有较强的知识性、实用性和可操作性。本书可供化工、环保等行业科研技术人员及管理人员参考,也可作为高等院校相关专业的教学参考书。

　　本书由浙江工业大学赵德明博士/副教授编写。宋嘉彬、王振、张德兴、毕柳、陈中海、宋长江和张谭等同学在文字输入、插图绘制和书稿校验等方面给予了极大的帮助,特此感谢。

绿色化工技术种类繁多,而且新的绿色化工技术不断涌现,限于编写人员水平有限,书中难免有不妥之处,衷心希望广大读者和有关专家学者予以批评指正。

编者

2013 年 08 月

目　录

第1章

绪　论

1.1　全球环境概述

1.1.1　环境的概念

环境,就其词义而言,是指周围的事物。但是当我们讲到周围事物的时候,必然暗含着一个中心事物,即环境总是相对于某一中心事物而言的。环境因中心事物的不同而不同,随中心事物的变化而变化。围绕中心事物的外部空间、条件和状况,构成中心事物的环境。我们通常所涉及的环境是人类的环境,即以人类为中心事物,除人以外的一切其他生命体和非生命体均被视为环境的对象,因此,环境即是以人为中心事物而存在于其周围的一切事物。

对于环境科学来说,中心事物是人类,环境是以人类为主体、与人类密切相关的外部世界。也就是说,环境是指人类赖以生存和发展的各种物质因素交互关系的总和。人与环境之间存在着一种对立统一的辩证关系,两者构成了矛盾的两个方面,它们之间的关系是既相互作用、相互依存、相互促进和相互转化,又相互对立和相互制约。

1.1.2　环境的分类及组成

环境是一个非常复杂的系统,既包括以空气、水、土地、植物、动物等为内容的物质因素,也包括以观念、制度、行为准则等为内容的非物质因素;既包括自然因素,也包括社会因素;既包括非生命体形式,也包括生命体形式。一般可按环境的主体、环境的属性或环境的范围等进行分类。

1. 按环境的主体分类

按环境的主体进行分类,目前有两种体系:

一种是以人为主体,其他的生命物质和非生命物质都被视为环境要素,这类环境称为人类环境。在环境科学中多数学者都采用这种分类方法。人类环境是以人类为中心的,包含人类赖以生存和发展的各种自然因素的综合体。

另一种是以生物为主体,生物体以外的所有自然条件称为环境,这类环境称为生物环境。非生物因素主要包括光、温度、空气、水分等,是生物体赖以生存的环境因素。

2. 按环境的属性分类

按环境的性质不同,可将人类环境分为原生环境(又称自然环境)、次生环境(被人类影响的自然环境,又称人工环境)和社会环境三类。

(1)自然环境

自然环境,是指未经过人的加工改造而天然存在的环境,是人类目前赖以生存、生活和生产所必需的自然条件和自然资源的总称。它在人类出现之前,已按照自己的运动规律经历了漫长的发展过程。自人类出现之后,自然环境就成为人类生存和发展的主要条件。人类不仅有目的地利用它,还在利用过程中不断影响和改造它。自然环境按环境要素不同,可分为大气环境、水环境、土壤环境、地质环境和生物环境等。

(2)人工环境

人工环境,是指人类为了提高物质和文化生活,在自然环境的基础上经过人类人为的加工改造所形成的环境,如城市、居民点、名胜古迹等。

人工环境与自然环境的区别主要在于人工环境是自然物质的形态有了较大的改变,使其失去了原有的面貌。

(3)社会环境

社会环境,是指人与人之间的各种社会关系所形成的环境,包括社会的经济基础、城乡结构,以及同各种社会制度相适应的政治、经济、法律、宗教、艺术、哲学的观念等。它是人类在长期生存发展的社会劳动中所形成的,是在自然环境的基础上,人类通过长期有意识地社会劳动加工和改造了的自然物质、所创造的物质生产体系,以及所积累的物质文化等构成的总和。社会环境是人类活动的必然产物。它一方面可以对人类社会进一步发展起促进作用;另一方面又可能成为束缚因素。社会环境是人类精神文明和物质文明的一种标志,并随着人类社会发展不断地发展和演变,社会环境的发展与变化直接影响自然环境的发展与变化。人类的社会意识形态、社会政治制度,如对环境的认识程度、保护环境的措施,都会对自然环境质量的变化产生重大影响。例如,近代环境污染的加剧正是由于工业迅猛发展所造成的,因而在研究中不可把自然环境和社会环境截然分开。

3. 按环境的范围分类

按照环境的范围大小不同,可以把环境分为聚落环境、地理环境、地质环境和星际环境等。

　　（1）聚落环境

　　聚落是人类聚居的地方与活动的中心。聚落环境是人类有目的、有计划地利用和改造自然环境而创造出来的生存环境,是与人类的生产和生活关系最密切、最直接的工作和生活环境。聚落环境中的人工环境因素占主导地位,它也是社会环境的一种类型。人类的聚落环境,从自然界中的穴居和散居,直到形成密集栖息的乡村和城市。显然,聚居环境的变迁和发展,为人类提供了安全清洁和舒适方便的生存环境。但是,聚落环境乃至周围的生态环境由于人口的过度集中、人类缺乏节制地频繁活动以及对自然界的资源和能源超负荷索取而受到巨大的压力,造成局部、区域以致全球性的环境污染。因此,聚落环境历来都引起人们的重视和关注。

　　聚落环境按规模性质、功能不同,可分为院落环境、村落环境和城市环境。

　　1）院落环境

　　院落环境作为基本环境单元,是由建筑物和与其联系在一起的场院组成的。它的结构、布局、规模和现代化程度是很不相同的,因而,它的功能单元分化的完善程度也是很悬殊的。由于发展的不平衡,它可以是简陋的茅舍,也可以是具有防震、防噪声和自动化空调设备的现代化住宅。它是人类在发展过程中为适应自己生产和生活的需要而因地制宜改造出来的,因而具有明显的时代和地方特征,如我国西南地区的竹楼、内蒙古的蒙古包、陕北的窑洞、北京的四合院、北方的火墙等。

　　院落环境在保障人类工作、生活和健康,促进人类发展过程中起到了积极的作用,但也相应地产生了消极的环境问题。如南方房子阴凉通风,以致冬季在室内比在室外还要冷;北方房屋注意保暖而忽视通风,以致空气污染严重。因此,在今后聚落环境的规划设计中,要加强环境科学的观念,以便在充分考虑利用和改造自然的基础上,通过科学的规划设计,创造出内部结构合理并与外部环境相协调的院落环境。

　　院落环境的污染主要是由居民的生活"三废"造成的。应提倡院落环境园林化,在室内、室外种植绿色植物,以调控人类、生物与大气之间的二氧化碳与氧气平衡。近年来,国内外不少人士主张大力推广无土栽培技术,不仅创造一个令人心旷神怡的居住环境,而且除其产品可供人畜食用外,所收获的有机质及生活废弃物又可生产沼气,提供清洁能源的原料,其废渣、废液又可用作肥料,以促进我们收获更多的有机质和太阳能。这样就把院落环境建造成了一个结构合理、功能良好的人工生态系统,同时减少了居民"三废"的排放。

　　2）村落环境

　　村落主要是农业人口聚居的地方。由于自然条件的不同,以及从事农、林、牧、副、渔业的种类、规模、现代化程度不同,因而无论是从结构上、形态上、规模上,还是从功能上看,村落的类型都是极多的,如平原上的农村、海滨湖畔的渔村等,因而,它所遇到的环境问题也是各不相同的。

　　村落环境的污染主要来自农业污染和生活污染源,特别是农药、化肥的使用使污染日益增加,不仅影响了农副产品的质量,还威胁着人们的身体健康,严重的甚至危及到了人们的生命。我们可以通过用有机肥代替化肥,用速效、易降解农药代替难降解的农药,总之要尽一切努力,加强管理,保障人们身体健康。

提倡建设生态新农村,走可持续发展道路。应因地制宜,充分利用农村的自然条件,综合利用自然资源,如太阳能、风能、水能等分散性自然能源都是非常丰富并可更新的清洁能源。还可以人工建立绿色能源基地,种植速生高产的草木,以收获更多的有机质和"太阳能",从而改变自然能源的利用方式,提高其利用率。

3)城市环境

城市是地球上生物圈的重要组成部分,又是人类文明社会的重要人工生态系统。城市环境则是非农业人口聚居的地方,是人类利用和改造环境而创造出来的高度人工化的生存环境。在世界范围内,城市化的速度日益加快。城市化的发展在为居民提供丰富的物质和文化生活的同时,也带来了严重的环境污染。城市化改变了大气的热量状况,形成了"城市热岛"效应;城市化向大气、水中排放了大量的污染物质;城市化导致了地下水面下降等。城市规模越大,对环境的影响越严重。解决的办法在于大力发展中小城镇,在大城市设置建立卫星城,制定好城市环境规划,以创造整洁、优美的城市环境。

(2)地理环境

地理环境是指一定社会所处的地理位置以及与此相联系的各种自然条件的总和,一般包括地形、地貌、海拔、经纬度等地理因素。地理环境是能量的交错带,位于地球表层,即岩石圈、水圈、土壤圈和生物圈相互作用的交错带上。它下起岩石圈的表层,上至大气圈下部的对流层顶,包括了全部的土壤圈,其范围大致与水圈和生物圈相当。概括地说,地理环境是由与人类生存和发展密切相关的、直接影响到人类衣、食、住、行的非生物和生物等因子构成的复杂的对立统一体,是具有一定结构的多级自然系统,水、土、气、生物圈都是它的子系统。每个子系统在整个系统中有着各自特定的地位和作用,非生物环境都是生物赖以生存的要素,它们与生物种群共同组成生物的生存环境。

(3)地质环境

地质环境主要指的是自地表向下的地壳层,即岩石圈。地理环境是在地质环境的基础上,在星际环境因素的作用和影响下发生和发展起来的。因而,地理环境、地质环境、星际环境之间经常不断地进行着物质、能量和信息的交换。作为地质环境的主体——岩石,在地球内外地质引力的作用下,经过风化、剥蚀、搬运、沉积和生物作用,形成松散介质,使之进入地理环境中,甚至参加星际物质大循环。

如果说地理环境为人们提供了大量的生活资料、可再生的资源,那么,地质环境则为人们提供了大量的生产资料——丰富的矿产资源和难以再生的资源。矿产资源是人类生产资料和生活资料的基本来源,对矿产资源的开发利用是人类社会发展的前提和动力。

(4)星际环境

星际环境又称为宇宙环境,是指地球大气圈以外的宇宙空间环境,由广袤的空间、各种天体、弥漫物质以及各类飞行器组成。

各星球的大气状况、温度、压力差别极大,与地球环境相差甚远。在太阳系中,我们居住的地球距太阳不近也不远,正处于"可居住区"之内,转动得不快也不慢,轨道离心率不大,致使地理环境中的一切变化极有规律又不过度剧烈,这些都为生物的繁茂昌盛创造了美好的条件。地球是目前所知道的惟一一个适合人类居住的星球。研究宇宙环境是为了探求宇宙中各种自然现象及发生的过程和规律对地球的影响。人类对太阳系的研究有助于了解地球的成因及变化规律;有助于人类更好地掌握自然规律和防止自然灾害,创造更理想的生存空间;同时也为星际航行、空间利用和资源开发提供可循依据。

1.1.3 环境的特性

1. 整体性

人与自然环境是一个整体,地球的任一地区或任一生态因素是环境的组成部分。各部分之间存在着紧密的相互联系、相互制约关系。局部地区的环境污染或破坏,总会对其他地区造成影响和危害。某一环境要素恶化,也会通过物质循环影响其他环境要素。因此,生态危机和环境灾难是没有地域边界的。在环境问题上,全球是一个整体,一旦全球性的生态破坏出现,任何地区和国家都将蒙受其害,而且全球性环境问题还具有扩散性、持续性的特点。例如,发达国家在 20 世纪 60 年代末就开始禁止使用有机氯农药,但随后人类还是从生活在南极的企鹅、海豹和北极圈内的北极熊体内检测出仅农业区域使用的 DDT 农药;热带雨林的破坏使全球气候都受影响,不少自然物种灭绝;气温升高,导致干旱、沙漠化加剧;1986 年苏联切尔诺贝利核电站泄漏事故,不仅造成本地区及附近人员的极大伤亡,而且其核泄漏产生的放射性尘埃远飘至北欧,甚至扩散到整个东欧和西欧地区;1991 年海湾战争中伊拉克焚毁科威特油田造成的全球性影响,有人估算会延续数十年。因此,人类生存环境保护从整体上看是没有地区界限和国界的;在环境的保护和治理问题上,地区与地区、国与国之间要进行充分的合作。正如 1972 年《人类环境宣言》指出:"保护和改善人类环境是关系到全世界各国人民的幸福和经济发展的重要问题,也是全世界各国人民的迫切希望和各种政府的责任"。

另外,人类对环境的行为往往不是个人的行为。任何人对环境的态度和行为,所产生的环境后果都不仅限于个人,而会对周围乃至整个人类都造成影响。对环境的治理和保护,需要社会每个成员从自己做起,集合群体的努力才能奏效;而人类对环境的保护和对环境污染的治理,最终将使每个人受惠。

2. 有限性

宇宙空间无限,但是在宇宙间人们所能认识到的天体中,目前发现只有地球适合人类生存。离地球最近的月球上,没有空气和水,只有一片沙砾,是一个死寂的世界;火星上遍布火山和沙漠,空气稀薄(只有地球的 1‰),表层是一个冰封的世界,最低温度在 $-110℃$,最高温度仅 $22℃$;金星又活像一座炼狱,它充满蒸腾的腐蚀大气,温度为 $500℃$,气压高达 $1.013×10^7Pa$;水星、木星、天王星、海王星和冥王星的自然条件,也都无法使生命生存。经科学家们证实,在以地球为中心的至少 $4×10^{14}km$ 的范围内,没有适合人类居住的第二颗星球。

因此,虽然宇宙空间无限,但人类生存的空间以及资源、容纳污染物质的能力、对污染物质的自净能力等都是有限的。因此,人类的生存环境是脆弱的,当人类活动产生的污染物质进入环境的量超越环境的自净能力时,就会导致环境质量恶化,出现环境污染。

3. 不可逆性

人类的环境系统在其运动过程中存在着两个过程:能量流动和物质循环。前一过程是不可逆的,后一过程变化的结果也不可能完全恢复到它原来的状态,可见整个运动过程是不可逆的。因此,环境一旦遭到破坏,人类要消除环境破坏的后果,是需要很长时间的。例如,世界文明的四大发祥地(黄河、恒河、尼罗河、幼发拉底河流域)在远古都是林茂富饶的地方,但都由于不合理的开垦利用使自然环境遭到破坏,至今都仍然无法恢复良性状态。又如英国的泰晤士河,由于工业废水污染,1850 年后河水中的生物基本绝迹,经过一百多年的努力治理,耗费了大量投资才使河水水质有所改善。无数事实证明,不顾环境而单纯追求经济增长会适得其反,因为取得的经济利益是暂时的,环境恶化却是长期的,两相比较,损失是巨大的。人类在经济活动中,必须以预防为主,全面规划,努力避免不可逆环境问题的产生。

4. 潜在性

除了事故性的污染与破坏(如森林火灾、农药厂事故等)可以很快观察到后果外,日常的环境污染与环境破坏对人们的影响,其后果的显现要有一个过程,需要较长时间才能显示出来。如日本九州熊本县南部的水俣镇,在 20 世纪 40 年代生产氯乙烯和醋酸乙烯时采用汞盐催化剂,含汞废水排入海湾,对鱼类、贝类造成污染,人食用了这些鱼、贝引起的水俣病是经过一二十年后,于 1953 年才显露出来的,直到现在还有病患者。再如,我们现在丢弃的泡沫塑料制品,降解需要 300 多年,它们在粉化后进入土壤,会破坏土壤结构,使农业减产。环境污染的危害会通过遗传贻害后世。目前中国每年出生数百万有生理缺陷的婴儿,与过去的环境污染不无关系。

5. 放大性

局部或某方面不引人注目的环境污染与破坏,经过环境的作用后,其危害性或灾害性无论从深度还是广度上都会明显放大。如上游森林的毁坏,可能造成下游地区的水、旱、虫灾害;燃烧释放出来的 SO_2、CO_2 等气体,不仅造成局部空气污染、酸沉降、毁坏湖泊、影响鱼类生存、产生温室效应等后果,还会令大气臭氧层稀薄,结果不但使人类皮肤癌患者增加,而且由于大量紫外线杀死地球上的浮游生物和幼小生物,打断了食物链的始端,以致有可能毁掉整个生物圈。科学家的研究表明,两亿年前由于臭氧层一度变薄,导致地球上 90% 的物种灭绝。

6. 环境自净

环境受到污染后,在物理、化学和生物的作用下,可以逐步消除污染物达到自然净化。环境自净按发生机理不同,可分为物理净化、化学净化和生物净化三类。

(1)物理净化

环境自净的物理作用有稀释、扩散、淋洗、挥发、沉降等。如含有烟尘的大气,通过气流的扩散、降水的淋洗、重力的沉降等作用而得到净化。浑浊的污水进入江河湖海后,通过物理的吸附、沉淀和水流的稀释、扩散等作用,水体恢复到清洁的状态。土壤中挥发性污染物如酚、氰、汞等,因为挥发作用,其含量逐渐降低。物理净化能力的强弱取决于环境的物理条件和污染物本身的物理性质。环境的物理条件包括温度、风速、雨量等。污染物本身的物理性质包括密度、形态、粒度等。温度的升高利于污染物的挥发;风速增大利于大气污染物的扩散;水体中所含的黏土矿物多利于吸附和沉淀。

(2)化学净化

环境自净的化学反应有氧化和还原、化合和分解、吸附、凝聚、交换、络合等。如某些有机污染物经氧化还原作用最终生成水和 CO_2 等;水中铜、铅、锌、镉、汞等重金属离子与硫离子化合,生成难溶的硫化物沉淀;铁、锰、铝的水合物、黏土矿物、腐殖酸等对重金属离子有化学吸附和凝聚作用;土壤和沉积物中的代换作用等均属环境的化学净化。影响化学净化的环境因素有酸碱度、氧化还原电势、温度和化学组分等,污染物本身的形态和化学性质对化学净化也有重大的影响。温度的升高可加速化学反应。有害的金属离子在酸性环境中有较强的活性而利于迁移;在碱性环境中易形成氢氧化物沉淀而利于净化。氧化还原电势值对变价元素的净化有重要的影响。价态的变化直接影响这些元素的化学性质和迁移、净化能力。如三价铬(Cr^{3+})迁移能力很弱,而六价铬(Cr^{6+})的活性较强,净化速率低。环境中的化学反应如生成沉淀物、水和气体则利于净化,如生成可溶盐则利于迁移。

(3)生物净化

生物的吸收、降解作用使环境污染物的浓度和毒性降低或消失。植物能吸收土壤中的酚、氰,球衣菌可以把酚、氰分解为水和 CO_2;绿色植物可以吸收 CO_2,放出 O_2。同生物净化有关的因素有生物的科属、环境的水热条件和供氧状况等。在温暖、湿润、养料充足、供氧良好的环境中,植物的吸收净化能力强。生物种类不同,对污染物的净化能力可以有很大的差异。有机污染物的净化主要依靠微生物的降解作用。如在温度 20~40℃、pH 值 6~9、养料充分、空气充足的条件下,需氧微生物大量繁殖,能将水中各种有机物迅速分解、氧化,转化成为 CO_2、水、氨和硫酸盐等。厌氧微生物在缺氧条件下,能把各种有机污染物分解成甲烷、CO_2 和 H_2S 等。在硫磺细菌的作用下,H_2S 可能转化为硫酸盐。氨在亚硝酸菌和硝酸菌的作用下被氧化成亚硝酸盐和硝酸盐。植物对污染物的净化主要是通过根和叶片的吸收。城市工矿区的绿化,对净化空气有明显的作用。

1.2　环境污染与环境问题

1.2.1　环境问题及其分类

环境问题,就其范围大小而论,可从广义和狭义两个方面理解。从广义上理解,由自然力或人力引起生态平衡破坏,最后直接或间接影响人类的生存和发展的一切客观存在的问题,都是环境问题。从狭义上理解,由于人类的生产和生活活动,使自然生态系统失去平衡,反过来影响人类生存和发展的一切问题,都是环境问题。

　　1. 按引起环境恶化的原因分类

环境问题分类的方法有很多,如果从引起环境恶化的原因,也就是引起环境问题的根源考虑,可将环境问题分为原生环境问题和次生环境问题两类。

　　(1)原生环境问题

原生环境问题也称第一类环境问题。它的产生是由自然界本身运动引起的,较少受人类活动的影响。主要指地震、洪涝、海啸、火山爆发、台风、干旱等自然灾害问题。这类灾难危害剧烈。如1976年7月27日深夜我国唐山发生的7.8级大地震,所释放的能量相当于1000×10^4 t 级的氢弹,是日本广岛原子弹的200倍。十几秒钟的大地震动,就将百万人的城市化作一片废墟。这也说明对于这类环境问题,目前人类的抵御能力还很薄弱。

　　(2)次生环境问题

次生环境问题也称第二类环境问题。它是由于人类不适当的生产和消费而引起的。次生环境问题一般又分为环境污染和环境破坏两大类。

　　1)环境污染

环境污染是指人类活动产生并排入环境的污染物或污染因素超过环境容量和环境自净能力,使环境的构成或状态发生了变化,导致环境质量下降,扰乱和破坏了人们正常的生产和生活。例如,工业"三废"排放引起的大气、水体和土壤污染等,此外还包括声污染、放射性污染和电磁辐射污染等,均是环境污染。

　　2)环境破坏

环境破坏则是指人类开发利用自然资源和自然环境的活动超过了环境的自我调节能力,引起的对自然生态系统的不良影响。例如,乱砍滥伐引起的森林植被被破坏,大面积开垦引起的荒漠化,过度捕猎使珍稀物种灭绝等均属环境破坏。

需要注意的是,原生环境问题与次生环境问题往往难以截然分开,它们常常相互影响、相互作用。例如,人们为了获取食物而大肆毁林垦荒、草原过度放牧而造成植被破坏,从而给水或风对土壤的破坏活动提供了条件,在自然营力的作用下造成了水土流失或土地沙化。由于水土流失或土地沙化导致土壤肥力下降,人们为了补充食物的不足又进行新的植被破坏,从而引发新一轮自然灾害和环境破坏。目前,人类对第一类环境问题尚不能有效防治,只能侧重于检测和预报。

自然环境的运动,一方面有它本身固有的规律,同时也受人类活动的影响。自然的客观性质和人类的主观要求、自然的发展过程和人类活动的目的之间不可避免地存在着矛盾。

人类通过自己的生产与消费作用于环境,从中获取生存和发展所需的物质和能量,同时又将"三废"排放到环境中;环境对人类活动的影响(特别是环境污染和生态破坏)又以某种形式反作用于人类,从而使人类与环境间就以物质、能量、信息联结起来,形成复杂的人类环境系统。

当人类的活动违背自然规律时,就会对环境质量造成一定程度的破坏,从而产生了环境问题。

以环境污染为例,环境对污染虽然具有一定的容纳能力和自净能力,但这种环境容量和自净力都是有限度的。一旦人类活动产生并排入环境的污染物和污染因素超越了这种限度,就会导致环境质量的显著恶化。

人类是地球环境演化到一定阶段的产物,环境是人类赖以生存和发展的基础。人类的生产和消费活动离不开环境;人类的生产和消费活动必然对环境造成影响,也就是说环境问题自古就有,只不过是在古代,由于对自然的开发和利用规模较小,所以环境问题并不十分突出。

2. 按人类社会发展的历程分类

审视人类社会发展的历程,可以将环境问题的产生和发展概括为以下三个阶段:

(1)生态环境的早期破坏

此阶段从人类出现开始直到 18 世纪 60 年代产业革命,是一个漫长的时期。在该阶段,人类经历了从以采集和狩猎为生的游牧生活到以耕种和养殖为生的定居生活的转变。随着种植、养殖和渔业的发展,人类社会开始第一次劳动大分工。人类从完全依赖大自然的恩赐转变到自觉利用土地、生物、陆地水体和海洋等自然资源。人类的生活资料有了较以前稳定得多的来源,人类的种群开始迅速扩大。由于人类社会需要更多的资源来扩大物质生产规模,便开始出现烧荒、垦荒、兴修水利工程等改造活动,从而引起严重的水土流失、土壤盐渍化或沼泽化等问题。但此时的人类还意识不到这样做的长远后果,一些地区因而产生了严重的环境问题,主要是生态退化。较突出的例子是,古代经济发达的美索不达米亚,由于不合理的开垦和灌溉,后来变成了不毛之地;中国的黄河流域,曾经森林广布,土地肥沃,是文明的发源地,而西汉和东汉时期的两次大规模开垦,虽然促进了当时的农业发展,可是由于森林骤减,水源得不到涵养,造成水旱灾害频繁,水土流失严重,沟壑纵横,土地日益贫瘠,给后代带来了不可弥补的损害。但总的说来,这一阶段的人类活动对环境的影响还是局部的,没有达到影响整个生物圈的程度。

(2)近代城市环境问题

此阶段从工业革命开始到 20 世纪 80 年代发现南极上空的臭氧空洞为止。工业革命(从农业占优势的经济向工业占优势的经济的迅速过渡称为工业革命)是世界史一个新时期的起点,此后的环境问题也开始出现新的特点并日益复杂化和全球化。18 世纪后期,欧洲的一系列发明和技术革新大大提高了人类社会的生产力,人类以空前的规模和速度开采和消耗能源及其他自然资源。新技术使英国和美国等在不到一个世纪的时间里先后进入工业化社会,并迅速向全世界蔓延,在世界范围内形成发达国家和发展中国家的差别。工业化社会的特点是高度城市化。这一阶段的环境问题跟工业和城市同步发展。先是由于人口和工业密集,燃煤量和燃油量剧增,发达国家的城市饱受空气污染之苦,后来这些国家的城市周围又出现日益严重的水污染和垃圾污染,工业"三废"、汽车尾气更是加剧了这些污染公害的程度。在 20 世纪六七十年代,发达国家普遍花大力气对这些城市环境问题进行治理,并把污染严重的工业搬到发展中国家,较好地解决了国内的环境污染问题。随着发达国家环境状况的改善,发展中国家却开始步发达国家的后尘,重走工业化和城市化的老路,城市环境问题有过之而无不及,同时伴随着严重的生态破坏。著名的"八大公害事件"大多发生在本阶段,见表 1-1。

表 1-1 八大公害事件

公害事件名称	富山事件	米糠油事件	四日事件	水俣事件	伦敦烟雾事件	多诺拉烟雾事件	洛杉矶光化学烟雾事件	马斯河谷烟雾事件
主要污染物	镉	多氯联苯	SO_2、煤尘、重金属、粉尘	甲基汞	烟尘及 SO_2	烟尘及 SO_2	光化学烟雾	烟尘及 SO_2
发生时间	1931—1975年(集中在20世纪五六十年代)	1968 年	1955 年以来	1953—1961 年	1952 年12 月	1948 年10 月	1943 年5—10 月	1930 年12 月
发生地点	日本富山县神通川流域,蔓延至群马县等地 7 条河的流域	日本九州爱知县等23 个府县	日本四日市,并蔓延几十个城市	日本九州南部熊本县水俣镇	英国伦敦市	美国多诺拉镇(马蹄形河湾,两岸山高120m)	美国洛杉矶市(三面环山)	比利时马期河谷(长 24km,两侧山高90m)

续表

公害事件名称	富山事件	米糠油事件	四日事件	水俣事件	伦敦烟雾事件	多诺拉烟雾事件	洛杉矶光化学烟雾事件	马斯河谷烟雾事件
中毒情况	至1968年5月确诊患者258例,其中死亡128例,1977年12月又死亡79例	患病者5000多人,死亡16人,实际受害者超过1万人	患者500多人,其中36人因哮喘病死亡	截至1972年有180多人患病,50多人死亡,共发生12个婴儿一出生就受损	5天内死亡4000人	4天内43%的居民(6000人)患病,20人死亡	大多数居民患病,65岁以上老人死亡400人	几千人中毒,60人死亡
中毒症状	开始关节痛,继而神经痛和全身骨痛,最后骨骼软化萎缩,饮食不进,衰弱致死	眼皮浮肿,多汗,全身有红丘疹,重者恶心呕吐,肝功能下降,咳嗽不止,甚至死亡	支气管炎、支气管哮喘、肺气肿	口齿不清,步态不稳,面部痴呆,耳聋眼瞎,全身麻木,最后精神失常	胸闷,咳嗽,喉痛,呕吐	咳嗽,喉痛,胸闷,呕吐,腹泻	刺激眼,喉,鼻,引起眼病和咽喉炎	咳嗽,呼吸短促,流泪,喉痛,恶心,呕吐,胸闷窒息
致害原因	食用含镉的米和水	食用含多氯联苯的米糠油	重金属粉尘和SO_2随煤尘进入肺部	海鱼中富含甲基汞,当地居民食用含毒的鱼而中毒	SO_2在金属颗粒物催化下生成SO_3、硫酸和硫酸盐,附在烟尘上被吸入肺部	SO_2、SO_3和烟尘生成硫酸盐气溶胶,被吸入肺部	石油工业和汽车废气在紫外线作用下生成光化学烟雾	SO_2、SO_3和金属氧化物颗粒进入肺部深处
公害成因	炼锌厂未经处理的含镉废水排入河中	米糠油生产中用多氯联苯作热载体,因管理不善,多氯联苯进入米糠油中	工厂大量排出SO_2和煤尘,并含钴、锰、钛等重金属微粒	氮肥厂含汞催化剂随废水排入海湾,转化成甲基苯被鱼类和贝类摄入	居民取暖燃煤中含硫量高,排出大量SO_2和烟尘,又遇逆温天气	工厂密集于河谷形盆地中,又遇逆温和多雾天气	该城400万辆汽车,每天耗油$24×10^7$L,排放烃类1000多吨,盆地地形不利于空气流通	谷地中工厂集中,烟尘量大,逆温天气日有雾

（3）当代环境问题

从1984年英国科学家发现南极上空出现"臭氧空洞"开始,进入当代环境问题阶段。这一阶段的环境问题的特征是,在全球范围内出现了不利于人类生存和发展的征兆,目前这些征兆集中在酸雨、臭氧层破坏和全球气候变暖三大全球性大气环境问题上。与此同时,发展中国家的城市环境问题和生态破坏、一些国家的贫困化愈演愈烈,水资源短缺在全球范围内普遍发生,其他资源(包括能源)也相继出现将要耗竭的信号。这一切表明,生物圈这一生命支持系统对人类社会的支撑已接近它的极限,同时也表明环境问题的复杂性和长远性。

1.2.2　人类对环境问题的认识

"环境问题"是指人类活动引起的不利于人类自身的环境状况的变化,包括自然资源的破坏与环境污染两大类。这些问题在原始时代就已发生。原始人对野生动植物的滥采滥捕,造成生活资料缺乏,引起饥荒,产生了最古老的环境问题。此后,人类学会引种植物,驯化动物,这种有意识、有目的生产活动,显然与人类对原始环境问题的认识有关。

人类在进入农业时代后,为发展生产往往盲目毁林垦荒,造成生态系统结构变化,导致水土流失、气候失调等等新的环境问题。但由于古代生产规模甚小,问题并不显著,加之这一类后果的出现需要较长时间的积累,因而人类对农业时代环境问题的认识比较晚。与此不同,在古代由于疾病威胁人类健康和生命是经常的、直接可见的现象,而某些疾病的流行往往同环境有关,因而人们很早就认识到环境因素、环境污染与人类健康的关系。

虽然在古代还没有区分人为活动与自然因素引起的两类环境问题,但人们已注意到人类活动可以引起环境污染并相应地采取保护环境的措施。并且在认识到环境污染对人体毒害的基础上,进一步产生了判定环境污染的定性检验方法,这是环境监测思想在古代的萌芽。历史上第一份环境质量报告书的出现,也反映出人类对工业时代早期环境问题的认识。

至今为止,随着环境状况的变化,人类对种种环境问题都有所认识,其中包括关于环境状况与人体健康之间、人类活动与环境污染之间的因果关系的思想。这些认识还反映在环境保护的实践活动中。人类在古代已开始运用法律和社会组织措施调节自己的活动以预防环境污染的发生,用工程技术措施来消除已经发生的环境污染,甚至对环境状况进行监测与评价,这些都是环境科学知识的经验形态,反映了环境科学思想在古代的萌芽。这些思想的源头之所以如此遥远地伸向人类历史的最深处,是因为人与环境的关系是自人类诞生以来就面临的重大问题,不可能不对它有所认识。

经过多年的环境治理实践,人类对环境问题的认识已经日臻成熟,并形成了一套具有理论性、系统性和可操作性的理念、思想,有效地指导和推动了环境治理的进程,使得环境恶化的趋势得到了部分缓解和遏制。在未来,如何将这些认识、理念真正贯彻到环境治理的各个方面和领域,依然是人类要重视和面对的重要问题。

1.2.3　当前人类面临的主要环境问题

20世纪以来,随着科学技术和工农业的飞速发展,人类干扰、改造自然界的力量日益强大,环境问题出现的频率日益增加,所涉及范围也越来越大。环境问题已从局部的、小范围的环境污染与生态破坏，经过长期的积累，演变成了区域性、全球性的环境问题。

目前国际社会最关心的全球环境问题主要包括人口问题、资源问题、生态环境变化和环境污染。它们之间相互关联、相互影响，成为当今世界环境科学所关注的主要问题。

1. 人口问题

人是最可贵的财富，可是在若干国家中，特别是在发展中国家，由于人口的迅速增长，加上贫穷、环境退化及不利的经济形势，已使人口与环境之间形成的平衡严重失调，人口的增长与分布超过了当地环境的负载能力。人口迅速增长是令贫穷加深的因素，人口与环境相互影响造成了紧张的社会关系，出现"环境难民"。

可以讲，人口的急剧增加是当今环境的首要问题。人类对环境的影响途径在增多，影响范围在扩大。人类影响环境的原因主要在于人口激增，人口增长速度加快，近百年来，世界人口的增长速度达到了人类历史上的最高峰，目前世界人口已经超过了 60 亿! 据估计，至 2025 年，世界人口可能超过 80 亿，新增加的人口中 90% 都出生在发展中国家。而这些国家有的正在遭受森林破坏、水土流失、木材缺乏、沙漠扩大等问题。众所周知，人既是生产者，又是消费者。从生产者的角度来说，任何生产都需要大量的自然资源来支持，如农业生产要有耕地，工业生产要有能源、矿产资源、生物资源等。随着人口增加、生产规模扩大，一方面所需要的资源要继续增大；一方面在任何生产中都有废物排出，随着生产规模的增大而使环境污染加重。从消费者的角度来说，随着人口的增加、生活水平的提高，则对土地的占用（住、生产食物）越大，对各类资源（如不可再生的能源和矿物、水资源等）的需求亦急剧增加，当然排出的废物量亦增加，加重了环境污染。

我们知道，地球上的一切资源都是有限的，即使是可恢复的资源（如水、可再生的生物资源），每年也是有一定可供量的，其中尤其是土地资源不仅总面积有限，人类难以改变，而且还是不可迁移和不可重叠利用的。这样，有限的全球环境及资源，必将限定地球上的人口也是有限的。如果人口急剧增加，超过了地球环境的合理承载能力，则势必造成生态破坏和环境污染。这些现象在地球上的某些地区已出现了，急需研究和改善。因此，从环境保护和合理利用环境以及持续发展的角度上看，根据人类各个阶段的科学技术水平，计划和控制相应的人口数量，是保护环境、进行可持续发展的主要措施。

2. 资源问题

资源问题是当今人类发展所面临的另一个主要问题。众所周知，自然资源是国民经济与社会发展的重要物质基础，也是人类生存发展不可缺少的物质依托和条件，自然资源与人类社会和经济发展存在着相互作用、相互制约的密切关系。然而，随着全球人口的增长和经济社会的发展，对资源的需求与日俱增，人类对自然资源的巨大需求和大规模的开采消耗已导致资源基础的削弱、退化或枯竭。全球资源匮乏和危机主要表现在：土地资源不断减少和退化，森林资源不断缩小，淡水资源严重不足，生物物种减少，某些矿产资源濒临枯竭等。

　　(1)土地资源

　　土地资源损失,尤其是可耕地资源损失、土壤退化与沙漠化已成为全球性的问题,发展中国家尤为严重。目前,人类开发利用的耕地和牧场,由于各种原因正在不断减少或退化,沙漠化、盐碱化的问题比较严重。而全球可供开发利用的备用资源已很少,在许多地区已经近于枯竭。虽然过去的几十年中粮食产量大大增加,但随着世界人口的快速增长,许多国家的粮食不能自给,人均占有的土地资源在迅速下降,加之缺乏适当的环境管理,把森林和草原改为了耕地,从而加快了土壤退化与水土流失、土壤肥力下降、土地盐碱化。农药和化肥的不适当使用,导致土壤污染。这一系列问题对人类的生存构成了严重威胁,现在世界上有近9亿人口生活在不毛之地或贫瘠的土地上,由此可见土地资源问题的严重性。

　　(2)森林资源

　　森林覆盖着全球陆地的1/3,热带森林总面积共逾190亿公顷,其中120亿公顷是密闭森林,其余则是宽阔树丛。森林具有贮水、气候调节、水土保持及提供生境、保障生物多样性等重要作用。然而目前森林资源减少的形势仍是十分严峻的。

　　砍伐森林的主要原因是把林地改作耕地,提供燃料和木材。由于森林砍伐和造林步伐的严重失调造成土地裸露、土壤流失、气候变化、河水流量减少、湖面下降、农业生产力降低、面临灭绝的野生生物物种数目增加等。

　　(3)水资源

　　水是一切生物赖以生存的物质基础。全球贮水量估计为 $13.9 \times 10^8 \ km^3$,但其中淡水总量仅为 $0.36 \times 10^8 \ km^3$。可利用的不到世界总贮水量1%的淡水,与人类的关系最密切,并且具有经济利用价值。

　　随着世界人口的高速增长以及工农业生产的发展,水资源的消耗量越来越大,世界采水量以3%～5%的速率递增。目前,世界上有43个国家和地区缺水,占全球陆地面积的60%。约有20亿人用水紧张,10亿人得不到良好的饮用水。除了自然条件影响以外,水体污染破坏了水资源是造成水资源危机的重要原因之一。特别是第三世界国家,污水、废水基本不经处理即排入水体,造成一些地区出现有水但严重缺乏可用水的现象。水资源短缺已成为许多国家经济发展的障碍,成为全世界普遍关注的问题。当前,水资源正面临着水资源短缺和用水量持续增长的双重矛盾。正如联合国早在1977年就发出的警告:"缺水不久将成为一项严重的社会危机,石油危机之后下一个危机是水危机。"

　　3. 生态环境恶化

　　全球性的生态环境恶化问题,从广义上讲,包括人口、粮食、资源的矛盾;从环境角度看主要包括热带雨林减少、水土流失、沙漠化、物种多样性锐减等多个方面。

　　(1)热带雨林减少

　　热带雨林减少的原因有林木砍伐、转用为农耕草地、过度放牧、不合理的管理等商业性采伐和森林火灾等。在热带雨林地区,近几年人类增长速度过快,已不能取得必需的土地,接连不断的开垦热带雨林,热带雨林的减少就加速了。全世界近一半的人口用薪柴作主要炊事燃料,薪柴的需要量随人口增长而增加,越来越多的林木从热带雨林运出用作燃料。特别是工业落后的发展中国家,热带雨林采伐的压力越来越大。热带雨林的减少和破坏给全球环境带来严重影响。首先是对气候的影响,如果没有森林,水从地表的蒸发量将显著增加,引起地表热平衡和对流层内发生的变化,地面附近气温上升,由此会产生气候异常,而气候异常将导致干旱地区的农田荒漠化。其次,热带雨林的减少,也会导致许多动植物灭绝。

（2）水土流失

随着森林的砍伐和草原的退化,土地沙漠化和土壤侵蚀将日趋严重。据联合国粮农组织的估计,全世界 $30\%\sim80\%$ 的灌溉土地不同程度地受到盐碱化和水涝灾害的危害,由于侵蚀而流失的土壤每年高达 240×10^8 t。有学者认为,在自然力的作用下,形成 1cm 厚的土壤需要 $100\sim400$ 年的时间,因而土壤侵蚀是一场无声无息的生态灾难。

我国是世界上水土流失最为严重的国家之一。目前全国水土流失面积达 179×10^4 km²,每年土壤流失总量达 50×10^8 t。近 30 年来,虽开展了大量的水土保持工作,但总体来看,水土流失点上有治理,面上在扩大,水土流失面积有增无减,全国总耕地有 1/3 受到水土流失的危害。

植被破坏严重和水土流失加剧,也是导致 1998 年长江流域特大洪灾的主要原因。1957 年长江流域森林覆盖率为 22%,水土流失面积为 36.38×10^4 km²,占流域总面积的 20.2%。1986 年森林覆盖率仅剩 10%,水土流失面积猛增到 73.94×10^4 km²,占流域总面积的 41%。严重的水土流失,使长江流域的各种水库淤积损失库容 12×10^8 m³。由于大量泥沙淤积和围湖造田,30 年间长江中下游的湖泊面积减少了 45.5%,蓄水能力大为减弱。

水土流失还造成不少地区土地严重退化,如全国每年表土流失量相当于全国耕地每年剥去 1cm 的肥土层,损失的氮、磷、钾养分相当于 4000×10^4 t 化肥。同时,在水土流失地区,地面被切割得支离破碎、沟壑纵横;一些南方亚热带山地土壤有机质丧失殆尽,基岩裸露,形成石质荒漠化土地。流失土壤还造成水库、湖泊和河道淤积,黄河下游河床平均每年抬高达 10cm。水土流失给土地资源和农业生产带来极大破坏,严重地影响了农业经济的发展。

（3）沙漠化

1992 年联合国环境与发展大会对荒漠化的概念做了这样的定义:起因于不恰当人类活动的干旱、半干旱和干旱半湿润地带的土地退化现象。这里,土地的概念包括土壤、水资源、地面状态和植被,退化现象指因水蚀、风蚀、土沙堆积、自然植被减少等出现的土地潜在生产力的减退。荒漠化是气候变化与人类活动两个方面综合形成的结果,两者相互影响,交替演变。近代由于人类对自然界的干扰能力达到空前水平,人类活动对自然环境的冲击使本已向荒漠环境演变的变化过程加剧,使荒漠化面积不断扩大。1997 年联合国荒漠化会议后,土地荒漠化作为一个重要的全球环境问题引起了全世界的关注。

　　（4）生物多样性锐减

　　鸟类和哺乳动物现在的灭绝速度可能是它们在未受干扰的自然界中的 $100\sim1000$ 倍。大面积地砍伐森林，过度捕猎野生动物，工业化和城市化发展造成的污染，植被破坏，无控制的旅游，土壤、水、空气的污染，全球变暖等人类的各种活动是引起大量物种灭绝或濒临灭绝的原因。地球上动物、植物和微生物彼此之间相互作用以及与其所生存的自然环境间的相互作用，形成了地球丰富的生物多样性。这种多样性是生命支持最重要的组成部分，维持着自然生态系统的平衡，是人类生存和实现可持续发展必不可少的基础。生物多样性的减少，必将恶化人类生存环境，限制人类生存发展机会的选择，甚至严重威胁人类的生存与发展。

4. 环境污染

　　环境污染作为全球性的重要环境问题，主要指的是温室气体过量排放造成的气候变化、臭氧层破坏、广泛的大气污染和酸沉降、有毒有害化学物质的污染危害及其越境转移、海洋污染等。

　　（1）温室气体及全球气候变化

　　大气中的许多组分（如 CO_2、CH_4 等），对长波辐射有特征的吸收光谱，像单向过滤器一样，可以阻止地面向外辐射红外光，从而把能量截留在大气中，使大气温度升高的现象，叫温室效应。能引起温室效应的气体就叫温室气体。大气中的温室气体，除了 CO_2、CH_4，还包括 N_2O、NO_2、O_3、CO 和 CFCs 等。

　　大气温室气体增加的原因主要是，20 世纪以来世界人口剧增，特别是城市人口增加更快，使人类的工农业生产向自然环境排放的温室气体越来越多。比如工业上煤、石油、天然气等能源的利用量不断增加，使大气中温室气体的含量不断增加，近 200 年来，CO_2 增加了 25%，CH_4 增加了 100%，N_2O 和 NO_2 增加了 19%，CFCs 以前在大气中根本就没有，它是现代工业生产中出现的一类化合物。另外，人类活动改变了温室气体的源和汇；过多地开垦农业土地和发展畜牧业又增加了 CO_2 和 NO_x 等的源。

　　温室气体的不断增加所带来的影响就是全球的气候变化。而气候变化的影响是多尺度、全方位、多层次的。全球气候变暖对全球许多地区的自然生态系统已经产生了影响，如海平面升高，冰川退缩，湖泊水位下降，湖泊面积萎缩，冻土融化，河冰迟冻与早融，中高纬生长季节延长，动植物分布范围向极区和高海拔区延伸，某些动植物数量减少，一些植物开花期提前等。自然生态系统由于适应能力有限，容易受到严重的、甚至不可恢复的破坏。

　　1）全球变暖导致冰川消融，人类的水源告急

　　喜马拉雅冰川正在因全球变暖而急剧"消瘦"。2007 年 4 月，绿色和平考察队在喜马拉雅山拍摄了冰川消融的严峻状况。冰川是地球上最大的淡水来源。自 20 世纪 90 年代起，全球冰川呈现出加速融化的趋势，冰川融化的速度不断加快，意味着更多的人口将面临着洪水、干旱以及饮用水减少的威胁。

　　被称为"亚洲水塔"的青藏高原冰川是中国乃至亚洲许多主要大江大河的源头，数亿人

的用水问题也与之息息相关。而全球变暖正在使青藏高原冰川加速退缩。喜马拉雅冰川的消融比世界任何地区都快,联合国政府间气候变化专门委员会(IPCC)近期发布的报告指出:根据目前的全球变暖趋势,不到 30 年,80%面积的喜马拉雅冰川将消融殆尽。这对于中国本来就日益严峻的水资源问题无疑是雪上加霜。

2)极端气候

暴雪、暴雨、洪水、干旱、台风等极端气候在近几年异常频繁地光顾地球,这些都与全球气候变化大背景有关。2007 年发布的政府间气候变化专门委员会(IPCC)第四次评估报告表明:"自 20 世纪 70 年代以来,干旱的发生范围更广,持续时间更长,程度更严重,特别是热带、亚热带地区。""过去 50 年里,极端高温、低温发生了大范围的变化。昼夜低温、霜冻变得不如以前频繁,而昼夜高温、热浪则愈加常见。"极端天气气候事件发生的频率和强度都有所增强,给人类生命财产安全带来极大的危害。

半个世纪以来,中国长江中下游等南方地区的暴雨明显变多了,而在北方省份,旱灾发生的范围不断扩大。这几年,罕见而强烈的旱灾侵袭许多南方省份,桑美、圣帕等台风频频重创东南沿海省份。近年来,中国每年因气象灾害造成的农作物受灾面积达 5000 万公顷,因灾害损失的粮食有 4300×10^4 t,每年受重大气象灾害影响的人口达 4 亿人次,造成经济损失平均每年达 2000 多亿元人民币。

3)粮食减产

全球变暖造成粮食减产,因为全球变暖带来干旱、缺水、海平面上升、洪水泛滥、热浪及气温巨变,这些都会使世界各地的粮食生产受到严重影响。亚洲大部分地区及美国的谷物带地区,正变得越来越干旱。在一些干旱农业地区,如非洲撒哈拉沙漠地区,只要全球变暖带来轻微的气温上升,粮食生产量都将会大大减少。

全球变暖的细微改变,对粮食生产就会造成意想不到的后果。稻米对温度变化的敏感性就是其中的一个例子。国际稻米研究所的研究显示,晚间最低气温每上升 1℃,稻米收成便会减少 10%。值得警惕的是,稻米是全球过半人口的主要粮食,所以全球变暖的轻微变化可带来深远的影响。

对于中国来说,全球变暖可能导致农业生产的不稳定性增加,高温、干旱、虫害等因素都可能造成粮食减产。如果不采取措施,预计到 2030 年,中国种植业生产能力在总体上可能会下降 5%～10%;小麦、水稻、玉米三大农业作物的产量均会下降,到 21 世纪后半期,产量最多可下降 37%。同时,全球变暖对农作物,如大豆、冬小麦和玉米等品质会产生影响。全球变暖、气温升高还会导致农业病、虫、草害的发生区域扩大,危害时间延长,作物受害程度加重,从而增加农业和除草剂的施用量。此外,全球变暖会加剧农业水资源的不稳定性与供需矛盾。总之,全球变暖将严重影响中国长期的粮食安全。

4)海平面上升,引发海洋灾害

据政府间气候变化专门委员会的《排放情景特别报告》(SRES)估计,与 1999 年的水位相比,到21世纪末,海平面因海洋面积扩大和冰川融化将升高28~58cm。这将加重沿海地区洪涝和侵蚀。如果温度升高冰层继续融化,也不排除海平面到2100年比1999年上升高达1m。目前有证据显示,南极和格陵兰岛冰层正在缓慢融化使海平面升高。

海平面上升将对人类的生存环境产生严重影响,例如沿海地区洪水泛滥,侵蚀海岸线,海水污染淡水,沿海湿地及岛屿洪水泛滥,河口盐度上升,一些低洼沿海城市及村落面临淹没的灾难。一些对岛屿以及沿海地区人口尤其重要的资源,如沙滩、淡水、渔业、珊瑚礁、野生生物栖息地也会受到威胁。

气候变化对中国沿海和海岸带的影响主要表现为海平面不断上升,近30年来中国沿海海平面总体上升了90mm,比全球平均速度更快。同时,气候变化使我国近海各种海洋灾害发生频率和严重程度持续增加,滨海湿地、珊瑚礁等生态系统的健康状况多呈恶化趋势。我国易受极端天气和海洋过程影响的海洋灾害主要有风暴潮、巨浪等,受全球大气和海洋增温影响的灾种主要有赤潮等,其他灾种如海岸侵蚀、海水入侵和土壤盐渍化等和海平面上升有密切关系。由此,极端气候事件加剧了海洋灾害,并已成为制约我国沿海经济发展的重要因素。

5)物种灭绝

联合国政府间气候变化专门委员会于2007年发布的第四次评估报告指出,未来60~70年内,气候变化会导致大量的物种灭绝。现在已经可以确信气候与一些蛙类的灭绝有关。气候变化导致的物种灭绝的风险将会比地球历史上五次严重的物种灭绝还要严重。由温室效应导致的全球气候变暖将造成全球和区域的水热条件变化,温度上升使物种向高海拔、高纬度地区迁移,沿高海拔迁移的物种向上移动退到山顶时,只能在当地灭绝;沿高纬度方向迁移的物种无法逾越在迁移途中遇到的大地自然障碍和人为障碍时也将面临灭绝危险。同时,由于动物在生态系统中复杂的关系,一个物种的灭绝可能引起许多相关物种的灭绝。

(2)臭氧层破坏

臭氧层破坏是当前人类面临的三大全球性环境问题之一,对人类身体健康与生物生长有直接影响,因此受到世界各国的极大关注。

地球上空的平流层中,有一臭氧层,虽然它的浓度从未超过$10\mu L/L$,质量仅占大气质量的百万分之一,但如果没有它的保护,地面上的紫外线辐射就会达到使人致死的程度,整个地球上的生命就将遭到毁灭,因此,臭氧层有"地球保护伞"之称。同时臭氧层对调节地球的气候也具有极为重要的作用。

1985年11月,在环境署总部召开了关于全球环境问题特别是臭氧层问题的讨论会,与会的专家们共同讨论了有关臭氧层的最新科研情况:由于大气中痕量气体浓度的增加,必然改变大气中的臭氧含量和在垂直面的分布,这将影响紫外线对地面的辐射量。1970—1980年,同温层中的臭氧总量在持续减少,特别是20世纪70年代中期以来,根据卫星监测的结果,春季在南极洲上空臭氧总量浓度减少约25%~30%,近年来南极上空出现了一个直径上千公里的臭氧层空洞。科学家们预言：2050 年时，即使不考虑在南北极上空的特殊云层化学，在高纬度地区臭氧的消耗将是 4%～12%，这就是说，停止使用氟利昂和其他危害臭氧层的物质刻不容缓。

臭氧浓度降低和臭氧层的破坏，将对地球生命系统产生极大的危害。臭氧可以减少太阳紫外线对地表的辐射，臭氧减少导致地面接收的紫外线辐射量增加，保护臭氧层和解决全球气候变化是关系到人类生存的重大问题。同时，氟利昂也是能产生温室效应的气体，据估计目前气候变暖的因素中 10%～25% 是氟利昂作用的结果。因此，保护臭氧层已成为一个全球性的问题。

导致大气中臭氧减少和耗竭的物质主要是平流层内超音速飞机排放的大量 NO_x 以及人类大量生产与使用的氟利昂，如 $CFCl_3$（氟利昂-11）、CF_2Cl_2（氟利昂-12）等。1973 年，全球这两种氟利昂的产量达 $48 \times 10^4 t$，其大部分进入低层大气，再进入臭氧层。氟利昂在对流层内性质稳定，但进入臭氧层后，易与臭氧发生反应而消耗臭氧，以降低臭氧层中 O_3 浓度。

目前臭氧层遭到破坏，主要是工业发达国家造成的。1990 年前后，全世界每年使用的受控氯氟烃和卤族化合物约 $114 \times 10^4 t$，其中美国占 28.6%，欧洲经济共同体占 30.6%，日本占 7%，独联体和东欧国家占 14%，澳大利亚和加拿大占 3.5%，上述合计占 83.7%。而中国和其他发展中国家只占 16.3%。根据"多排放、多削减、多负责"的原则，当今保护臭氧层、控制和削减受控物质的重点在工业发达国家，这项历史责任是不允许推托的。

（3）酸雨

近代工业革命开始，蒸汽机大量使用，而后火力电厂星罗棋布，燃煤数量日益猛增。煤在燃烧中排放 SO_2 和 NO_x，它们在高空中被雨雪冲刷、溶解，即形成了酸雨。1872 年英国科学家史密斯首先在他的著作《空气和降雨：化学气候学的开端》中提出"酸雨"这一专有名词：酸雨是指 pH 值小于 5.6 的雨、雪、霜、雾或其他形式的大气降水。

但是近年来通过对降水的观测，特别是对清洁本底的检测，已经对 pH5.6 能否作为酸性降水的界限以及判别人为污染的界限提出了异议。有人认为降水 pH 小于 5.0 为酸雨比较合适。

大气中不同的酸性物质所形成的各类酸都对酸雨的形成起作用，但它们的作用大小不同。一般说来，对形成酸雨，硫酸的作用占 60%～70%，硝酸占 30%，盐酸占 5%，有机酸占 2%。因此，人为排放的 SO_2 和 NO_x 是形成酸雨的两种主要物质。

酸雨的危害是多方面的，包括对人体健康、生态系统和建筑设施都有直接和潜在的危害。

1）酸雨对人体健康的危害

酸雨对人体健康的危害主要有两个方面：一是直接危害，二是间接危害。眼角膜和呼吸道黏膜对酸类十分敏感，酸雨或酸雾对这些器官有明显的刺激作用。酸雨会引起呼吸方面的疾病，如支气管炎、肺病等。酸性微粒还可侵入肺的深层组织，引起肺水肿、肺硬化甚至癌变。据调查,仅在 1980 年,英国和加拿大因酸雨污染而导致死亡的就有 1500 人。

其次,酸雨还对人体健康产生间接影响。酸雨使土壤中的有害金属被冲刷入河流、湖泊,可使饮用水水源被污染;由于农田土壤被酸化,使本来固定在土壤矿化物中的有害重金属,如汞、镉、铅等,再溶出,继而为粮食、蔬菜吸收和富集,最终导致人类中毒、得病。

2)酸雨对水域生物的危害

水域酸化可导致鱼类血液与组织失去营养盐分,导致鱼类烂鳃、变形,甚至死亡。

水域酸化还可导致水生植物死亡,破坏各类生物间的营养结构,造成严重的水域生态系统紊乱。在 pH>6.0 的湖泊中,浮游植物种群正常,随着 pH 值的降低,种群会发生变化。例如,在 pH>6.0 时,湖泊中以硅藻为主;而 pH 值<6.0 时,则被绿藻所取代;当 pH=4.0 时,转板藻成为优势种。

酸雨还会杀死水中的浮游生物,减少鱼类事物来源,破坏水生生态系统。

3)酸雨对陆生植物的危害

研究表明,酸性降水能影响树木的生长,降低生物产量。酸雨能直接侵入树叶的气孔,破坏叶面的蜡质保护层。当 pH<3 时,使植物的阳离子从叶片中析出,破坏表皮组织,流失某些营养元素,使叶面腐蚀而产生斑点,甚至坏死。酸雨还阻碍植物的呼吸和光合作用等生理功能。当 pH<4 时,植物光合作用受到抑制,从而引起叶片变色、皱折、卷曲,直至枯萎。酸雨落地渗入土壤后,还可使土壤酸化,破坏土壤的营养结构,从而间接影响树木生长。

4)酸雨对土壤的危害

酸雨可使土壤发生物理化学性质变化。影响之一是酸雨落地渗入土壤后,使土壤酸化,破坏土壤的营养结构。酸雨使植物所需的营养元素从土壤中淋洗出来,特别是 Ca、Mg、Fe 等阳离子迅速损失。因此,长期的酸雨会使土壤中大量的营养元素被淋失,造成土壤中营养元素的严重不足,从而使土壤变得贫瘠,影响植物的生长和发育。

另一个影响是土壤中某些微量重金属可能被溶解。一方面造成土壤贫瘠化;另一方面有害金属,如 Ni、Al、Hg、Cd、Pb、Cu、Zn 等被溶出,在植物体内积累或进入水体造成污染,加快重金属的迁移。如在 pH=5.6 时,土壤中的铝基本上是不溶解的;但当 pH=4.6 时,铝的溶解性增加约 1000 倍。酸雨造成森林和水生生物死亡的主要原因之一就是土壤中的铝在酸雨作用下转化为可利用态,毒害了树木和鱼类。土壤酸化还可抑制微生物的活动,影响微生物的繁殖,造成土壤微生物分解有机物的能力下降,影响土壤微生物的氨化、硝化、固氮等作用,直接抑制由微生物参与的氮素分解、同化与固定,最终降低土壤养分供应能力,影响植物的营养代谢。

5)酸雨对建筑物的危害

酸雨对金属、石料、水泥、木材等建筑材料均有腐蚀作用。酸雨能使非金属建筑材料(混凝土、砂浆和灰砂砖)表面硬化水泥溶解,出现空洞和裂缝,导致强度降低,从而损失建筑物。特别是许多以大理石和石灰石为材料的历史建筑物和艺术品,耐酸性差,容易受酸雨腐蚀。

(4)危险废弃物越境转移

随着城市的快速发展,各种废弃物大量增加,在当地范围内处理废弃物已感困难,因此希望将废物转移到邻近的城市、村镇以至邻国,以及更容易处理的地方。然而,1982 年发生了污染土壤转移到国外的事件,使有害废物的越境转移变成国际性的问题。为此,联合国环境规划署于 1989 年在瑞士巴塞尔召开了会议并制定了《巴塞尔公约》。废弃物接受地区或被投放地区的居民所遭受的损失和环境的破坏是不可逆转的,所以有害废弃物的处置是个不容忽视的问题。

(5)海洋污染

海洋面积辽阔而又拥有巨量的海水,由陆地流入海洋的各种物质全部被海洋所吞没,而海洋本身却没有因此而发生重大变化。正是这种稳定性,加上海洋是重要的运输渠道,使得海洋成为人类各类污染物的聚集地。百川归海,人类的工业与生活废水通过千百条江河汇集到大海之中,任何地面上的物质都可能通过水这种载体,甚至通过大气为载体进入海洋。从重金属到放射性元素,从无机物质到营养成分和食品,从石油到农药,从液体到固体,从物质到能量都会造成海洋的污染。

据报道,人类每年向海洋倾倒约 $600 \times 10^4 \sim 1000 \times 10^4$ t 石油,约 1×10^4 t 汞,约 25×10^4 t 铜,约 390×10^4 t 锌,约 30×10^4 t 铅,约 100×10^4 t 有机氯农药等。废弃物和污染物对海洋生态系统,特别是海洋生物构成巨大威胁。工业废物已毒死了北海的几千万只海豹,死亡海豹体内含汞量最高达 2860×10^{-6} mg/L,高出正常水平的 600 倍以上。在许多国家的近海海域,鱼贝类因受重金属、农药或其他有毒物质污染而不能食用。

油污染对海洋生态的破坏是严重的,油在海面上漂移会杀死或严重影响浮游生物生存,从而破坏海洋生物的食物链,且越是高等的生物所受的影响越大。海洋污染往往不同于地面水和大气污染,它污染面积极大,并且随风和洋流迅速扩散,使污染的治理工作极难展开。一艘小型海轮发生泄漏往往会影响几百平方公里的海面。但是,现在还没有足够的技术与经济实力对海洋污染进行治理。

1.3 环境保护进展

1.3.1 世界环境保护的发展历程

近百年来,世界各国,主要是发达国家的环境保护工作,大致经历了四个发展阶段。

1. 限制阶段（20 世纪 50 年代以前）

环境污染早在 19 世纪就已发生，如英国泰晤士河的污染、日本足尾铜矿的污染事件等。20 世纪 50 年代前后，相继发生了比利时马斯河谷烟雾、美国洛杉矶光化学烟雾、美国多诺拉烟雾、英国伦敦烟雾、日本水俣病和骨痛病、日本大气污染和米糠油污染事件，即所谓的"八大公害"事件。由于当时尚未搞清这些公害事件产生的原因和机理，所以一般只是采取限制措施。如伦敦发生烟雾事件后，英国制定了法律，限制燃料使用量和污染物排放时间。

2. "三废"治理阶段

20 世纪 50 年代末至 60 年代初，发达国家环境污染问题日益突出。1962 年美国生物学家蕾切尔·卡森所著的《寂静的春天》一书中，用大量的事实描述了有机氯农药对人类和生物界所造成的影响，唤醒了世人的环境意识。于是各发达国家相继成立了环境保护专门机构，但因当时的环境问题还只是被看做是工业污染问题，所以环境保护工作主要就是治理污染源，减少排放量。在法律措施上，颁布了一系列环境保护的法规和标准，加强了法治。在经济措施上，采取给工厂企业补助资金以帮助工厂企业建设净化设施，并通过征收排污费或实行"谁污染、谁治理"的原则，解决环境污染的治理费用问题。在这个阶段，尽管环境污染有所控制，环境质量有所改善，但所采取的"末端治理"措施，从根本上来说是被动的，因而收效并不显著。

3. 综合防治阶段

1972 年 6 月 5—16 日，联合国在瑞典首都斯德哥尔摩召开了人类环境会议，通过了《人类环境宣言》，并提出将每年的 6 月 5 日定为"世界环境日"。这次会议成为人类环境保护工作的历史转折点，它加深了人们对环境问题的认识，扩大了环境问题的范围。宣言指出，环境问题不仅仅是环境污染问题，还应该包括生态破坏问题。另外，它冲破了以环境论环境的狭隘观点，把环境与人口、资源和发展联系在一起，从整体上来解决环境问题。对环境污染问题，也开始实行建设项目环境影响评价制度和污染物排放总量控制制度，从单项治理发展到综合防治。1973 年 1 月，联合国决定成立联合国环境规划署，负责处理联合国在环境方面的日常事务工作。

4. 规划管理阶段

20 世纪 80 年代初，由于发达国家遭遇经济萧条和能源危机，各国都急需协调发展、就业和环境三者之间的关系，并寻求解决的方法和途径。该阶段环境保护工作的重点是制定经济增长、合理开发利用自然资源与环境保护相协调的长期政策。其特点是，重视环境规划和环境管理，对环境规划措施，既要促进经济发展，又要求保护环境；既要有经济效益，又要有环境效益。要在不断发展经济的同时，不断改善和提高环境质量。

20 世纪 70 年代以来，许多国家在治理环境污染上都进行了大量投资。发达国家，如美国、日本用于环境保护的费用约占国民生产总值的 1%～2%；发展中国家为 0.5%～1%。

环境保护在宏观上促进了经济的发展,既有经济效益,又有社会效益和环境效益;但在微观上,尤其是某些污染型工业和城市垃圾,环境污染治理投资较高,运营费用较大,对产品成本有些影响,对城市社会经济的发展是一个重要的制约因素。

1992 年 6 月,在巴西里约热内卢召开了联合国环境与发展大会,这标志着世界环境保护工作又迈上了新的征途。人类开始探求环境与人类社会发展的协调方法,以期实现人类与环境的可持续发展。"和平、发展与保护环境是相互依存和不可分割的。"至此,环境保护工作已从单纯治理污染扩展到人类发展、社会进步这个更广阔的范围,"环境与发展"成为世界环境保护工作的主题。

1.3.2　中国环境保护的发展历程

新中国成立以来,我国的环境保护事业经历了从无到有、从小到大、先发展经济后环保、先污染后治理到经济与环保同步发展,从科学发展观出发走可持续发展道路、建设资源节约型与环境友好型社会的历程。

1. 萌芽阶段(1949—1973 年)

新中国成立初期,由于当时人口相对较少,生产规模不大,所产生的环境问题大多是局部性的生态破坏和环境污染。经济建设与环境保护之间的矛盾尚不突出。

在 20 世纪 50 年代末至 60 年代初"大跃进"时期,特别是全民大炼钢铁和国家大办重工业时,造成了比较严重的环境污染和生态破坏。我国政府派人参加了 1972 年 6 月的第一次人类环境会议,通过这次会议,我国高层的决策者开始认识到中国也同样存在着严重的环境问题,需要认真对待。

2. 起步阶段(1973—1983 年)

1973 年 8 月,国务院召开了第一次全国环境保护会议,审议通过了"全面规划、合理布局、综合利用、化害为利、依靠群众、大家动手、保护环境、造福人民"的 32 字环境保护工作方针和我国第一个环境保护文件——《关于保护和改善环境的若干规定》。至此,我国环境保护事业开始起步。

1974 年 10 月,国务院环境保护领导小组正式成立。之后,各省、自治区、直辖市和国务院有关部门也陆续建立起环境管理机构和环保科研、监测机构,在全国逐步开展了以"三废"治理和综合利用为主要内容的污染防治工作。在此阶段我国颁布了《工业"三废"排放试行标准》,并下发了《关于治理工业"三废",开展综合利用的几项规定》的通知,标志着中国以治理"三废"和综合利用为特色的污染防治进入新的阶段。值此期间,20 世纪 60 年代提出的"三废"处理和综合利用的概念,逐步被"环境保护"的概念所替代。这一时期,制定了全国环境保护规划,实行了以"三废"治理和综合利用为特色的污染防治工作,开始实行"三同时"、污染源限期治理等管理制度。

1978 年 2 月,第五届全国人民代表大会第一次会议通过的《中华人民共和国宪法》规定:"国家保护环境和自然资源,防治污染和其他公害。"这是新中国历史上第一次在宪法中对环境保护基础做出明确规定,为我国环境法制建设和环境保护事业的开展奠定了坚实的基础。1979 年 9 月,新中国的第一部环境保护法——《中华人民共和国环境保护法(试行)》颁布,我国的环境保护工作开始走上法制化轨道。

3. 发展阶段(1983—1995 年)

1983 年 12 月,国务院召开第二次全国环境保护会议,明确提出:"保护环境是我国的一项基本国策",并在该会议上提出了"三同步、三统一"的环境保护战略方针,这也是迄今为止一直在指导着我国环境保护实践的基本方针。这次会议也标志着中国环境保护工作进入发展阶段。

1989 年 4 月,国务院召开了第三次环境保护会议,推出了"三大政策"和"八项制度"。这"三大政策"和"八项制度",把实施基本国策和同步发展方针具体化了,从而使我国的环境管理进入法制化、制度化的新阶段,是环境保护中一个重大的、具有根本意义的转变。

1992 年,我国在世界上率先提出了《环境与发展十大对策》,第一次明确提出转变传统发展模式,走可持续发展道路。随后我国又制定了《中国 21 世纪议程》、《中国环境保护行动计划》等纲领性文件,可持续发展战略成为我国经济和社会发展的基本指导思想。

1993 年 10 月召开了全国第二次工业污染防治工作会议,总结了工业污染防治工作的经验教训,提出了工业污染防治必须实行清洁生产,实行三个转变。这标志着我国工业污染防治工作指导方针发生了新的转变。

4. 深化阶段(1995 年至今)

1996 年 7 月,国务院召开第四次全国环境保护会议,会议确定了《国家环境保护"九五"计划和 2010 年远景目标》,明确了要实行经济体制和经济增长方式这两个根本转变,把科教兴国和可持续发展作为两项基本战略。发布了《国务院关于环境保护若干问题的决定》,部署了《污染物排放总量控制计划》和《跨世纪绿色工程规划》。

1997—1999 年,中央连续 3 年就人口、环境和资源问题召开座谈会,进一步明确了环境保护是可持续发展的关键,为环境保护开拓了一个更为广阔的天地。

2002 年 1 月,国务院召开第五次全国环境保护会议,会议的主题是贯彻落实国务院批准的《国家环境保护"十五"计划》,部署"十五"期间的环境保护工作。

2004 年中央经济工作会议提出大力发展循环经济。循环经济是一种以资源的高效利用和循环利用为核心,以减量化、再利用、资源化为原则,以低消耗、低排放、高效率为基本特征,符合可持续发展理念的经济增长模式,是对"大量生产、大量消费、大量废弃"的传统增长模式的根本变革。

2005 年 12 月,国务院发布了《关于落实科学发展观加强环境保护的决定》。这是深入贯彻十六届五中全会精神,落实科学发展观,构建社会主义和谐社会,指导我国经济、社会与环境协调发展的一份纲领性文件,是引领环保事业发展的重要指南,是环境保护发展史上一个新的里程碑。

2006 年 4 月,第六次全国环境保护大会在北京召开。会议的主题是:以邓小平理论、"三个代表"重要思想和科学发展观为指导,全面落实科学发展观,坚持保护环境的基本国策,深入实施可持续发展战略;坚持预防为主、综合治理全面推进、重点突破,着力解决危害人民群众健康的突出环境问题;坚持创新体制机制,依靠科技进步,强化环境法治,发挥社会各方面的积极性。经过长期不懈的努力,使生态环境得到改善,资源利用效率显著提高,可持续发展能力不断增强,人与自然和谐相处,建设环境友好型社会。

1.4　全球可持续发展的总趋势

1.4.1　可持续发展提出的背景

在人类社会的初期,人口稀少,人类的生活完全依赖于自然环境。当时居住分散,主要聚集在气候适宜,水源丰富的地区,过着采集和狩猎的原始生活。人类活动还没有对自然环境产生明显的影响与破坏作用。此时的环境问题,主要是人口的自然增长、乱采乱捕、滥用自然资源所造成的生活资料的缺乏以及由此而引起的饥荒和迁徙问题。

从原始社会到 18 世纪后半叶,人类通过耕作和畜牧,从自然界获取了较为丰富的生活资料,生活水平有了较大的提高,人口也不断增长。但此时的科学技术还不够发达,为了提高生活水平,增加物质财富,只得扩大耕地面积,增加农作物的播种面积和畜牧数量。为此进行的毁林开荒、过度放牧,使森林、草原遭到了严重的破坏,引起水土流失和沙漠化,导致了严重的生态环境恶化,致使文明衰落。在 2000 多年前,曾是四大文明古国之一的巴比伦王国,森林茂盛,但由于忽视对生态环境的保护,最后被漫漫的黄沙所淹没,从地球上销声匿迹。

18 世纪的工业革命开创了人类历史的新纪元,人类社会由农业文明跨入了工业文明,人类社会进入了一个空前发展的历史时期。科学技术的进步,正以前所未有的规模和速度,有力地推动着经济的高速增长,迅速地改变着社会的面貌。经济的繁荣发展带来了丰裕的物质生活,人们的生活越来越方便,越来越舒适。然而,在不知不觉中,世界人口急剧增长、资源过度消耗与大量浪费、严重的环境污染和生态破坏已经开始成为全球性的重大问题,在20 世纪五六十年代,工业化国家的许多地区都爆发了危害程度不同的公害事件,它们不仅严重地阻碍着经济的发展和人民生活质量的提高,而且已威胁到人类的生存和发展。

在这种严峻的形势下,人类不得不重新审视自己的社会经济行为,认识到通过高消耗追求经济数量增长和"先污染后治理"的传统发展模式已不再适应当今和未来的发展要求,而必须努力寻找一条人口、资源、经济、社会与环境相互协调的、既能满足当代人的需求又不对满足后代人需求的能力构成危害的发展模式。很多有良知、有远见的学者也都从不同的角度撰文论述盲目地发展经济、开发自然将造成的毁灭性影响,呼吁改变以自然环境为代价的经济增长模式,保护自然,保护人类。也就是在这样的历史背景之下,可持续发展的理论逐步形成了。

1.4.2　可持续发展定义的形成

"持续"(sustain)一词来源于拉丁语"sustenere",意思是"维持下去"或"保持继续提高"。针对资源与环境,则应理解为保持或延长资源的生产使用性和资源基础的完整性,意味着使资源能够永远为人们所利用,不至于因其耗竭而影响后代人的生产与生活。

"发展"一词,传统的狭义的含义指的只是经济领域的活动,其目标是产值和利润的增长、财富的增加。随着认识的提高,人们注意到发展并非是纯经济性的,发展应该是一个广泛的概念,它不仅表现在经济的增长、国民生产总值的提高、人民生活水平的改善,还表现在道德水平的提高、社会秩序的和谐、国民素质的改进等。简言之,既要"经济繁荣",又要"社会进步"。

实际上,可持续发展的概念的形成从古至今,由来已久。中国古代《逸周书·大禹篇》中就有这样的"戒律":"春三月,山林不登斧斤以成草木之长,川泽不入网罟以成鱼鳖之长。"《荀子·王制》中也有类似的思想:"草木荣华滋硕之时,则斧斤不入山林,不夭其生,不绝其长也;鼋鼍鱼鳖孕别之时,罔罟毒药不入川泽,不夭其生,不绝其长也;春耕、夏耕、秋收、冬藏,四者不失时,故五谷不绝,而百姓有余粮也;洿池渊沼川泽,谨其时禁,故鱼鳖优多而百姓有余用也;斩伐养长不失其时,故山林不童而百姓有余柴也。"我国先哲有关动植物保护的思想就是早期可持续发展观念的体现。

应该说,从早期可持续发展的朴素思想上升到今天的可持续发展理论还是源于生态学,最初应用于林业和渔业,指的是对于资源的一种管理战略,即如何仅将全部资源中的一部分加以收获,使得资源不受破坏,而新成长的资源数量足以弥补收获的数量。以后,这一词汇很快被用于农业、开发和生物圈,而且不限于考虑一种资源的情形。

1978年,国际环境和发展委员会(WECD)的文件中,较早地使用了可持续发展概念,并把它阐述为"在不牺牲后来人需要的前提下,满足我们这代人的需要"。在1980年由国际自然保护同盟在世界野生生物基金会支持下制定发布的《世界自然保护大纲》中,"可持续发展"一词首次作为术语被提出。同一年,联合国向全世界呼吁:"必须研究自然的、社会的、生态的、经济的以及利用自然资源过程中的基本关系,确保全球持续发展"。1981 年,美国世界观察研究所所长莱斯特·布朗所著的《建设一个可持续发展的社会》中,较为系统地论述了可持续发展社会的内容。1987 年,世界环境和发展委员会向联合国大会提出了《我们共同的未来》的研究报告,全面、系统地分析了人类面临的社会、经济与人口、环境等一系列重大问题,指出如果环境问题不能与人口、资源和经济发展联系在一起,就无法解决由"人口—资源—环境—发展"共同组成的自然与社会体系问题,由此正式提出可持续发展的概念。

许多机构或专家从不同角度表述了可持续发展的定义,但基本含义是一致的。

①世界环境和发展委员会(WECD)的可持续发展定义。

世界环境和发展委员会发表的《我们共同的未来》中将可持续发展定义为"既满足当代人的需求,又不危及后代人满足其需求的发展"。这一定义在 1989 年联合国环境规划署(UNEP)第 15 届理事会通过的《关于可持续发展的声明》中得到接受和认同。它简单明确地表达了两个观点:一是人类要发展;二是发展要有限度。

②侧重自然属性的可持续发展定义。

国际自然保护同盟(IUCN)于 1991 年对可持续发展的定义是"可持续地使用,是指在其可再生能力的范围内使用一种有机生态系统或其他可再生资源"。同年,国际生态学联合会(INTECOL)和国际生物科学联合会(IUBS)将可持续发展定义为"保护和加强环境系统的生产更新能力"。

③侧重社会属性的可持续发展定义。

世界自然保护同盟、联合国环境署和世界野生动物基金会于 1991 年共同发表的《保护地球:可持续生存战略》一书中提出的定义是:"在生存不超出维持生态系统涵容能力的情况下,改善人类的生活品质。"1992 年,联合国环境与发展大会(UNCED)的《里约宣言》中对可持续发展进一步阐述为:"人类应享有以自然和谐的方式过健康而富有成果的生活的权利,并公平地满足今世后代在发展和环境方面的需要,求取发展的权利必须实现。"

④侧重于经济属性的可持续发展定义。

这类定义把可持续发展的核心看成是经济发展。当然,这里的经济发展已不是传统意义上的以牺牲资源和环境为代价的经济发展,而是不降低环境质量和不破坏世界自然资源基础的经济发展。在《经济、自然资源、不足和发展》中,作者巴比尔把可持续发展定义为:"在保护自然资源的质量和其所提供服务的前提下,使经济发展的净利益增加到最大限度。"普朗克和哈克在 1992 年对可持续发展所作出的定义是:"为全世界而不是少数人的特权所提供公平机会的经济增长,不进一步消耗自然资源的绝对量和涵容能力。"英国经济学家皮尔斯和沃福德在 1993 年合著的《世界末日》一书中,提出了以经济学语言表达的可持续发展的定义:"当发展能够保证当代人的福利增加时,也不应使后代人的福利减少。"而经济学家科斯坦萨等人则认为,可持续发展是能够无限期地持续下去而不会降低包括各种"自然资本"存量(量和质)在内的整个资本存量的消费数量。世界银行在 1992 年度《世界发展报告》

中称:"可持续发展指的是建立在成本效益比较审慎的经济分析基础上的发展和环境政策,加强环境保护,从而导致福利的增加和可持续水平的提高。"

⑤侧重于科技属性的可持续发展定义。

这主要是从技术选择的角度扩展了可持续发展的定义。有学者认为:"可持续发展就是转向更清洁、更有效的技术,尽可能接近'零排放'或'密闭式'的工艺方法,尽可能减少能源和其他自然资源的消耗。"还有的学者提出:"可持续发展就是建立极少产生废料和污染物的工艺或技术系统。"他们认为污染并不是工业活动不可避免的结果,而是技术水平差、效率低的表现。美国世界资源研究所在1992年提出,可持续发展就是建立极少废料和污染物的工艺和技术系统。

可持续发展是从环境与自然资源角度提出的关于人类长期发展的战略与模式。它不是一般意义上所指的一个发展进程要在时间上的连续运行、不被中断,而是强调环境与自然资源的长期承载力对发展的重要性以及发展对改善生活质量的重要性。它强调的是环境与经济的协调,追求的是人与自然的和谐。

1.4.3　可持续发展的内涵

从字面意思上讲,可持续发展包含两层意思:第一层意思是人类为了生存不能不发展;第二层意思是这种发展要能够持续下去。

在传统意义上,发展是指经济领域的活动,以增加物质财富、产值和利润为主要目标。这种单纯发展经济的社会弊端已经被人们所认识,我们要实现经济增长,必须实行某些社会变革。吴丹在担任联合国秘书长时就曾提出一个著名的公式:

发展＝经济增长＋社会变革

然而,在实行这些社会变革时并没有考虑到环境的代价。工业革命的惨痛教训就是在发展经济技术的同时,牺牲了环境的利益。

惨痛的历史教训告诫人们,如果把发展局限于经济上的理解,将不可避免地给人类带来环境灾难。著名法国人权学者苏珊·乔治曾经指出:"发展是超脱于经济、技术和行政管理的现象,它不仅表现为经济增长、国民生产总值提高和人民生活水平改善,还应该表现为文学、艺术和科学技术昌盛,国民伦理道德水平提高,社会秩序稳定,社会环境和谐和国民综合素质提高等方面"。如果经济增长和人均收入提高并没有带来社会文明与进步和人民生活质量的实质性(包括物质的、精神的、生存环境的,并且生存环境是前两者的基础)提高,就不能认为社会是在发展。

一方面要发展经济,一方面要保护环境、维护生态系统平衡,因此,发展就必然要受经济因素、社会因素和生态因素的制约。只有在经济、社会和生态承受能力之内的发展,才能达到在经济发展的同时不损害生态系统承载力的目的。只有人类生存的根基不被破坏,发展才有可能是持续的。

在可持续发展理论形成的过程中,学者们从各种角度去阐述它,给它下了各种各样的定义。尽管学者们的定义有所差异,但是,它们的内涵却基本一致,就是追求人口、资源、环境之间的平衡与协调。它是一个包括社会经济、科学技术、人文环境、历史传承和自然环境的综合概念。所谓综合,就是不仅要有社会经济、资源环境、人口发展方面的可持续性,而且三者之间是一个相互影响、相互制约的综合体。在以往,经济学家往往强调经济增长以保持人类生活水平的提高;生态学家往往强调保持生态系统的完整性及其良好的环境功能;而社会学家则更多地强调人的权利与社会文化的多样性。事实上,社会经济、资源环境、人口发展三者之间有这样的辩证关系:如果没有资源环境的可持续利用与永续保护,人类的生存与发展就失去了根基,也就没有了社会经济的可持续发展,没有了社会经济的可持续发展,也就没有了良好的人口质量和适宜的人口数量。

可持续发展有着丰富的内涵。在社会观上,它主张资源开发与分配上的公平;在经济观上,它主张在保护生态系统的前提下去发展经济;在自然观上,它主张人类与环境之间的和谐;在伦理观上,它主张人类应该与地球上的一切生物和平共处。这些观念充分体现了当代社会可持续发展的一些重要原则:公平性、持续性和共同性。

1. 公平性原则

公平性原则主要包括三个方向:一是当代人的公平,即要求满足当代全球各国人民的基本要求,予以机会满足其追求较好生活的愿望;二是代际间的公平,即每一代人都不应该为当代人的发展与需求而损害人类世世代代满足其需求的自然资源和环境条件,当代人享有的正当的环境的权利,即享有在发展中合理利用资源和拥有清洁、安全、舒适的环境的权利,后代人也同样享有这些权利,不能一味片面地追求自身的发展和消费,而剥夺了后代人理应享有的发展与消费的机会,这一代人要把环境权利和环境义务有机地统一,在维护自身权利的同时,也要维护后代人生存与发展的权利,应给予世世代代利用自然资源的权利;三是公平分配有限的资源,即应结束少数发达国家过量消费全球共有资源,给予广大发展中国家合理利用更多的资源以达到经济增长和发展的机会。

2. 持续性原则

该原则要求人类对于自然资源的消耗速率应该考虑资源与环境的临界性,不应该损害支持生命的大气、水、土壤、生物等自然系统。持续性原则的核心是人类经济和社会发展不能超越资源和环境的承载能力。"发展"一旦破坏了人类生存的物质基础,"发展"本身也就衰退了。

3. 共同性原则

可持续发展对于世界各国所表现的公平性和持续性原则都是共同的,实现这一总目标必须采取全球共同的联合行动。正如 2000 年 9 月 8 日中国国家主席江泽民在联合国千年首脑会议上指出:经济全球化趋势正在给全球经济、政治和社会生活等诸多方面带来深刻影响,既有机遇也有挑战。在经济全球化的过程中,各国的地位和处境很不相同。我们需要世界各国"共赢"的经济全球化,需要世界各国平等的经济全球化,需要世界各国公平的经济全球化,需要世界各国共存的经济全球化。

但可持续发展强调的是环境与经济的协调发展,追求的是人与自然的和谐。其核心思想是,健康的经济发展应建立在生态持续能力、社会公正和人民积极参与自身发展决策的基础上,它所追求的目标是既要使人类的各种需求得到满足,个人得到充分发展;又要保护生态环境,不对后代人的生存和发展构成危害。它所关注的是各种经济活动的合理性,强调对环境有利的经济活动应给予鼓励,对环境不利的经济活动应给予摒弃。在发展指标上,不单纯用国民生产总值作为衡量发展的惟一指标,而是用社会、经济、文化、环境、生活等多项指标来衡量发展。可持续发展较好地考虑了眼前利益与长远利益、局部利益与全局利益的有机结合,使经济能够沿着健康的轨道发展,由传统的经济增长模式转变为可持续的发展模式,这就是可持续发展的明智选择。

可持续发展还包括以下几层含义:

①可持续发展尤其强调的是发展,把消除贫困当做实现可持续发展的一项不可缺少的条件。特别是对发展中国家来说,发展尤为重要。目前发展中国家正经受着贫困和生态恶化的双重压力,贫困是导致生态恶化的根源,生态恶化又加剧了贫困。因此,可持续发展对于发展中国家来说,第一位的是发展,只有发展才能为解决生态危机提供必要的物质条件,也才能最终摆脱贫困。

②可持续发展指经济发展与环境保护相互联系、不可分割,并强调把环境保护作为发展进程的一个重要组成部分,作为衡量发展质量、发展水平和发展程度的客观标准之一。越是在经济快速发展的情况下,越要加强环境与资源保护,这就是可持续发展区别于传统发展的一个重要标志。

③可持续发展呼吁人们改变传统的生产方式和消费方式,要求人们在生产时要尽量少投入、多产出,在消费时要尽可能多利用、少排放。因此,必须纠正过去那种靠高消耗、高投入、高污染和高消费来带动和刺激经济增长的模式,只有大量先进生产技术的研制、应用和普及,才能使单位产量的能源、物耗大幅度的下降,也才能实现少投入、多产出的生产方式,进而减轻经济发展对资源和能源的依赖,以及对环境的压力。

④可持续发展要求人们必须彻底改变对自然界的传统态度。不能再把自然界看做可以被人类随意盘剥和利用的对象,而是把自然看做人类的生命和价值的源泉。人类必须学会尊重自然、善待自然、保护自然,把自己当做自然界中的一员,与之和谐相处。

1.4.4　中国的可持续发展战略

中国的社会经济正在蓬勃发展,充满生机与活力,但同时也面临着沉重的人口、资源与环境压力,隐藏着严重的危机,发展与环境的矛盾日益尖锐。表 1-2 列出的新中国成立 60 多年来的环境态势可以说明这一点。

表 1-2 中国各时期的环境态势

项目	1949 年以前的情况	60 多年来的发展历程	当前存在的主要问题	目前仍沿用的决策偏好
人口	数量极大,素质低	人口数量增长快,人口素质提高滞后	人口数量大,低素质,老龄化,教育落后	重人口数量控制,轻人口素质提高,未及时重视老龄化隐患
资源	人均资源较缺乏	资源开发强度大,综合利用率低	土地后备资源不足,水资源危机加剧,森林资源短缺,各种矿产资源告急	对各种资源管理重消耗,轻管理;重材料开发,轻综合管理;采富轻贫
能源	能源总储量大,但人均储量少,煤炭质量差	一次能源开发强度大,二次能源所占比例小	一次能源以煤为主,二次能源开发不足,煤炭大多不经洗选,能源利用率低	重总量增长,轻能源利用率的提高;重火电厂的建设,轻清洁能源的开发利用;重工业和城镇能源的开发,轻农村能源问题的解决
社会经济发展	社会、经济严重落后	经济总体增长率高,波动大,经济技术水平低,效益低	以高资源消耗和高污染为代价换取经济的高速增长,单位产值能耗、物耗高;产业效益低,亏损严重,财政赤字大	增长期望值极高,重速度,轻效益;重外延扩展,轻内涵;重本位利益,轻全局利益;重长官意志,轻科学决策
自然资源	自然环境相对脆弱	生态环境总体恶化,环境污染日益突出,生态治理和污染治理严重滞后	自然生态破坏严重,生态赤字加剧;污染累计量递增,污染范围扩大,污染程度加剧	环境意识逐渐增强,环境法则逐渐健全,但执法不力,决策被动,治理投资空位,环境监督虚位

上述态势的发展,特别是自然生态环境的恶化,已成为社会、经济发展的重大障碍,也使经济领域的隐忧不断加剧。几十年来发展的传统模式已不能适应中国的社会、经济发展,迫切需要新的发展战略,走可持续发展之路就成为中国未来发展的惟一选择,惟此才能摆脱人口、环境、贫困等多层压力,提高发展水平,开拓更为美好的未来。

在联合国环境与发展会议之后,中国政府认真履行自己的承诺,在各种场合,以各种形式表示了中国走可持续发展之路的决心和信心,并将可持续发展战略确定为我国的两大发展战略之一。

1. 实施可持续发展战略的重大举措

中国自 1992 年联合国环境与发展会议以来,在推进可持续发展方面作了不懈的努力。产生于《中国 21 世纪议程》框架下的一批优先项目正在付诸实施。《国民经济和社会发展"九五"计划和 2010 年远景目标纲要》把可持续发展作为一条重要的指导方针和战略目标,并明确作出了中国今后在经济和社会发展中实施可持续发展战略的重大决策。建立中国可持续发展指标体系的工作正在进行。ISO14000 认证体系的推广工作取得了较大进展,已经有一批带有生态标志的产品进入消费者的家庭。一些地区建立了生态农业实验区,遵循可持续发展为指导的原则,在保护和改善生态环境的同时提高农业生产力。所有这些表明,中国正在积极按照可持续发展的原则进行多方面的实践。

中国在可持续发展领域制定的重要方案和进行的重大研究主要有:

①指导中国环境与发展的纲领性文件——《中国环境与发展十大对策》;

②关于环境保护战略的政策性文件——《中国环境保护战略》;

③履行《蒙特利尔议定书》的具体方案——《中国逐步淘汰消耗臭氧层物质国家方案》;

④全国环境保护十年纲要——《中国环境保护行动计划》;

⑤中国人口、环境与发展的白皮书,国家级实施可持续发展的战略框架——《中国 21 世纪议程》;

⑥履行《生物多样性公约》的行动计划——《中国生物多样性保护行动计划》;

⑦国家控制温室气体排放的研究——《中国温室气体排放控制的问题与对策计划》;

⑧专项领域实施可持续发展的纲领——《中国环境保护 21 世纪议程》、《中国 21 世纪议程林业行动计划》、《中国海洋 21 世纪议程》;

⑨指导环境保护工作的纲领性文件——《国家环境保护"九五"计划和 2010 年远景目标》;

⑩"九五"期间,国家在可持续发展领域实施的两项重大举措——《"九五"期间全国主要污染物排放总量控制计划》和《中国跨世纪绿色工程规划》。

2.《中国 21 世纪议程》的实施进程

《中国 21 世纪议程》的实施,将为逐步解决中国的环境与发展问题奠定基础,有力地推动中国走上可持续发展的道路。自《中国 21 世纪议程》颁布以来,中国各级政府分别从计划、法规、政策、宣传、公众参与等不同方面加以推动实施。主要包括以下四个方面:

①结合经济增长方式的转变推进《中国 21 世纪议程》的实施。一是在实施《中国 21 世纪议程》的过程中,既充分发挥市场对资源配置的基础性作用,又注重加强宏观调控,克服市场机制在配置资源和保护环境领域的"失效"现象。二是促进形成有利于节约资源、降低消耗、增加效益、改善环境的企业经营机制,有利于自主创新的技术进步机制,有利于市场公平竞争和资源优化配置的经济运行机制。三是加速科技成果转化,大力发展清洁生产技术、清

洁能源技术、资源和能源有效利用技术以及资源合理开发和环境保护技术等。加强重大工程和区域、行业的软科学研究,为国家、部门、地方的经济、社会管理决策提供科技支撑。四是坚持资源开发与节约并举,大力推广清洁生产和清洁能源。五是结合农业、林业、水利基础设施建设,"高产、高效、低耗、优质"工程和生态农业的推广,调整农业结构,优化资源和生产要素组合,加大科技兴农的力度,保护农业生态环境。六是研究、制定和改进可持续发展的相关法规和政策,研究可持续发展的理论体系,建立与国际接轨的信息系统。七是研究、改进、完善和制定一系列的管理制度,包括使可持续发展的要求进入有关决策程序的制度、对经济和社会发展的政策和项目进行可持续发展评价的制度等,以保证《中国 21 世纪议程》有关内容顺利实施。

②通过国民经济和社会发展计划实施《中国 21 世纪议程》。根据国务院决定,《中国 21 世纪议程》将作为各级政府制定国民经济和社会发展中长期计划的指导性文件,其基本思想和内容要在计划里得以体现。国务院要求各有关部门和地方政府要按照计划管理的层次,通过国民经济和社会发展计划分阶段地实施《中国 21 世纪议程》。主要是创造条件,优先安排对可持续发展有重大影响的项目;对建设项目进行是否符合可持续发展战略的评估;对不符合可持续发展要求的项目,坚决予以修改和完善。特别是按照可持续发展的思想,对经济和社会发展的政策和计划进行评估,以避免重大失误。

③大力提高全民可持续发展意识。一是要加强有关可持续发展的教育。各级教育部门逐步将可持续发展思想贯穿于从初等到高等教育全过程中。二是要加强有关可持续发展的宣传和科学技术普及活动,充分利用大众传媒,积极宣传可持续发展思想。三是要加强有关可持续发展的培训。《中国 21 世纪议程》的实施需要群众的广泛参与,各级领导干部担负着组织实施的重任。因此,应把各级管理干部,特别是各级决策层干部的可持续发展培训放在重要的位置。

④利用国际合作实施《中国 21 世纪议程》。为了加强中国可持续发展能力建设和实施示范工程,国家从各地方、各部门实施可持续发展战略的优先项目计划中,选择有代表性的适合于国际合作的项目,列入《中国 21 世纪议程》优先项目计划,以争取国际社会的支持。

3. 实施可持续发展战略取得的进展

①建立了可持续发展战略实施的组织管理体系。在中央政府一级成立了《中国 21 世纪议程》领导小组及其办公室和《中国 21 世纪议程》管理中心,并在大部分省、自治区和直辖市成立了 21 世纪议程领导小组。还在若干城市开展了实施《中国 21 世纪议程》的地方试点工作。

②在《中国 21 世纪议程》的指导下,制定了若干省、市级乃至个别县级的 21 世纪议程或行动计划;国务院各部委也制定了本行业的 21 世纪议程或行动计划,如国家林业局的《中国 21 世纪议程林业行动计划》、原国家环境保护总局的《中国环境保护 21 世纪议程》等。

③将可持续发展思想落实到国民经济和社会发展计划中。例如,国家科委组织制定了

《全国生态环境建设规划》,水利部制定了《全国水利中长期供求计划》和《跨世纪节水行动计划》等,原国家环境保护总局实施了《"九五"期间全国主要污染物排放总量控制计划》和《中国跨世纪绿色工程计划》等。

④可持续发展立法进程加快,执法力度加强,使可持续发展战略的实施逐步走向法制化和科学化的轨道。近年来制定和修订的与此有关的法律法规有《矿产资源法》、《土地管理法》、《森林法》等。迄今我国颁布了环境保护法 6 部、自然资源管理法 9 部、环境保护与资源管理行政法规 30 多部、各类国家环境标准 395 项、地方性环境保护与资源管理法规 600 多项。

⑤环境污染治理取得阶段性成果,环保产业已经起步。对确定为污染治理重点的"三河"(淮河、辽河、海河)、"三湖"(太湖、滇池、巢湖)、"两区"(酸雨控制区、二氧化硫控制区)、"一市"(北京市)的污染防治工作已经全面展开,并取得了初步成效。到 2010 年止,环保企事业单位已有 35000 多家,从业人员 300 万人,固定资源总值 7900 亿元,年创产值 1000 亿元,占 GDP 的 1.34%。

⑥生态建设步伐加快。1998 年后国务院先后批准了《全国自然保护区规划》和《全国生态环境建设规划》,标志着生态环境保护建设提到了优先议程。全国已建立国家级生态农业示范区 51 个、省级示范区 100 多个、市县级示范区 2000 多个,总面积达 $1.30 \times 10^7 \, hm^2$ 上,约占全国耕地面积的 13.7%,其中有 7 个生态农业示范区进入了联合国环境规划署(UNEP)的"全球 500 佳"。

⑦国民可持续发展意识与社会参与意识有所提高。环境科学基础公共课程开始纳入高等学校教学内容。可持续发展研究进入了高等学校和科研机构的研究视野,并通过大众传媒将可持续发展思想传播到千家万户,极大地提高了国民的可持续发展意识。

1.5　环境保护与可持续发展

1.5.1　环境保护与可持续发展的关系

在人口众多、资源相对不足的中国,进行现代化建设必须实施可持续发展战略。这一战略的意义在于谋求经济发展与人口、资源、环境之间的协调关系,以期国家经济社会能够长期稳定地健康发展,而环境保护工作的开展则是实施可持续发展战略的基本前提和本质要求,这是因为:

①人总是生活在一定的自然环境中,每天都要从外界摄取空气、食物和水分。良好的自然环境是人类赖以生存的前提条件,自然环境受到某种程序的污染即会对人民群众的身体

健康造成相应的危害,如果任其发展,必将严重影响到可持续发展战略的实施。

②通过加强环境保护工作,可以使矿产、能源、水等资源得以合理开发利用,避免资源浪费,促进国民经济的可持续发展。

③环境保护对农业生产的可持续发展具有十分重大的意义。农业是国民经济的基础,搞好农业对保证社会经济的发展、改善人民生活、保持社会稳定,具有重要作用。然而,随着乡镇企业的迅速发展,在地区利益和短期效益的驱使下,对农业资源的过度利用再加上各种污染已经在一定程度上威胁到了农业的发展,进一步加重了农村生态环境的恶化。大量消耗资源并且以牺牲生态环境为代价的发展模式,使各种生态危机日益加重,这些危机目前已直接威胁到了人类的生存与发展,人类迫于这些生态压力,不能不再对土地、水域、森林等的退化予以关注。

④环境保护搞得好,可以促进当地经济的发展。良好的环境状况可以为招商引资创造有利条件。在优美的环境中从事经营活动,心情舒畅,有益健康;另一方面,许多高精尖的工业本身对环境就有很高的要求,不够洁净的空气和水源会使产品的品质受到影响。

综上所述,环境保护对于工农业生产、医药卫生等经济社会诸多方面的可持续发展都具有十分重大的意义。当然,由于我国经济还不够发达,资金技术力量有限,人民群众的环保意识还有待提高,经济发展与人口增长又给环境造成巨大压力,使得环境的保护与改善存在着相当大的困难。但是,应该吸取西方一些发达国家在这方面的经验教训,决不能再走那种先污染后治理的老路。只要立足于我国的现实国情,调动各方面的积极因素,走一条有中国特色的环保之路,就一定能够搞好环境保护工作,促进经济社会的可持续发展。

1.5.2 解决环境问题必须走可持续发展道路

人类活动引起的全球性和区域性的环境问题是全球性的普遍现象,可以认为是地球人文时期的一种阶段性产物,其实质是自觉和不自觉地为协调好人与自然的关系而造成人与自然关系失控的一种表现,显然,它既受自然规律的控制,又受人类社会经济活动的约束。就当今世界而言,可持续发展主要集中在探索和寻求解决人口、资源、环境与发展之间的矛盾,其中发展又处于主导地位,人类活动处于矛盾的主要方面。因此,为了有效解决出现的环境问题,其核心是探索和制定符合全球和各个国家实际情况的可持续发展战略,并在实践中加以实施。

1.5.3 保护环境是可持续发展的关键

从本质上说,可持续发展就是谋求社会、经济、人口、资源、环境的协调发展。其中,生态环境是人类生存与发展的最重要的条件,它在一定的条件下对经济发展所起的作用是决定性的。在人与自然这一对矛盾体中,人的力量固然重要,但其作用必然受到自然力量的限制或制约。人可以改造环境,但环境也以其特有的力量作用于人类社会。当代环境问题的产生,事实上就是这两种力量综合作用的必然结果。如水、空气、土地等一些基本的生态环境要素遭污染而恶化,人类将无法生存和延续下去,更谈不上发展。现实中有的地方由于上述环境问题日益严重,不仅经济社会的发展难以为继,甚至直接威胁人们的健康和生存。为了保护环境,不得不通过政府权力或法律的手段强制关闭一些污染密集型企业。无论理论还是现实都说明了环境保护在可持续发展战略中有着十分重要的地方和影响,是可持续发展战略诸要素中最重要的一个方面。可持续发展既把环境保护作为实现发展的目标,又把环境保护作为实现发展的重要内容,还把环境保护作为衡量发展质量、水平、程度的标准。因为现代化发展越来越依靠环境与资源的支撑,越是在经济高速发展的情况下,环境资源就越发显得重要。环境污染和生态平衡的破坏,对可持续发展的影响最直接、最明显。如果不能切实、有效地搞好全球性环境保护,整个人类社会的各种矛盾特别是因环境问题而引起的纠纷将大量增加。这不仅会对世界的和平与安定构成威胁,同时,也将导致经济社会发展的不可持续性加剧。另一方面,环境保护包容和制约着可持续发展的其他要素,如社会、经济、人口、资源等方面的协调发展都要在一定环境中实现,都要受到环境状况的制约,人类的发展不可能摆脱生态环境的制约而单独进行,正如《里约热内卢宣言》指出的:"为了实现可持续发展,环境保护工作应是发展进程的一个整体组成部分,不应脱离这一进程来考虑。"因此,搞好环境保护,使生态环境不断得到改善,就能为其他方面的发展扩展空间,因而它是实现可持续发展的关键。

1.6　化学工业与环境污染

1.6.1　化学工业与环境污染的关系

化学工业在各国的国民经济中占有重要地位,它是许多国家的基础产业和支柱产业。化学工业的发展速度和规模对社会经济的各个部门有着直接影响。而环境污染问题,是人类在开发利用资源、能源过程中,未能充分地合理利用资源、能源,向环境倾注了大量物质与能量,违背了环境地理演化(物理的、化学的、生物的)法则的必然结果。化学工业是对环境中的各种资源进行化学处理和转化加工的产业,其产品和废物从化学组成上讲是多样化的,而且数量也相当大,这些废物在一定浓度以上大多是有害的,有的还是剧毒物质,进入环境就会造成污染。同时,化工产品在加工、贮存、使用和废弃物处理等各个环节都有可能产生大量有毒物质而影响生态环境,危及人类健康。也就是说,环境污染主要来自化学工业污染,而化学工业排出的废弃物,不外乎是三种形态的物质,即废水、废气和废渣,总称为工业"三废"。

工业"三废"和工业产品,既然是在同一生产过程中产生的,那么"三废"能否在生产过程中消除呢?世界上只有未被认识的物质,而没有不可利用的物质。在一定条件下的"害"在另一条件下就可能变成"利";在一定条件下排放"三废"是难免的,而在另一条件下,把"三废"消除在生产过程中也是可能的。将化工厂排放的废弃物,加以合理的综合利用和回收,使无用的"废物"重新成为有用之物,既可治理"三废"防止环境污染,又可创造财富。

1.6.2 工业"三废"的处理技术

1. 废水处理方法

化学工业生产过程中排放的大量废水,对水源造成严重污染,危害人体健康,并使自然环境受到破坏,同时对渔业、畜牧业、农业和林业也带来极大危害。废水治理方法,一般可以分为物理法、生物化学法、物理化学法和化学法。

(1)物理法

指利用物理原理和机械作用,对废水进行治理,故也称为机械法,其中包括沉淀、均衡调节、过滤及离心分离等方法。

1)沉淀法

从化工废水中除去悬浮固体常采用沉淀法。此法是利用固体与水两者密度不同的原理,使固体和液体分离。这是对废水预先进行净化处理的方法之一,被广泛采用作为预处理方法。例如对化工废水进行生物化学处理之前,为保证生化处理顺利进行,先要从废水中除去固体颗粒杂质以及一部分有机物质,以减轻生化装置的处理负荷。因此,在生化处理前,废水先要通过沉淀池进行沉淀,设置在生化处理之前的沉淀池称为初级沉淀池或一次沉淀池。在生化处理后的沉淀池称为二次沉淀池,其目的是进一步去除残留的固体物质。

2)均衡调节法

此种方法最初是为了使产生的废水能够达到排放允许的标准而采用清水加以稀释的方法。此法只是使污染物质的浓度下降,但总含量不变。现在用这种方法主要是做废水的预处理,为以后的各级处理提供方便。由于化工厂的产品及生产周期不同,所排放废水的水质和水量会经常变化,为了使废水治理设备的负荷保持稳定,而不受废水的流量、浓度、酸碱度、温度等条件变化的影响,故需在废水治理装置之前设置调节池,用来调节废水的水质、水量及温度等,使之均衡地流入治理装置。如有时可将酸性废水和碱性废水在调节池内进行混合,同时还可以达到调节 pH 值的目的,使废水得以中和。

3)过滤法

废水中含有的微粒物质和胶状物质,可以采用机械过滤的方法加以去除。有时过滤方法作为废水处理的预处理方法,用以防止水中的微粒物质及胶状物质损坏水泵、堵塞管道及阀门等。另外,过滤也常用在废水的最终处理中,使滤出的水可以进行循环使用。

过滤过程,实质上是使废水通过具有微细孔道的过滤介质,过滤介质的两侧压强不同,此压差即为过滤的推动力。废水在推动力作用下通过微细孔道,而微粒物质及胶状物质则被介质阻截而不能通过。介质截留的颗粒物质本身同样起过滤介质的作用。随着过程的进行,滤层逐渐增厚,阻力也将增加,使水流量下降。这时需要采用反冲洗法,以清水洗涤过滤介质,从中去除被截留的固体物质,并要及时取走滤饼。

4）离心分离法

离心分离法处理废水,是利用高速旋转所产生的离心力,使废水中的悬浮颗粒分离。即当含有悬浮颗粒的废水进行高速旋转运动时,由于悬浮物质颗粒的质量与废水的质量大小不一样,质量大的固体颗粒在高速旋转的过程中所受到的离心力也大,质量小的受到的离心力也较小,因而质量大的固体颗粒被甩到外圈,沿离心装置的器壁向下排出,而质量小的则留在内圈,向上运动,这样废水与悬浮颗粒达到分离。

（2）生物化学法

指利用微生物的作用,对废水中的溶胶物质及有机物质进行去除的方法,包括活性污泥法、生物滤池法等方法。

1）活性污泥法

指依靠含有大量微生物的活性污泥,对废水中的有机物质或无机污染物质进行吸收和氧化分解,从而使废水得以净化的方法。此法由于处理水的能力大、效率高,已被广泛用于各种废水处理。

2）生物滤池法

属好氧生物处理方法的一种,其主要装置是生物滤池。生物滤池中装有滤料,其上有生物膜,此方法是利用生物膜对水中的有机物进行吸附和氧化分解处理。这是一种高效、可靠的废水净化处理方法,特别是对于一些难以处理的工业废水,往往采用生物滤池法。

（3）物理化学法

废水经过物理方法处理后,仍会含有某些细小的悬浮物以及溶解的有机物、无机物,为了进一步去除残存的水中污染物,可以进一步采用物理化学方法进行处理。常用的方法有吸附、浮选、反渗透、电渗析等方法。

1）吸附法

吸附法是利用多孔性固体物质作为吸附剂,以吸附剂的表面吸附废水中的某些污染物的方法。吸附剂和被吸附物质之间的作用力有三种不同类型,即分子间力、化学键力和静电引力。根据这三种不同的作用力,会形成物理吸附、化学吸附和交换吸附三种不同形式的吸附。在废水处理过程中,主要是物理吸附,最常用的吸附剂是活性炭。活性炭具有很好的吸附性能、机械性能和化学稳定性,而且再生后性能恢复较好,可以多次循环使用,价格便宜。

2）浮选法

当化工废水中所含有的细小颗粒物质不易采用重力沉降法加以去除时，可以采用浮选法进行处理。此方法就是在废水中通入空气及加入浮选剂或凝聚剂等，使废水中的细小颗粒或胶状物质等粘附在空气泡或浮选剂上，随气泡一起浮到水面，然后加以去除，使废水净化。

3）反渗透法

是利用半渗透膜进行分子过滤来处理废水的一种新的方法，又称为膜分离技术。半渗透膜可以使水通过，但不能使水中的悬浮物及溶质通过。

4）电渗析法

它是在渗析法的基础上发展起来的一种新方法。渗析法是利用离子交换膜的一种分离技术。离子交换膜可以使废水中的某些离子渗透过去，又可以阻止废水中的另外一些不同类型的离子，不使它们渗透过去。这就是离子交换膜的选择透过性。利用这种特性进行分离的方法，称为渗析法。

渗析法和前面介绍过的另一种膜分离技术——反渗透法不同：反渗透法使用的半渗透膜可以使纯水通过，但阻止废水中的金属及其他溶质通过；而渗析法使用的离子交换膜是对不同的离子表现为选择性透过，即有的离子可以通过，有的离子不能通过。

（4）化学法

指通过使用化学试剂或采用其他化学反应手段进行废水治理的方法，如中和、氧化、混凝沉淀等。

1）中和法

中和法主要用于处理含酸或含碱的废水。对含酸（或含碱）废水、含酸浓度在 4％（或含碱浓度为 2％）以下时，如果不能进行经济有效的回收、利用，则应经过中和，将 pH 值调整到使废水呈中性状态才可排放。而对含酸、含碱浓度高的废水，则必须考虑回收及开展综合利用。

2）化学氧化法

废水经过化学氧化处理，可使废水中所含的有机物质和无机还原性物质氧化分解，不仅达到净化的目的，还可以达到去臭、去味及去色的效果。氧化能力最强的是氟，但是用氟来处理废水目前尚存在一些困难，故在废水处理方面使用最多的氧化剂是臭氧、次氯酸、氯和空气。

3）混凝沉淀法

在废水中投入混凝剂，因混凝剂为电解质，在废水里形成胶团，与废水中的胶体物质发生电中和，形成绒粒沉降。混凝沉淀不但可以去除废水中的粒径为 $10^{-6} \sim 10^{-3}$ mm 的细小悬浮颗粒和胶体颗粒，而且还能够除去颜色、油分、微生物、氮和磷等富营养物质、重金属以及有机物等。废水在未加入混凝剂之前，水中的胶体颗粒和细小悬浮颗粒的本身重量很轻，受水的分子热运动的碰撞而做无规则的布朗运动。废水中投入混凝剂后,破坏了颗粒的稳定状态,使水中微小颗粒聚集成为较粗大的颗粒而沉淀,水得到净化。

2. 废气处理方法

化学工业所排放废气中的主要污染物质有二氧化硫、氮氧化物、氟化物、氯化物、碳化物及各种有机气体等。近年来,由于石油化工迅速发展和大量利用含硫燃料作为能源,使得二氧化硫和氮氧化物对大气造成的污染更为严重。

(1)二氧化硫的脱除方法

1)吸收法

在大气污染治理工程中,由于气态污染物的浓度比较低,单纯利用物理吸收方法常常不能满足净化要求,因而大量采用化学吸收。化学吸收是伴有显著化学反应的吸收过程。在化学吸收过程中,吸收质在液相中与吸收剂起化学反应,生成新物质,使吸收质在液相中的含量降低,从而增加了吸收过程推动力,同时吸收系数也相应增加,使吸收效率较物理吸收有明显提高;另一方面,由于溶液表面上被吸收组分的平衡分压降低很多,增加了吸收剂吸收气体的能力,使排出吸收塔的气体中所含的吸收质含量进一步降低,能够达到很高的净化要求。

对于采用化学吸收治理二氧化硫污染,目前已经有很多方法,而具有工业使用意义的主要有四种方法:亚硫酸钾(钠)吸收法、碱液吸收法、氨法、稀硫酸法。

2)吸附法

吸附法脱硫,属于干法脱硫的一种。最常用的吸附剂是活性炭。吸附原理是在水蒸气存在的条件下,以活性炭吸附二氧化硫,然后经解吸可回收 SO_2。此法的缺点是活性炭的用量很大。一个每小时处理 15×10^4 标准立方米废气的吸附装置中,一次需装入 100t 以上活性炭。由于活性炭寿命短,使该方法的推广受到限制。

(2)氮氧化物的脱除方法

氮氧化物污染,对人类及环境的危害是非常严重的。污染大气的氮氧化物实际上是一氧化氮和二氧化氮。一旦发生一氧化氮高浓度急性中毒,将迅速导致肺部充血和水肿,甚至窒息死亡。二氧化氮吸入肺部,逐渐与水作用生成硝酸及亚硝酸。其反应为:

$$3NO_2 + H_2O \longrightarrow 2HNO_3 + NO$$

酸对肺部组织产生剧烈的刺激和腐蚀作用。如吸入大量的 NO_2 时,会出现呼吸困难的症状。

在阳光照射下,二氧化氮在环境中与碳氢化合物反应生成光化学烟雾,对人体可能有致癌作用。氮氧化物对植物的危害主要是抑制其光合作用,破坏新陈代谢。氮氧化物进入大气后,若被水雾粒子所吸收,会形成有较大危害性的酸性雨雾。脱氮氧化物普遍采用的方法有改进燃烧法、吸收法、催化还原法、固体吸附法。

1)改进燃烧法

燃料燃烧时,既要保证燃料能充分利用,放出最大能量,同时,又要避免空气过剩,以防止产生大量的氮氧化物,造成环境污染。据资料报道,可采用分阶段燃烧的方法,即第一阶段采用高温燃烧;第二阶段采用低温燃烧。这种燃烧过程中需吹入二次空气。采用分段燃烧的方法,可以使燃烧废气中氮氧化物的生成量较原来降低 30% 左右。

2)吸收法

采用吸收方法脱除氮氧化物,是化学工业生产过程中比较普遍的方法。一般,吸收法又可以大致归纳为以下几种类型,即水吸收法、酸吸收法、碱性溶液吸收法、还原吸收法、氧化吸收法、生成络合物吸收法、分解吸收法等。

3)催化还原法

催化还原法指在催化剂存在下,使用还原剂将氮氧化物还原氮气的方法。具体又分为选择性还原法非选择性还原法两种。其中,非选择性还原法是将废气中的氧化氮和氧两者不加选择地一并还原,由于氧被还原时会放出大量的热,所以,采用非选择性催化还原法可以回收能量。如果回收合理,几乎在处理废气过程中不必再消耗能量。

非选择性催化还原法所用的催化剂,基本上是钯,催化剂含量为 0.5% 左右,载体多用氧化铝。钯的催化活性较高,起燃温度较低,价格便宜。但是,使用之前对废气需先经过脱硫处理,以免因硫的存在造成催化剂钯的重毒而失去催化作用。非选择性催化还原法,目前多是用甲烷作为还原剂。

4)固体吸附法

固体吸附法包括分子筛法、硅胶法、活性炭法和泥煤法等。

3．废渣处理方法

由化工企业排放出的固体形式的,具有毒性、易燃性、腐蚀性、放射性等的各种废弃物都属于有害废渣。化工废渣除生产过程中产生的之外,还有非生产性的固体废弃物,这些垃圾中也会有很多有害的物质。另外在治理废水或废气的过程中有时还会有新的废渣产生。

化工废渣的种类繁多,成分复杂,故目前对废渣的治理还不能像治理废气及废水那样形成系统,本节仅对塑料废渣及硫铁矿渣的处理、利用技术加以介绍。

(1)塑料废渣的处理方法

1)再生处理法

整个再生过程是由挑选、粉碎、洗涤、干燥、造粒或成型等几个工序组成。在造粒或成型过程中,通常还需要添加一定数量的增塑剂、稳定剂、润滑剂、颜料等辅助材料。辅助材料的选择和配方,应根据废渣的材料品种和情况来决定。

2)热分解法

塑料废渣经碾碎后,可进行加热分解,目的是将其作为二次原料加以利用。目前研究较多的是将塑料废渣经过加热分解之后,制取轻质油、重质油以及煤气等方法。

3）焚烧法

塑料废渣可以利用焚烧的方法加以处理。高温焚烧使废渣最后转化为二氧化碳和水，残留的灰分很少，仅为原来废渣体积的5％以下，如此少量的灰分可以采用埋入土地深处的方法，很方便地进行处理。焚烧之前须将废渣破碎成小块，以提高处理效率。另外，塑料废渣焚烧时，往往发生大量黑烟，并产生气味，有时还会有氯化氢有害气体放出，引起环境的二次污染。因此在焚烧处理过程中，需要设置净化系统，以便将产生的有害气体进行净化处理，防止造成二次污染。

4）湿式氧化和化学处理方法

湿式氧化法，就是在一定的温度和压力条件下，使塑料废渣在水溶液中氧化，转化成不会造成污染危害的物质。塑料废渣采用湿式氧化法进行处理，其与焚烧法相比较，具有操作温度低、无火焰生成、不会造成二次污染等优点。

化学处理方法是一种利用塑料废渣的化学性质，将其转化为无害的最终产物的方法。这是一种很有发展前途的方法，可以直接变有害物质为有用物质。

（2）硫铁矿渣的处理方法

硫铁矿渣综合利用的最理想途径是将其含有的有色金属、稀有贵金属回收并将残渣进一步冶炼成铁。硫铁矿渣炼铁的主要问题是含硫量较高，这给炼铁脱硫工作带来很大负担，影响生铁质量；其次是含铁量较低，若直接用于炼铁，不经济。

高炉炼铁以及其他转炉冶炼都不能利用高硫渣，而应用回转炉生铁-水泥法可以利用高硫烧渣制得含硫量合格的生铁，同时得到的炉渣又是良好的水泥熟料。用矿渣代替铁矿粉作为水泥烧成时的助溶剂，既可满足对含铁量的要求，又可以降低水泥的成本。

硫铁矿渣除含铁外，一般都含有一定量的铜、铅、锌、金、银等有价值的有色贵重金属。早在几十年前就提出用氯气挥发和氯化焙烧的方法回收有色金属，同时提高矿渣铁含量，直接作高炉炼铁的原料。

含铁品位低的硫铁矿渣由于回收价值不高，可以直接与石灰按一定比例混合，然后加水进行消化，压成砖坯，再经24h蒸汽养护可制得砖。

（3）碱渣及电石渣的处理方法

碱渣是指用氨碱法制碱过程中所排出的废渣。它大致有三个来源，即蒸氨塔排出的废液中的沉淀物、精制盐水时排出的一次和两次盐泥以及在苛化制碱时所排出的废泥。

碱渣的主要出路是用来生产碱渣水泥。由于碱渣的含水量较高，一般可达50％左右，故需先经过脱水、烘干之后才能使用。另外在碱渣中还需配入一定数量的酸性氧化物或煤粉灰，在适当的条件下进行脱氯，经过脱氯后的碱渣可以去生产碱渣水泥，或者生产碱渣煤粉水泥。

电石渣是生产乙炔气体和聚氯乙烯等过程中所排出的废渣。1t电石和水反应后，产生的湿电石浆为6t，其中含水量约为60％～80％，折合成干的电石渣为1.2t左右。

湿电石浆排出后,一般先汇集于贮池,除去块状杂质物质,然后用泥浆泵送到沉淀池进行沉淀,排去上面的清水,下层的浓浆送入加工区。

电石渣水泥一般在立窑中进行煅烧而成,有干法和湿法两种备料方法。当电石渣的含水量较高时,可采用干法备料。干法备料需要采用机械脱水使电石渣含水量降至 30% ~ 40%,所用的其他原料也需要进行干燥。湿法备料是在电石渣中加入一定量的煤、黄土、矿渣等,经过湿法备料、过滤、成球、立窑煅烧和熟料细磨等加工步序后,即可制成电石渣水泥。

电石渣的主要组成是氢氧化钙,在化工生产中可以用电石渣代替石灰参与有关的反应过程,如中和、皂化等生产过程。反应过程分两步:首先,电石渣中的氢氧化钙与氯气反应,生成氯酸钙;而后,氯酸钙与氯化钾发生复分解反应,生成氯酸钾。电石渣还可用来制造一种供生产氯仿用的漂白液,这样不仅利用了废物,而且还节省了石灰。

▶▶▶▶ 参考文献 ◀◀◀◀

[1] 程发良,孙成访.环境保护与可持续发展.北京:清华大学出版社,2009.

[2] 刘芃岩.环境保护概论.北京:化学工业出版社,2011.

[3] 马光.环境与可持续发展导论.北京:科学出版社,2000.

[4] 周国强,张青.环境保护与可持续发展概论.北京:中国环境科学出版社,2007.

[5] 伊武军. 资源、环境与可持续发展.北京:海军出版社,2001.

[6] 钱易,唐孝炎.环境保护与可持续发展.北京:高等教育出版社,1999.

[7] 吴添祖,冯勤,池仁勇.浙江省可持续发展战略研究.北京:科学出版社,2003.

[8] 王新,沈欣军.资源与环境保护概论.北京:化学工业出版社,2009.

[9] 王玉梅.环境学基础.北京:科学出版社,2010.

[10] 桂和荣.环境保护概论.北京:煤炭工业出版社,2002.

[11] 汪大翠,徐新华,赵伟荣.化学环境工程概论.北京:化学工业出版社,2006.

[12] 孙强.环境科学概论.北京:化学工业出版社,2012.

[13] 鞠美庭,邵超峰,李智.环境学基础.北京:化学工业出版社,2010.

[14] 郑丹星,冯流,武向红.环境保护与绿色技术.北京:化学工业出版社,2002.

第 2 章

化学工业的可持续发展

2.1 清洁生产概念

2.1.1 清洁生产的提出

清洁生产的概念是由联合国环境规划署(UNEP)于 1989 年 5 月首次提出,但其基本思想最早出现于 1974 年美国 3M 公司曾经推行的实行污染预防有回报"3P"(Pollution Prevention Pays)计划中。联合国环境规划署于 1990 年 10 月正式提出清洁生产计划,希望摆脱传统的末端控制技术,超越废物最小化,使整个工业界实行清洁生产。1992 年 6 月联合国环境与发展大会上,正式将清洁生产定为可持续发展的先决条件,同时也是工业界达到改善和保持竞争力和可盈利性的核心手段之一,并将清洁生产纳入《21 世纪议程》中。随后,根据联合国环境与发展大会的精神,联合国环境规划署调整了清洁生产计划,建立示范项目及国家清洁生产中心,以加强各地区的清洁生产能力。1994 年 5 月,可持续发展委员会再次认定清洁生产是可持续发展的基本条件。自清洁生产提出以来,每两年举行一次研讨会,研究清洁生产的实施。在 1998 年 9 月通过了《国际清洁生产宣言》,为未来的工业化指明了发展方向。

中国对清洁生产也进行了大量有益的探索和实践。早在 20 世纪 70 年代初就提出了"预防为主,防治结合"、"综合治理,化害为利"的环境保护方针,该方针充分体现和概括了清洁生产的基本内容。从 20 世纪 80 年代就开始推行少废和无废的清洁生产过程。20 世纪 90 年代提出的《中国环境与发展十大对策》中强调了清洁生产。1993 年 10 月第二次全国工业污染防治会议将大力推行清洁生产、实现经济持续发展作为实现工业污染防治的重要任务。在联合国环境规划署 1998 年召开的清洁生产的研讨会上,我国在《国际清洁生产宣言》上签字,自此我国清洁生产策略融入国际清洁生产大环境中。2003 年 1 月 1 日,我国开始实施《中华人民共和国清洁生产促进法》,这进一步表明清洁生产已成为我国工业污染防治工作战略转变的重要内容,成为我国实现可持续发展战略的重要措施和手段。

2.1.2　清洁生产的定义

清洁生产是一项实现与环境协调发展的环境策略,其定义为:"清洁生产是一种新的创造性的思想"。该思想将整体预防的环境战略持续应用于生产过程、产品和服务中,以增加生态效率和减少人类及环境的风险:

①对生产过程,要求节约原材料和能源,淘汰有毒原材料,减降所有废弃物的数量和毒性;

②对产品,要求减少从原材料提炼到产品最终处置的全生命周期的不利影响;

③对服务,要求将环境因素纳入设计和所提供的服务中。

从上述定义可以看出,实行清洁生产包括清洁生产过程、清洁产品和服务三个方面,对生产过程而言,它要求采用清洁工艺和清洁生产技术,提高能源、资源利用率以及通过源削减和废弃物回收利用来减少和降低所有废弃物的数量和毒性。

对产品和服务而言,实行清洁生产要求对产品的全生命周期实行全过程管理控制,不仅要考虑产品的生产工艺、生产的操作管理、有毒原材料替代、节约能源资源,还要考虑产品的配方设计,包装与消费方式,直至废弃后的资源回收利用等环节,并且要将环境因素纳入设计和所提供的服务中,从而实现经济与环境协调发展。

在《中华人民共和国清洁生产促进法》中也明确规定:所谓清洁生产,是指不断采取改进设计,使用清洁的能源和原料,采用先进的工艺技术与设备,改善管理,综合利用,从源头削减污染,提高资源利用效率,减少或者避免生产、服务和使用过程中污染物的产生和排放,以减轻或者消除对人类健康和环境的危害,并对清洁生产的管理和措施进行了明确的规定。

2.1.3　清洁生产的内容

清洁生产要求实现可持续的经济发展,即经济发展要考虑自然生态环境的长期承受能力,使环境与资源既能满足经济发展要求的需要,又能满足人民生活的现实需要和后代人的潜在需求;同时,环境保护也要充分考虑到一定经济发展阶段下的经济支持能力,采取积极可行的环境政策,配合与推进经济发展进程。

这种新环境策略要求改变传统的环境管理方式,实行预防污染的政策,从污染后被动治理变为主动进行预防规划,走经济与环境可持续发展的道路。

据此,清洁生产应包括如下主要内容:①政策和管理研究;②企业审计;③宣传教育;④信息交换;⑤清洁技术转让推广;⑥清洁生产技术研究、开发和示范。

清洁生产强调的是解决问题的战略,而实现清洁生产的基本保证是清洁生产技术的研究和开发。因此,清洁生产也具有一定的时段性,随着清洁生产技术的不断发展,清洁生产水平也将逐步提高。

从清洁生产的概念来看,清洁生产的基本途径为清洁生产工艺和清洁产品。清洁生产工艺是既能提高经济效益,又能减少环境问题的工艺技术。它要求在提高生产效率的同时必须兼顾削减或消除危险废弃物及其他有毒化学品用量;关键是改善劳动条件,减少对人体健康的威胁,并能生产安全的、与环境兼容的产品,是技术改造和创新的目标。清洁产品则是从产品的可回收利用性、可处置性和可重新加工性等方面考虑,要求产品设计者本着促进污染预防的宗旨设计产品。

根据清洁生产的不同侧重点,形成了清洁生产的多种战略与方法,主要有污染预防、削减有毒品使用、为环境而设计。

1. 污染预防

污染预防(pollution prevention)通过源削减和就地再循环以避免和减少废弃物的产生和排放(数量或毒性)。污染预防可降低生产的物料、能源的输入强度和废弃物的排放强度。源削减的途径主要为:

①产品改进,即改变产品的特性(如形状或原材料组成),延长产品的寿命期,使产品更易于维修或产品制造过程的污染排放更小,包装的改变也可看做是产品改进的一部分;

②投入替代,即在保证产品较长服务期的同时,采用低污染原材料和辅助材料;

③技术革新,包括工艺自动化、生产过程优化、设备重设计和工艺替代;

④内部管理优化,加强对废弃物产生和排放的管理,如工艺指南和培训等。

原材料的就地再利用,指企业在工艺过程中循环利用其本身产品的废弃物或副产品。

近年来,污染预防的内涵也在扩展,包括了"资源的多级利用"和"生命周期设计"等一些新的概念。

2. 削减有毒品使用

削减有毒品使用(toxic use reduction,TUR)是清洁生产发展初期的主要活动,也是目前清洁生产中很重要的一部分,而且在实践上 TUR 常常与污染预防很相似。TUR 与污染预防最大的区别在于所关注的原材料的范围不同,TUR 一般以有毒化学品名录为依据,尽可能使用有毒化学品名录以外的化学品;污染预防的范围则要宽得多。目前,国际上有毒品名录主要有美国的 33/50 项目,我国列入名录的有 47 项,欧盟也在制定相应的有毒品名录。

TUR 通常有以下技术:

①产品重配方,即重新设计产品使得产品中的有毒品尽可能得少;

②原料替代,即用无毒或低毒的物质和原材料替代生产工艺中的有毒品或危险品;

③改变或重新设计生产工艺单元；

④工艺现代化，即利用新的技术和设备替换现有工艺和设备；

⑤改善工艺过程和管理维护，即通过改善现有管理和方法高效处理有毒品；

⑥工艺再循环，即通过设计，采用一定方法再循环，重新利用和扩展利用有毒品。

3．为环境而设计

为环境而设计（design for environment，DFE）的核心是在不影响产品性能和寿命的前提下，尽可能体现环境目标。相近的概念有"可持续的产品开发"、"生命周期设计"、"绿色产品设计"等。目前 DFE 主要涉及以下几种：

①消费服务方式替代设计，如利用电子函件替代普通邮件；

②延长产品生命期设计，包括长效使用、提高产品质量、利于维修和维护；

③原材料使用最小化和选择与环境相容的原材料，降低单位产品的原材料消耗，尽可能使用无危险、可更新或次生原材料；

④物料闭路循环设计；

⑤节能设计，降低生产和使用阶段的能耗；

⑥清洁生产工艺设计；

⑦包装销售设计。

上述清洁生产的主要类型在实践上常常互相交叉。

2.2　清洁生产的意义及发展

2.2.1　清洁生产的意义

长期以来，我国经济发展一直沿用以大量消耗资源、粗放经营为特征的传统发展模式，通过高投入、高消耗、高污染，来实现较高的经济增长。据估计，20 世纪 50—70 年代，国民生产总值年均增长率为 5.7%，而主要投入，包括能源、原材料、资金和运转的投入，平均每年的增长率比国民生产总值的增长率高 1 倍左右。从 20 世纪 80 年代开始，我国才强调提高经济效益，从粗放型增长向效益型增长转变，在 1981—1988 年间，国民生产总值平均增长率为 10%，主要投入的平均增长率比国民生产总值的年平均增长率低 1/2 左右。特别是 20 世纪 90 年代以来，随着改革开放不断深化，我国经济得到了迅猛发展，经济效益也有了很大提高，但从总体上看，我国工业生产的经济技术指标仍大大落后于发达国家。传统的生产模式导致资源利用不合理，大量资源和能源变成"三废"排入环境，造成严重污染。20 世纪 70 年代以来，虽然我国明确提出了"预防为主，防治结合"的工业污染防治方针，强调通过合理布局、调整产品结构、调整原材料结构和能源结构、加强技术改造、开发资源和"三废"综合利用、强化环境管理等手段防治工业污染，但这一"预防为主"的方针并没有形成完整的法规和制度，而且预防的侧重点也有偏差，不是侧重于"源头削减"，而是侧重于末端治理，且环境管理也侧重末端控制，即侧重在污染物产生后如何处理达标上。

尽管 20 多年来我国在环境保护方面作了巨大的努力，使得工业污染物排放总量未与经济发展同步增长，甚至某些污染物排放量还有所降低，但我国总体环境状况仍趋向恶化。在我国的环境污染中，工业污染占全国负荷的 70% 以上，每年由工厂排出 0.16×10^8 t SO_2，使我国酸雨区面积不断扩大，工业废水每年排放量达 231×10^8 t，固体废物达 7×10^8 t，每年由于环境污染造成的经济损失达 1000 亿元，数据惊人。环境和资源所承受的压力，反过来对社会经济的发展产生了严重的制约作用。这种经济发展与环境保护之间的不协调现象已经越来越明显，不容继续存在。

纵观环境保护问题，它已经不再仅仅是环境污染与控制的问题。实质上，它是一个国家国民经济的整体实力与综合素质的反映，是关系到经济发展、社会稳定、国际政治与贸易以及人民生活水平的大事。要实现我国于 21 世纪中叶达到中等发达国家水平的奋斗目标，也必须解决环境问题，改变我国环境严重污染的状况。转变传统发展模式、推行可持续发展战略与清洁生产、实现经济与环境协调发展的历史任务已经摆在我们面前。

化学工业是我国国民经济的重要基础工业，其生产的化工产品已达 45000 多种，对我国工农业生产的发展和国防现代化具有重要作用。由于化工产品种类繁多，而且中小型化工企业占绝大多数，加之长期以来采用高消耗、低效益、粗放型的生产模式，使我国化学工业在不断发展的同时，也对环境造成了严重污染。化工排放的废水、废气、废渣分别占全国工业排放总量的 20%～23%、5%～7% 和 8%～10%。从行业来讲，氮肥行业是化工系统的用水和排污大户，其废水排放量占化学工业排放量的 60%；小氮肥废水排放量又占氮肥行业废水排放量的 70%，每年全行业流失到环境的氨氮达 100×10^4 t 以上。染料行业工艺落后，收率低，每年排放工艺废水 1.57×10^8 t、废气 257×10^8 m³、废渣 28×10^4 t；染料废水 COD 浓度高，色度深，难生物降解，缺少有效的治理技术。农药生产目前主要以有机磷农药为主要产品，全行业每年排放废水上亿吨，这类废水含有机磷和难生物降解物质，目前还没有较为成熟的处理方法。染料与农药生产对环境的污染非常严重，已成为制约这两个行业生产发展的重要因素。铬盐行业每年约排 13×10^4～14×10^4 t 铬渣，全国历年堆存的铬渣已达 200×10^4 t，流失到环境中的六价铬每年也达 1000 t 以上，对地下水水质造成很大的影响。磷肥行业主要的污染物是氟和磷石膏，每年排入大气中的氟 1×10^4～2×10^4 t，磷石膏约 100×10^4 t，不仅占用了大量土地，也污染了地下水。有机化工行业排放的废水、废气的量虽然较小，但含有毒、有害物质浓度高，成分复杂，使工厂职工和周围居民深受其害。

数十年来，原化学工业部在污染防治方面做了大量工作，取得了一定的成绩，但远远不能解决化工生产的污染问题。

化工生产造成的严重环境污染,已成为制约化学工业持续发展的关键因素之一。我国化学工业的水平距中等发达国家仍有很大距离。由氯乙烯、乙苯等八种产品国内外同类装置的排污系数比较(表 2-1),可以看出国内装置排污系数比国外同类装置排污系数高出几倍乃至数千倍。

表 2-1 八种产品国内与国外同类装置排污系数比较

产品	生产工艺	排污系数/(kg/t 产品)					
		废气		废水		固体废物	
		国外	国内	国外	国内	国外	国内
氯乙烯	氧氯化法	4.9~12	113~220	0.33~4.35	837	0.05~4.0	211
乙苯	烷基化法	0.29~1.7	4.8	1.9~21.5	2867		
丙烯腈	氨氧化法	0.017~200	5882	0.002~34.1	2592		
环氧丙烷	氯醇氧化法	0.005~8.5	178~560				
环氧乙烷	环氧化法	0.25~47.5	630				
丙烯酸乙酯	酯化法	0.265~265	22.7		10800~40000		
乙醛	氧化法			0.61~3.9	1170		
对苯二甲酸甲酯	酯化法			微量~54			

可以看出,我国在清洁生产方面与发达国家相比有着较大的距离,尤其体现在原材料的消耗、"三废"的产生及清洁生产的管理等方面,因此我国在清洁生产方面有较大的发展空间,这将对我国社会主义建设和可持续发展有着重要的意义。

2.2.2 清洁生产的发展

清洁生产已被认为是工业界实现环境改善,同时保持竞争性和可盈利性的核心手段之一,正受到越来越多的国家和国际组织的重视。例如,1990 年 10 月美国国会通过了《污染预防法案》,法案中明确宣告美国环境政策是必须在污染的产生源预防和削减污染的产生;无法预防的污染物应当以环境安全的方式再生利用;污染物的处置或向环境中排放只能作为最后的手段,并且应当以环境安全的方式进行。目前,美国已有 26 个州相继通过了要求实行污染预防或废物减量化的法规,13 个州的立法要求工业设施呈报污染预防计划,并将废物减量计划作为发放废物处理、处置、运输许可证的必要条件。污染预防已经形成一套完整的法规、政策和实施体系。

在欧洲,欧洲联盟委员会从 1991 年起开始实施《第五环境行动纲领》和"走向可持续性发展"文件,并发布了综合污染预防指令。荷兰、丹麦、英国和比利时还开展了清洁工艺和清洁产品的示范项目,例如,荷兰在技术评价组织的倡导下,开展了荷兰工业公司预防工业排放物和废物产生示范项目,并取得了较大成功;示范项目证实了把预防污染付诸实践不仅大大减少污染物的排放,而且会给公司带来很大的经济效益。丹麦政府和环保局颁布了《环境保护法》,对促进清洁生产提出具体规定,并制订了环境和发展行动计划,自 1986 年以来,已开展了 250 多个清洁工艺项目;丹麦政府还拨出专款用于支持工业企业进行清洁生产示范工程。

现在,联合国环境署、开发组织和世界银行等国际组织都在大力倡导清洁生产,把这看成是防治工业污染、保护环境的根本出路。

1989 年 5 月,联合国环境署理事会会议通过了在世界范围内推进清洁生产的决定。1992 年 6 月在巴西举行的联合国环境与发展大会上将清洁生产纳入了大会主要文件——《21 世纪议程》。1994 年 10 月在华沙召开了第三次清洁生产高级研讨会,联合国环境署工业与环境规划活动中心还制订了清洁生产计划,主要包括五项内容:①建立国际清洁生产信息交换中心(ICPIC);②出版"清洁生产简讯"等有关刊物;③成立若干工业行业工作组,致力于废物减量的清洁生产审计,编写清洁生产技术指南;④进行教育和培训;⑤开展清洁生产技术援助,帮助发展中国家和向市场经济转轨国家建立国家清洁生产中心等。

我国从 20 世纪 80 年代就开始研究推广清洁生产工艺。例如,硫酸工业的水洗流程改为酸洗流程,一转一吸改为两转两吸,减少了酸性废水及 SO_2 排放。又如,氯乙烯生产中由乙炔法,改为乙烯氧氯化法,避免了废汞催化剂的污染等。此外,还陆续研究开发了许多清洁生产技术,为清洁生产的实施打下了基础。

我国对清洁生产的管理也日益重视。专门成立了中国国家清洁生产中心。化工部清洁生产中心及部分省市的清洁生产指导中心。逐步建立和健全了企业清洁生产审计制度,在联合国环境规划署的帮助下进行了数十家企业的清洁生产审计,并取得良好效果。开展建设(改扩)项目的环境影响评价工作,以此为立项审批的重要依据。随着科学技术和国民经济的发展,我国的清洁生产水平将会不断地提高。

2.2.3　清洁生产与可持续发展

发达国家在近些年中对环境污染与恶化的认识历经了四个阶段。第一阶段:对环境保护没有认识,对环境损害置若罔闻。第二阶段:利用大自然的自净能力,稀释或扩散污染物,使污染的影响不至于构成危害。第三阶段:污染事件发生,人们醒悟,不惜通过高的代价,进行末端治理来控制污染物和废物的排放。第四阶段:实施清洁生产,在生产源头控制污染物的产生和在生产全过程进行污染预防。污染预防和清洁生产将环境保护推向了新的高度。

1992 年联合国在巴西里约热内卢举行了环境与发展大会,有 183 个国家、102 位国家元首或政府首脑和 70 个国际组织出席,通过了《里约热内卢环境与发展宣言》、《21 世纪议程》。

在《里约热内卢环境与发展宣言》中,世界各国首次共同提出人类应遵循可持续发展的方针,既符合当代人的要求,又不致损害后代人的需求。

工业是经济的主导力量,它代表一个国家的现代化进程。资源的持久利用是工业持续发展的保障。清洁生产是一个使工业实现可持续发展的战略。对政府部门来说,它是指导环境和经济发展政策制定的理论基点;对工业企业来说,它是实现经济效益和环境效益相统一的方针;对公众来说,它是衡量政府部门和工业企业的环境表现及可持续发展的尺度。

作为一个战略,清洁生产有其理论概念、技术内涵、实施工具和推广战略。清洁生产的概念是在多年污染管理实践的基础上,随着人们对工业和经济活动的环境影响的认识不断提高而形成的。清洁生产引导人们脱离传统的思维方式,通过改变管理方式、产品设计及生产工艺等途径来减少资源消耗和污染物排放。

清洁生产是通过对生产过程控制达到废物量最小化,也就是满足在特定的生产条件下使其物料消耗最少而产品产出率最高。实际上,在原材料的使用过程中对每一组分都需要建立物料平衡,掌握它们在生产过程中的流向,以便考察它们的利用效率、形成废物的情况。清洁生产是从生态经济大系统的整体出发,对物质转化的工业加工工艺的全过程不断地采取预防性、战略性、综合性措施,目的是提高物料和能源的利用率,减少以至消除废物的生成和排放,降低生产活动对资源的过度使用以及减少这些活动对人类和自然环境造成破坏性的冲击和风险,是实现社会经济的可持续发展、预防污染的一种环境保护策略。其概念正在不断地发展和充实,但是其目标是一致的,即在制造加工产品过程中提高资源、能源的利用率,减少废物的产生量,预防污染,保护环境。

对工业生产污染环境的过程进行分析,可看出工业性环境污染的主要来源:在原料及辅料开采及运输中的泄露、生产过程中的不完全反应和不完全分离造成的物料损失和中间体形成,以及产品运输、使用过程中的损失和产品废弃后对环境产生的不良影响。

强调末端治理的战略能够收到一定的成效,但需要很大的投资和运行费用,本身也要消耗能源和资源,因此并不符合可持续发展的方针。可持续发展的方针正呼唤一场新的科技革命,要求工业彻底地改变其与环境的关系。新世纪的工业应该是保护环境而不损害环境,保护资源而不浪费资源,因而应是促进可持续发展的。清洁生产就是这样一种全新工业发展战略。

我国处在社会主义的初级阶段,人口多,经济增长速度过快,资源、能源的浪费、短缺加之落后的经济增长方式成为我国经济发展的障碍,只有推行清洁生产工艺才能保障我国经济沿着持续、协调、健康的道路发展。如果不顾经济发展的自身规律要求,盲目地扩大投资规模,乱铺摊子,滥用资源,即使取得了暂时的经济效益,但这种发展也必然是暂时的、短期的。因此,要实现经济持续良性的发展,必须遵循清洁生产工艺。

　　总之,清洁生产是实施可持续发展战略的重要组成部分,和国民经济整体发展规划应该是一致的。开展清洁生产活动,可以使发展规划更快、更好、更健康地得以实现。

　　发达国家和发展中国家同处一个地球生态系统,彼此经济的发展是相互制约的。发展中国家为了解决温饱问题采用高投入、高消耗、低效益、低产出、追求数量、忽视质量的传统的经济增长模式,"贫困－浩劫资源－污染环境－恶化生存条件－加剧贫困"的发展模式进入了恶性循环。这样的发展最终会使人类的家园遭到彻底地毁坏。

　　地球的资源是有限的,资源的可供给量随着资源的开采和使用数量的增加只会越来越少。人类必须有节制地使用资源,有节制地消费。通过清洁生产、改变消费模式、减少单位产值中资源和能源消耗以及污染物排放量可以进一步提高人们生活质量,故清洁生产不管对发达国家还是发展中国家都是同等重要的。

2. 2. 4　国外清洁生产现状及发展趋势

　　在美国,与清洁生产相关的"污染预防"计划早在 1974 年就由 3M 公司提出。其含义是实施污染预防可以获得多方面的利益。基本观点为污染物质就是未被利用的原料,污染物质加上创新技术就是有价值的资源。欧洲经济共同体在 1976 年提出了开发"低废、无废技术"要求。1984 年联合国欧洲经济委员会正式确认:无废技术是一种生产产品的方法,所有的原料与能源将在原料资源、生产、消费、二次原料资源的循环中得到最佳的、合理的综合利用,同时不至于污染环境。美国国会 1986 年通过了《资源保护及回收法案》,在《有害固体废物修正案》(HSWA)中规定制造者对其生产的废物要减量,也就是要求应用可行的技术,尽可能地削减或消除有害废物。之后美国环境保护署成立了污染预防办公室,1990 年公布了《污染预防法案》,明确规定对污染发生源事先必须采取措施,预防和削减污染量,无法回收利用的尽量做好处理工作,最后的手段才是排放和末端处置。该法正式确认了污染控制由末端治理向污染防治转变。美国环境保护局关于废物减量或污染预防的定义是:在可行的范围内,减少产生的或随后处理、贮存、处置的有害废物量。它包括削减与回收再利用两方面的工作。这些工作可使有害废物的总量和体积减少,或者使有害废物的毒性降低,或者是两者兼而有之。

　　德国、荷兰、丹麦也是推进清洁生产的先驱国家。德国在取代和回收有机溶剂和有害化学品方面进行了许多工作,对物品回收作了很严的规定。荷兰在利用税法条款推进清洁生产技术开发和利用方面做得比较成功。

　　国际推进清洁生产活动,概括起来说有这样一些特点:

　　①把推行清洁生产和推广国际标准化组织 ISO14000 的环境管理制度有机地结合在一起;

　　②通过自愿协议,即政府和工业部门之间通过谈判达成的契约,要求工业部门自己负责

在规定的时间内达到契约规定的污染物削减目标,从而推动清洁生产;

　　③把中小型企业作为宣传和推广清洁生产的主要对象;

　　④依赖经济政策推进清洁生产;

　　⑤要求社会各部门广泛参与清洁生产;

　　⑥在高等教育中增加清洁生产课程;

　　⑦科技支持是发达国家推行清洁生产的重要支撑力量。

2.2.5　国内清洁生产现状及发展趋势

　　我国在 20 世纪 70 年代提出"预防为主、防治结合"的工作原则,提出工业污染要防患于未然。80 年代,在工业界对重点污染源进行治理,取得了工业污染防治的决定性进展。90 年代以来,强化环保执法,在工业界大力进行技术改造,调整不合理工业布局、产业结构和产品结构,对污染严重的企业推行"关、停、禁、改、转"的工作方针。

　　1992 年,《关于联合国环境与发展大会的报告》中提出,新建、扩建、改建项目,技术起点要高,尽量采用能耗少、物耗少、污染物排放少的清洁生产工艺。

　　1993 年,原国家环保局与国家经贸委联合召开的第二次全国工业污染防治工作会议明确提出,工业污染防治必须从单纯的末端治理向生产全过程控制转变,实行清洁生产。并将之作为一项具体政策在全国推行。

　　1994 年中国制定的《中国 21 世纪议程——中国 21 世纪人口、环境与发展白皮书》中关于工业可持续发展的内容中,单独设立了"开展清洁生产和生产绿色产品"的领域。

　　1995 年修改并颁布的《中华人民共和国大气污染防治法(修订案)》中增加了清洁生产方面的内容。修订案条款中规定"企业应当优先采用能源利用率高、污染物排放少的清洁生产工艺,减少污染物的产生",并要求淘汰落后的工艺设备。

　　1996 年颁布并实施的《中华人民共和国污染防治法(修订案)》中,要求"企业应当采用原材料利用率高,污染物排放量少的清洁生产工艺,并加强管理,减少污染物的排放"。同年,国务院颁布的《关于环境保护若干问题的决定》中,要求严格把关、坚决控制新污染,所有大、中、小型新建、扩建、改建和技术改造项目要提高技术起点,采用能源消耗量小、污染物产生量少的清洁生产工艺,严禁采用国家明令禁止的设备和工艺。

　　1999 年国家经贸委确定了 5 个行业(冶金、石化、化工、轻工、纺织)、10 个城市(北京、上海、天津、重庆、兰州、沈阳、济南、太原、昆明、阜阳)作为清洁生产试点。

　　2000 年国家经贸委公布关于《国家重点行业清洁生产技术导向目录(第一批)》的通知。

　　在国际合作方面,原国家环保局、国家经贸委及地方政府,先后同世界银行、联合国环境规划署、联合国工业发展组织等多边组织及美国、加拿大等国家开展了清洁生产合作。例如:

1993 年世界银行批准了一项中国环境技术援助项目,其宗旨是发展和试验一种系统的中国清洁生产方法,制定清洁生产政策,在中国社会中传播清洁生产概念。

1996 年,加拿大国际开发署按照《中国 21 世纪议程》优先项目要求资助了中加清洁生产合作项目。该项目的实施旨在增强中国的环境管理能力,促进可持续发展,其具体目标在于帮助在选定的行业(造纸、化肥、酿造)中实施清洁生产,加强国家经贸委和国家环保局清洁生产能力建设,促进清洁生产的实施。

有关行业及地方政府先后不同程度地进行了清洁生产试点,并对外开展了清洁生产合作项目,这些活动对促进中国清洁生产发展起了积极作用。据有关资料介绍,截至 1999 年,我国有 19 个清洁生产机构,石化、化工、轻工、冶金 4 个行业成立了清洁生产审计中心;上海、天津、山东、内蒙古、新疆、陕西等 10 个省、市、自治区相继成立了清洁生产审计中心;呼和浩特市、太原市、本溪市成立了市级清洁生产机构。中央、地方政府对清洁生产工作的重视及行业对清洁生产的具体指导,有力地推动了企业清洁生产的进展。据不完全统计,目前已开展清洁生产试点的省、市有 20 多个,已开展清洁生产审核的企业有 400 多个,这些企业实施审核所提出的清洁生产方案后,获得了明显的经济效益和环境效益。

不同类型的企业实施清洁生产全过程的实践表明,在我国实施清洁生产具有非常大的潜力。企业可以利用实施清洁生产的契机把环境管理与生产管理有机结合起来,将环境保护工作纳入生产管理系统,实现"节能、降耗、降低生产成本、减少污染物的排放"等目标。实践表明,清洁生产是实现经济和环境协调发展的最佳选择。它对推动企业转变工业经济增长方式和污染防治方式、提高资源和能源利用效益、减少污染物排放总量、建成现代工业生产模式、实现环境与经济可持续发展发挥着巨大的作用。

2.3　化工清洁生产的实施

清洁生产包括清洁的能源、清洁的生产过程和清洁的产品,是可持续发展的重大战略行动,是一项复杂的系统工程。

2.3.1　可持续的生产与消费

实施清洁生产不仅是工业领域的责任,也关乎国民经济的整体战略部署与规划管理,需要各行各业共同努力,需要各部门(包括工业管理部门、环保管理部门、科技计划部门、金融财税部门等)通力合作,同时,也需要公众的积极参与,转变传统的发展观念,改变传统的生产与消费方式,实施可持续的生产与消费,进行一次新的工业革命。

1. 可持续生产的概念

环境问题受到广泛重视之前,存在着两种生产理论,即物质资料的生产理论与人口生产理论。环境资源曾被视为取之不尽、用之不竭的生产条件。北京大学陆文虎提出了包含环境生产的三种生产理论,从而明确了可持续生产的概念。

新中国成立后的相当一段时间内,政治经济学的研究都强调重视生产而看轻消费,强调重视生产资料的生产而看轻消费资料的生产;在人口学研究中片面宣传"世上一切事物中,人是最宝贵的"观点,强调人有两只手,是生产者,而忽视人有一张口,又是消费者。20 世纪五六十年代我国人口无控制增长。虽然这一时期我国经济增长较快,但大量的资金被用来维持新增人口的生存需要,人民的物质文化需要并未得到充分的满足,人口增长与经济增长严重失调,这种日益尖锐的人口生产和物质资料生产之间的矛盾既延缓了经济的发展,又阻碍了人民生活水平的提高。

从 20 世纪 70 年代中期起,科学工作者就从对马克思主义理论的探索中发掘出了"两种生产"的理论,即人类自身的生产和物质资料的生产必须相互适应,并把它作为马克思主义人口学的一条基本原理。上述"两种生产"理论的提出,无疑是我国人口学及经济学理论研究的一个新的重要进展。但是,从整个人类全部历史活动的宏观角度对人类社会生产活动进行总的考察,"两种生产"理论仍然是不全面的,因为人类除了进行物质资料生产以维持自身的生产以外,还改变着自然,改造着环境,进行环境的生产以维持物质资料生产的进行,于是三种生产理论应运而生。

物质资料的生产、人类自身的生产和环境的生产相互适应的三种生产理论对于指导我国这样一个人口众多、生态环境破坏严重的国家实施可持续发展战略具有重要的理论意义。

物质资料的生产是指人类从环境中索取自然资源并接受人类自身再生产过程产生的各种消费再生物,通过人类的劳动将其转化为生活资料的总过程。在这个过程中生产出来的生活资料用于满足人类的物质需求,同时生产过程中的废弃物返回环境。

物质生产环节,其基本参量是社会生产力和资源利用率。社会生产力对应于生产生活资料的总能力,而资源利用率表示从环境中索取的资源和从人类自身生产环节取得的消费再生物转化为生活资料的比例。资源利用率取决于资源与生活资料的属性以及对应加工链节的水准。资源利用率高,则意味着在同等生活资料需求下,物质生产过程从环境中索取的资源少,加载到环境中的废弃物也少。

在原始文明时代,人类以狩猎和采集方式直接从自然环境中获取生活所需。随着文明的演进,环境的自然品质越来越低,生活资料的属性越来越复杂,从而使加工的链节也越来越多。虽然单个加工链节的技术水平在不断提高,但整体的资源利用率反而不断下降,甚至连人类赖以生存的最基本的生活条件,在工业文明时代亦以生活资料形式提供,须经物质生产环节加工而成。总的来说,社会生产力无限增大,加工链节急剧增多,物质生产的资源利用率急剧下降,这是工业文明在物质生产方面的基本特征。

　　人类自身的生产是指人类生存和繁衍的总过程。在这个过程中,人类消费物质生产提供的生活资料和环境生产提供的生活资源,产生人力资源以支持物质生产和环境生产,同时产生消费废弃物返回环境,以及产生消费再生物返回物质生产环节。人的生产环节,其基本参量是人口数量、人口素质和消费方式。人口数量和消费方式决定了社会总消费,这是三个生产环状运行的基本动力,而社会总需求的无限增长(表现在人口数量和消费水准的增长上),则是整个系统失控的根本原因。因为环境所能支持的人类"自然"人口(即不能以医疗克服死亡或控制生育并且限于一定社会经济生态环境中的人口)有一个确定的总量,我们称之为环境的人口承载力。随着环境状态的变化,它会相应地增减,但大体总是一个相对稳定的有限量。因此,当人口增长超出环境的人口承载力时,就会因生活资料缺乏和环境条件恶劣,使死亡率提高,出生率下降。

　　人口素质包括人的科技知识水平和文化道德修养,它决定着人参加物质生产、环境生产的能力,表现为调节自我生产和消费方式的能力。因此,人口素质的提高不仅会体现在单种生产,如物质生产、环境生产的提高和人类自我生产的改善上,更重要的是体现在调节三种生产的能力的提高上。

2. 可持续生产与消费方式和水平

　　消费方式包含消费水平、消费人口比和消费出口比三个基本分量。消费水平指个人消费物质资料(包括生产资源和生活资料)的多寡,它在决定社会总消费上有与人口数量同等重要的地位。消费水平提高对于物质资料生产和环境生产的压力,等同于人口数量增加。消费人口比高,即意味着社会总消费中取自环境生产的生活资源较多,而取自物质生产的生活资源少,有利于减少对环境生产的压力。因此,提倡"适度消费"以提高消费人口比,是使消费方式符合三种生产和谐运行需要的一个重要方面。消费出口比表示物质经生产环节消费之后,回用于物质生产的部分(消费再生物)与直接返回环境生产的部分(消费废弃物)之比。消费出口比高,意味着转化为物质生产的资源的比例大,成为环境污染物的比例小,有利于减少对环境资源生产力的压力。提倡"清洁消费"以提高消费出口比,是使消费方式符合三种生产和谐运行的另一个重要方面。消费方式是反映人的文化道德水平的一个重要指标。穷奢极侈的唯乐生活方式为人类新文明所不齿。而提倡绿色消费,重视文化生活,是建立符合可持续发展要求的消费模式的主要内容。

　　在工业文明时代,商品生产不适当地刺激消费,成为决定消费方式和消费水平的主要因素;人类的需求异化为商品,人类成为商品生产的奴隶,从而对环境的资源索取和污染载荷都无限增大,这是传统发展模式不可持续的一大根源。环境的生产是指在自然力和人力的共同作用下,对环境自然结构和状态的维护和改善。在这个过程中要消纳物质生产过程产生的生产废弃物和人类自身生产产生的消费废弃物,同时产生新的生产资源和生活资源。

　　环境生产环节,其基本参量是污染消纳力和资源生产力。环境接受从物质生产返回的加工废弃物和从人的生产返回的消费废弃物,其消解这些废弃物的能力有一个极限,称为污染消纳力。当环境所接受的废弃物的种类和数量超过其污染消纳力时,就会使环境品质急剧降低。环境产生或再生生活资源和生产资源的速度也有极限,称为资源生产力。当物质生产过程从环境中索取资源的速度超过了环境的资源生产力时,就会导致能作为资源的环境要素的存量降低。如果所对应的环境要素为可再生的,则由于其与其他要素的相互关联性,就可能导致环境状态失衡。人类科学技术水平的提高,当然可能使新的环境要素成为生产资源,但从根本上来说,人类从环境中取得资源,仍应当就可再生环境要素的生产力、不可再生环境要素的储量和开发替代资源能力的建设等方面取得综合平衡。随着社会总消费的提高,仅仅保护环境是不够的,人类还必须主动地去建设环境以加强环境生产,提高环境的污染消纳力和资源生产力。在人口基数、消费水平一时难以降低,而社会总需求和社会生产力不断提高的现实前提下,加强环境生产最具紧迫性和长远意义。

3. 可持续生产与可持续发展的关系

三种生产的协调是实现区域可持续发展的一个重要前提。协调需要具体的操作,协调操作就需要有能正确指导操作的理论、准则、方法和技术。要使三种生产的运行关系从不和谐转变为和谐,关键在于协调三种生产之间的联系方式和内容,以确保整个系统的和谐运行,要协调各个生产环节内部运行的目标和机制,以保证三种生产的发展和三种生产之间的正确联系。

(1)深化环境影响评价作为环境管理制度

环境影响评价本应对人类社会行为通过三种生产可能对环境造成的影响进行预测,然后在此基础上去评价它们对三种生产和谐运行的贡献(正负、大小),并据此对人类的社会行为进行调整。

但目前的环境影响评价工作,远远没有做到这一点,它们不但只是针对物质生产活动,而且只是针对物质生产过程中的产品加工过程。因此,为了促进三种生产的协调,必须认真地扩展环境影响评价的内容和方法以及相应的管理办法。

在内容上,目前至少应增加两个方面:一是公共政策的环境影响评价;二是以产品为龙头的全过程环境影响评价。前者是因为区域政府的国内政策和国际政策都会直接或间接地对全球和局部环境产生影响。后者则是因为任何产品在其原料形成、加工制作、销售使用以及报废消失的整个过程中都与环境相互作用(决不局限在加工制作阶段)。这一做法正是近年来在国际上兴起的、在环境审计的基础上对产品进行环境认证的生命周期评价(MA)。

(2)从三种生产及其关系开展环境建设

在工业文明时代,区域复合系统运行的一个最基本的矛盾,就是环境生产的输入输出不平衡。其输入除了自然力以外,只是废弃物(生产废弃物和消费废弃物),而这两种废弃物不但不能帮助自然力去维持环境生产的运行,反而削弱了自然力维持环境生产的能力。在这种情况下,环境生产却要向物质资料的生产和人类自身的生产提供越来越多的资源。工业文明的这一本质性矛盾,靠人类努力推行清洁生产和资源、回收等办法可以有所缓解,但在传统发展模式内是不可能从根本上得到解决的。

对于这个本质性的矛盾,根据三种生产理论,解决的途径显然应该是开展环境建设。具体来说就是调配人力资源和资金的投向,保证环境建设的投入。这里要注意的是,治理污染、资源回用等做法并不属于环境建设的范畴,而仍是属于物质生产范畴之内的活动。

环境建设不同于传统的第一、第二、第三产业,它的根本任务不是为人的生产这个环节提供生活资料,而是协调三种生产之间的关系,保证环境能源源不断地提供生活资料和生产资料,进而从根本上去解决人类社会发展不可持续性。

目前流行的经济核算体系,不能反映环境建设的功能,难以推动环境建设的发展。但环境建设以其协调三种生产关系的基本地位,将推动经济学的改造和环境科学的发展,从而推动可持续发展的实现。

(3)协同三种行为人类的社会行为

协同三种行为人类的社会行为由政府行为、市场行为和公众行为组成,其中政府行为处于主导地位。政府可以把属于自己的各种手段结合成一个系统的整体行为,去提高公众的可持续发展意识,从而去调控人口的增长,改变单纯追求物质享受的消费观念和消费方式,并注意在向物质生产投放人力资源的同时向环境生产投放人力资源等。另外,政府还可以通过自己的行为调控物质生产活动,扶持其通过清洁生产技术和资源、回用技术来提高社会生产力和资源利用率,激励环境建设的发展,从而使公众体会到环境生产的巨大作用,使物质资料生产既能实现对经济利益的追求,又能制止其单纯追求经济利益最大化的错误趋势。

当然,政府也可能因为认识滞后或者受短期利益的驱使不顾环境生产的承受能力,去迎合物质资料生产单纯追求经济利益最大化的倾向,去刺激公众追求高消费的倾向,这就需要具有可持续发展意识的公众去约束政府的行为。能否在法律上、制度上鼓励并保障公众对政府行为进行有效的监督,正是对各级政府是否对人民负责、对历史负责的考验。

2.3.2　资源的合理开发与利用

资源的合理开发、持续利用是可持续发展的前提。为了实现资源的综合利用,首先要正确鉴别原材料,列出目前和将来能用的组成部分,制订将其转变为产品的方案。

1. 实现综合利用组织跨行业协作

清洁生产强调,为了实现原料综合利用,必须统筹考虑,制订统一的开发利用规划,最大限度地实现原料的综合利用。为此,必须通过跨行业的协作及企业间的横向联合,使一企业生产过程中的废料成为另一企业的生产原料,使工业废物资源化,充分合理利用资源,从而降低产品的生产成本,防止环境污染。

随着工业的发展和人们生活水平的提高,各种废弃物与日俱增,必须高度认识废物回收利用的重要性和树立利用二次资源的紧迫感。必须把生产过程和消费过程视为一个整体,把原料工业生产—产品使用—废物—弃入环境这种传统的开环系统变成为原料—工业生产—产品使用—废物—二次资源的闭环系统,使原料资源进入社会后,能在生产与消费过程中实现多次循环。按清洁生产的理论,世界上没有废物,只有放错了地方的资源。甲地的废物可能是乙地的资源,今天的废物可能就是明天的资源。

2. 综合利用利于减少环境污染

回收利用二次资源不仅节省原材料和能源,对减少环境污染也至关重要。例如,用废钢铁炼钢与用矿石炼钢相比,可节约工业用水 40%,减少环境污染 83%,减少水质污染 76%,减少废弃物 97%。用再生纸造纸,可减少大气污染 74%,减少对森林的压力,保护生态环境。据有关资料显示,德国 75% 的玻璃是用废弃的玻璃产品生产的,用废纸生产的纸张和纸板占 47%。美国许多州都有专门为促进环保和资源利用而制定的法律,各地环保、资源回收产品协会星罗棋布,越来越多的美国青年开始穿废品回收后制成的衣、鞋。欧洲一些国家正在利用废弃物开发环保服装。

据不完全统计,2000 年我国再生资源回收量已突破 5000×10^4 t,年回收总值 450 亿元;废旧物资主要品种年加工预处理量达 2000×10^4 t;废旧车船和机械设备拆解能力近 1×10^4 t;有色金属和贵金属回收、加工能力和加工质量大大提高。再生资源回收利用取得显著的经济和社会效益。

"九五"期间,我国累计回收利用废钢铁 1.6×10^8 t,废有色金属 600×10^4 t,废塑料 1000×10^4 t,废纸 4000×10^4 t。据测算,每利用 1t 废钢铁,可炼钢 850kg,相对于用铁矿石炼钢可节约成品铁矿石 2t,标准煤 0.4t;每利用 1t 废纸可生产纸浆 800kg,相对于木浆造纸可节约木材 3m³、标准煤 1.2t、电 600kW·h、水 100m³。"九五"时期,仅回收利用的废钢铁和废纸两项,相当于节约成品铁矿石 3.2×10^8 t、标准煤 6400×10^4 t、木材 1.2×10^8 m³、电 240×10^4 kW·h、水 40×10^8 m³。目前我国钢、有色金属、纸浆等产品 1/3 以上的原料来自再生资源。

据测算,目前我国可以回收而没有回收利用的再生资源价值达 350 亿元。每年约有 500×10^4 t 废钢铁、20×10^4 t 废有色金属、1400×10^4 t 废纸及大量废塑料、废玻璃等没有回收利用。由于我国废旧物资零星分散,其回收、加工费用高,销售价格低,致使部分品种回收量减少,与实际生成量相差较大,资源流失严重,再生资源回收利用率与世界发达国家相比差距较大。如我国每年丢弃的镉镍电池(二次电池)有 2 亿多支。大量的可利用资源作为废弃物排放,且严重地污染了环境。因此,推行清洁生产,回收利用二次资源,在我国的潜力是很大的。

3. 我国二次资源综合利用前景广阔

人们在反省过去所采取的环境保护政策时发现,过去较多地把环境保护的重点放在了污染物的"末端"控制和处理上,而忽略了污染物的"全程"控制和预防。据估计,在国民经济周转中,社会需要的最终产品仅占原材料用量的 20%～30%,70%～80% 的资源最终成为进入环境的废物,造成环境污染和生态破坏。据分析,目前中国一次性产品的合格率仅有 60%,不仅每年损失产值数千亿元,而且造成资源的极大浪费和严重的环境污染。如果我们从生产的准备过程开始就对全过程所使用的原料、生产工艺以及生产完成后的产品使用进行全面的分析,对可能出现的污染问题进行预防,大力推行清洁生产,那么大量被认为是废物的资源将得到有效地利用,而环境面临的危害也将会大大减轻。

自 20 世纪 80 年代初以来,我国对矿产资源和工业固体废弃物的综合利用取得了长足的进步,但就总体而言,利用效果、技术装备水平还比较低,特别是非金属矿物的加工水平和产品品种、规模、质量与发达国家相比尚存在明显的差距。我国的矿产资源和工业固体废弃物综合利用率都只有 30% 左右。资源的综合利用率在一定程度上反映了资源尚未合理利用的一面,反映了资源流失损耗的状况,利用水平低、消耗多,产生的废弃物也多。我国单位国民生产总值所消耗的矿物原料是发达国家的 2～4 倍,矿产资源总回采率为 30%,比世界平均水平低 20%。矿产资源的总利用率不足 50%,比发达国家低 20%。而化工、冶金、建材、煤炭等行业矿产资源综合利用率不足 30%,产生和造成大量固体废弃物。我国在资源开发利用与保护方面存在深层次、多因素的结构性矛盾,造成不合理的浪费,污染环境。我国的选矿尾矿利用率更低,仅为 2%～32%,造成的污染、环境破坏和资源浪费更甚。例如在废渣利用方面,火电厂粉煤灰我国的利用率不足 50%,与美国的 80%～85%、日本的 70%～80% 相比差距较大,但近年来有较大进展。

综合利用资源的方法、技术、产品,在我国市场潜力巨大,前景广阔。目前,许多废品废渣在橡胶等高分子材料中已找到综合利用的途径。例如,粉煤灰中分离出的玻璃微珠可作为海绵橡胶的功能填料。将用铝矾土生产铝排放的红泥渣作为橡胶及其制品的多功能活性填料有良好的热稳定性和优异的抗老化性能,对橡胶硫化起活化促进作用。用明矾土和矾浆废渣制备 WF 型橡胶填料。其抗老化性和弹性明显优于轻质碳酸钙和高岭土填料,耐酸耐碱性能明显增强。再如将铬盐渣掺入硅酸盐水泥中,使有毒的六价铬还原为无毒的三价铬,在掺和中即使尚有少量六价铬未还原,也已固封于水泥中,解决了铬渣的毒性公害问题。

2.3.3 清洁生产的意识培育与技术扩散

目前,清洁生产的思想已逐步为公众认识。为进一步有效推动清洁生产,加强清洁生产的宣传教育,特别是意识培育和技术扩散尤显重要。

1. 清洁生产意识培育

要深入有效地推行清洁生产,使不同层次的管理者,特别是企业的高层管理者了解清洁生产,认识到清洁生产对于企业节约成本、提高企业在市场上的竞争力、树立良好的企业形象至关重要。

（1）宣传、教育与培训

宣传、教育与培训是推行清洁生产的重要内容。从国内外开展清洁生产的经验得知，要真正持续、有效地推行清洁生产，宣传、教育与培训必须先行，必须认真而扎实。通过清洁生产的宣传教育，使人们明确清洁生产的概念和内涵，对于当代紧迫的环境危机有全面的了解和正确的分析。清洁生产培训近似于短期专业训练，其内容侧重于介绍实施清洁生产的具体方法，如清洁生产审计、清洁生产的量度与评价、行业和地区的清洁生产规划、产品的生态设计、生命周期分析、绿色市场调查与分析等。清洁生产培训分普及型和专业型两类。普及型偏重于介绍清洁生产的一般概念、方法与过程，旨在促进观念转变，提高认识，加强决策和管理能力，培训对象主要为政府、企业有关部门的领导和管理人员。专业型则着重于清洁生产具体技术和方法的传授，培训对象主要为企业主管生产的领导、工程技术人员、设计人员、操作人员和生产管理人员，被培训对象将直接参加推行清洁生产的实践。不同的行业，清洁生产的对象和内容不同，即使同一行业，不同的企业或不同的产品生产技术、工艺及管理也有差别，但推行清洁生产的方法、原则是一致的。

（2）为持续推行清洁生产培养专门人才和高级人才

清洁生产是一个相对的概念，不可能一劳永逸，具有可持续的内涵。根据 1992 年联合国环境与发展大会和《中国 21 世纪议程》的精神，环境教育要重新定向，以适应可持续发展战略的需要。除一般的宣传、教育、培训外，还应系统培养清洁生产的专门人才和高级人才。如培养清洁生产的本科生和研究生；举办各种类型的高级研修班；培养和造就一大批既能推动企业开展清洁生产、参与重要工程建设，又能开展重大科学研究、开展对外交流的高水平清洁生产专家。为此，必须从现在做起，如同普及环保知识一样，普及清洁生产的知识，这是具有战略意义的措施。

2. 清洁生产技术扩散

清洁生产是一种思想，是高层次的、覆盖面非常广的，体现在工业布局、国民经济计划、经济发展方针和产业政策等诸多方面。为了对清洁生产提供强有力的技术支持，加强清洁生产的技术研发，促进清洁生产的技术扩散非常重要。企业是清洁生产的主体，像环境保护一样，要真正把清洁生产从一种战略变为企业的实践，必须要各方面通力合作，广大企业积极参与，甚至是全民自觉行动。

在当今科学技术日新月异、信息传播快捷方便的时代，一方面要充分利用一切现代科学手段，加强高新技术改造传统工业，加大清洁生产技术的研究开发强度和推行力度，为清洁生产技术市场提供强有力的技术保障；另一方面要充分利用现代信息手段，及时准确地将清洁生产的技术、产品信息快捷方便地传递到企业决策者、生产者和消费者手中，以创建清洁生产的需求市场。这一点，国外有很多做法值得我们学习借鉴。如一些工业发达国家（例如美国、加拿大、荷兰、澳大利亚、德国、英国、挪威等）和国际推行清洁生产的机构组织（如联合国环境规划署），都相继建设了有关清洁生产的信息数据库，为推行清洁生产的组织提供相关清洁生产的技术信息及咨询服务。其目的就是为了加快在本国和全球推行清洁生产的步伐，以务实的行为方式鼓励支持企业开展清洁生产，促进全球的环境保护。最近，如联合国环境署关于中小型企业和中介机构清洁生产信息需要的项目已开始实施，其目的就是利用因特网提供机会来改善与中小型企业直接接触方面的信息的利用率，提供适合于中小型企业需要的清洁生产咨询信息，以鼓励中小型企业更好地利用其内部能力开展清洁生产。一些行业和省市的清洁生产中心也相继开展有关清洁生产的信息数据库建设工作。如化工、石化、机械行业清洁生产中心，重庆清洁生产工程研究中心等，都相继建立了行业和地方清洁生产的信息数据库，为行业和地方推行清洁生产提供技术咨询服务，实现资源共享。

2.3.4 实施清洁生产的政策体系

纵观国内外，无论工业发达国家，还是发展中国家，为有效地推行清洁生产，相关法律、法规、政策和制度建设都必须跟上。将推行清洁生产纳入法制轨道，建立完善的政策体系是推行清洁生产的有力保障。

1. 明确机构组织和实施主体

清洁生产是一种战略，是高层次的、全方位的。要真正有效地推行清洁生产，必须明确组织机构和实施主体。一般来讲，推行清洁生产的组织机构可以是政府或行业主管部门，也可以是非政府的中介组织；但是，推行清洁生产的主体一定是企业。如果企业没有被充分发动，积极性没被充分调动，对清洁生产的认识没有真正到位，要搞好清洁生产是困难的。为此，必须采取外部的、内部的，行政的、经济的，鼓励的、强制的，政府行为的、市场手段的等各种措施，引导帮助、鼓励支持、强制约束，促进企业成为清洁生产的主体。为达目标，建立完善的推行清洁生产的政策体系，将推行清洁生产纳入法制轨道是至关重要的。如英国设立专门执法机构，工贸部负责企业的清洁生产与技术进步，推广采用新能源，提高能源利用效率；环境部作为半官方机构，主要负责环保执法。又如挪威则是法律和经济手段并用，双管齐下；法律手段如污染控制局负责实施《污染控制法》和《产品控制法》；经济手段包括对末端废弃物的处置课税，对溶剂课税，补助、资助和软贷款等，从 20 世纪 90 年代开始，进行了大规模的排污收费、税收返还、许可证交易，逐渐提高环境税收，减少其他税收，实行"绿色税收改革"，采用综合性的产品政策等。英国、挪威建立的清洁生产及环保法律体系，并将立法作为推行清洁生产的基础和重要手段，值得我国借鉴学习。

2. 建立完善的政策体系

国内外十多年的清洁生产实践证明，建立完善的政策体系对推行清洁生产非常重要。国外工业发达国家如美国、英国、德国、加拿大、荷兰、澳大利亚、日本等推行清洁生产，都建有一套比较完整的政策体系，以鼓励通过促进企业技术进步推行清洁生产。政策体系涉及的内容主要有以下几点：

①支持企业推行清洁生产，财政给予必要的资金保障和倾斜。例如对推行清洁生产的企业，政府给予低息、贴息优惠贷款，甚至拨款，并调动政策性银行和商业银行的积极性，向推行清洁生产的企业融资倾斜。

②对于推行清洁生产的企业，在税收减免方面给予优惠。比如根据企业实施清洁生产所减少的排污当量，免收相应的排污费，并在税收方面给予减免优惠。

③对推行清洁生产的企业，实行加速折旧制度，刺激企业的技术改造和运用新技术、新设备，促进企业推行清洁生产。

④创建清洁生产的市场机制，培育清洁生产的需求市场。鼓励研究机构和高校的科技人员流向企业，开展技术创新，推行清洁生产，并给予一定的优惠条件。

我国的宏观政策已决定将推行清洁生产纳入中国可持续发展战略。继党中央、国务院批准我国"环境与发展10大对策"，制定《中国世纪议程》之后，国家环保局1997年4月又制定和发布了《关于推行清洁生产的若干意见》。在此基础上，各地以及各行业也相应制定了地方和行业推行清洁生产的政策和措施。如陕西省省环保局和省经贸委联合发文，对限期污染治理项目、技术革新项目、企业改扩建项目，优先贷款给开展清洁生产的企业；清洁生产审计提出的中费与高费方案可申请陕西省环保治理专项资金；把推行清洁生产作为省环保目标责任书的内容。北京、山东、辽宁等地也有类似作法。1995年，国家环保局曾发通知，要求环保部门在有条件的地方，当企业污染治理项目申请使用污染防治基金或环保补助资金时，应要求企业进行清洁生产审计，经费可以从项目中一并解决。陕西、北京、山东、辽宁等地的实践证明效果不错。

"政府引导、政策促进、利益驱动、企业为主"的组织管理框架，将逐步在我国形成。结合我国的工业结构战略调整，引进市场竞争机制，制定导向性的清洁生产法律法规，建立促进企业推行清洁生产的政策和制度势在必行。可以预见，一个完善的清洁生产政策体系将很快在我国建立起来。

3. 将推行清洁生产纳入法制轨道

国内外十多年的清洁生产实践证明，推行清洁生产是实现可持续发展的必经之路，要长期持续有效地推行清洁生产，必须把推行清洁生产纳入法制轨道。对此，全球的发展趋势都一致。如美国的《污染预防法》，丹麦的《环境法》，加拿大的《投资法》、《银行法》、《环保法》等，都从法律上明确了污染预防的法律地位。我国也不例外，《中华人民共和国环境保护法》确定了环境保护在中国的法律地位，修订后的《中华人民共和国大气污染防治法》、《中华人民共和国固体废弃物污染环境防治法》、《中华人民共和国水污染防治法》中都不同程度地加进了清洁生产的内容。特别是《中华人民共和国清洁生产促进法》已于2003年1月1日起实施。清洁生产涉及方方面面，是一项系统工程。法律规定的激励措施，涉及国家计划、财政、金融、税收、投资等领域,这些都应该由法律规定和调整。通过立法手段来协调各方面的关系,可以大大推动清洁生产的实施,以实现中国经济快速发展和追求资源永续利用,环境质量日益提高的双赢目标。

当然,要全面有效地推行清洁生产,光靠国家立法也是不够的。要在全社会广泛宣传经济、社会、环境可持续发展的思想,增强公民的环保、节能降耗意识,使全社会成员的环保自觉性与清洁生产的法律义务结合起来,认识到清洁生产不仅是政府的事情,同时也是每一个企业、每一个公民的事。清洁生产关系到我国经济增长的质量、环境的质量、生活的质量,乃至子孙后代和全人类的发展等。只有使可持续发展的思想和清洁生产意识广泛深入人心,才能激励全社会的每一个成员都来关心清洁生产、参与清洁生产。

2.3.5　工业生产过程的清洁生产

清洁生产是工业发展的一种新模式,贯穿产品生产和消费的全过程。它不单纯是一个清洁生产技术问题,而是一个复杂的系统工程。因此,要实现清洁生产,首先必须转变观念,从揭示传统生产技术的主要问题入手,从生产环境保护一体化的原则出发,具体问题具体分析,逐个解决产品生产、贮运、使用和消费全过程中存在的问题。

1. 源削减

源削减是指通过预先制定的措施预防污染,使污染物在产生之前就被削减或消灭于生产过程中。其实质是避免污染的产生,它在经济上和环境上要比净化和控制污染更为可取。

工业产品设计原则往往是从经济利益出发,仅考虑其适用性和经济性。产品出厂后,企业不再顾及它们随后的命运。随着产品的更新换代、工业的发展,人们开始认识到工业污染不但发生在产品的生产过程中,更出现在消费过程中。有些产品使用后被废弃、分散在环境中,也是重要的污染源,如使用破坏臭氧层的氟利昂、强致癌联苯、"六六六"等农药。

按照清洁生产概念,对于工业产品要进行整个生命周期的环境影响分析,也就是对于产品要从设计、生产、流通、消费以至报废后处置的几个阶段进行环境影响分析。那些生产过程中物耗、能耗高,污染严重的产品,以及那些使用、报废后破坏生态环境的产品要尽快调整与停产。我国1984年停止生产了农药"六六六"、DDT。我国早已禁止生产多氯联苯、汞制剂、砷制剂等剧毒产品,严禁设小铬盐、小染料、小农药、土法砒霜、土磷肥、土硫黄等严重污染项目。这对于保护环境起到了重要作用。对于开发清洁产品可提出如下一些途径:

①产品的更新设计。使产品在生产中、使用中及报废后处置对环境无害。鼓励生产绿色产品。

②调整产品结构,从产品的生命周期整体设计,优化生产。如造纸工业从种速生林—制纸浆—造纸—废纸—废纸回收利用与纸浆的循环利用,整体布局"一条龙"生产。

③提高产品的使用寿命,减少报废。

④合理设置使用功能。

⑤简化包装,材料易降解、易处理。产品报废后,应易处理,可降解,并且对环境无害。采用可再生材料制作包装材料,包装物可回收并重复使用,避免使用处置后仍有污染和不易降解的材料做包装用。

2. 原材料的改进

可开发用无害或少害的物料来替代产品生产过程中使用的有害的物料,从而使产品在使用和生产过程中不产生或少产生污染物。

现在已开发出许多有害物料替代的生产过程,如印刷业采用水溶性油墨代替溶剂性油墨,金属电镀中无氰电镀锌替代氰化镀锌,低浓度三价铬电镀代替六价铬装饰性电镀,纺织工业减少了含磷化学品的使用等等。物料纯化可减少产品生产过程中引起的质量问题,提高合格率,减少废品的产生,同时也可减少污染物排放。

此外,应加强物料的控制。库存控制不当,即产生过量的、过期的和不再使用的原材料,都可能增加企业的废物污染。适当的物料控制程序将保障原料没有流失,无玷污损失地进入生产工艺中,还可保证原料在生产过程中被有效利用,不会成为废物。

定量控制添加物料是保证物料完全转化成产品的有效方法。传统的粗放型经营造成物料的浪费,同时还产生了大量废物。原料配比不当、添加不正确是造成物料浪费的很重要的原因之一。

3. 改革工艺和设备,开发全新流程

我国不少工厂企业至今仍沿用20世纪五六十年代的老工艺、老设备,工艺落后,设备陈旧,加上管理不善,布局不合理,物料利用率低,物耗、能耗、水耗都很高,造成严重资源浪费和环境污染。应遵循清洁生产的原则与要求,在原料规格、生产路线、工艺条件、设备选型和操作控制等方面加以合理改革,并积极创造条件应用生物技术、机电一体化技术、高效催化技术、电子信息技术、树脂和膜分离技术等现代科学技术,创建新的生产工艺和开发全新流程,从而提高生产效率和效益,实现清洁生产,彻底根除在生产过程中产生污染。

新的工艺、高效的设备和自动化控制操作,可以更有效地利用原材料,可减少废品或不合格品,从而减少需要重新加工或处置的物料量。采用有效的设备和工艺提高生产能力,可以降低原材料费用和废物处理处置费用,增加企业资金收入,给企业带来明显的经济效益和环境效益。

改革工艺和设备,可以局部进行,也可以是整条生产线的技术改造,视企业情况和资金能力而定,包括以下几种情况:

①局部关键设备革新,采用先进、高效设备,提高产量,减少废物的产生。

②改进设备布局,避免操作中工件的传递带来的污染物流失,减少运转过程造成的产品损失。

③生产线采用全新流程,建立连续、闭路生产流程,减少物料损失,提高产量,提高物料转化率,减少废物的生成。

④工艺操作参数优化。在原有工艺基础上,适当改变操作条件,如浓度、温度、压力、时间、pH 值、搅拌条件、必要的预处理等,可延长工艺溶液使用寿命,提高物料转化率,减少废物的产生。

⑤工艺更新。采用新工艺,改变落后旧工艺,采用最新的科学技术成果,从根本上杜绝废物的产生。

⑥配套自动控制装置,实现过程的优化控制,避免人为产生的误操作,减少污染物的产生。

4. 加强管理

加强管理是企业发展的永恒主题。实现清洁生产是一场工业革命,必须转变观念,加强领导和管理,制定完整的法规与政策,建立一套健全的环境管理和环境审计制度。

根据全过程控制概念,环境管理贯穿工业建设的全过程,落实到企业各层次,分解到企业各个环节,关联到产品与消费过程的各个方面。

管理措施一般花费很小,不涉及工艺生产过程的技术改造,但经验表明,强化管理能削减 40%污染物的产生,对我国现有工业来说,改变粗放型经营传统、加强管理是一项投资少而成效巨大的措施,这些措施有以下几点:

①安装必需的监测仪表,加强计量监督;

②加强设备维护、维修,杜绝跑、冒、滴、漏;

③建立有环境考核指标的岗位责任制与管理职责;

④完善可靠的统计和审核;

⑤进行产品的全面质量管理;

⑥有效地生产调度,合理安排批量生产日程;

⑦改进清洗方法,节约用水;

⑧原材料合理贮存,妥善保管;

⑨产成品合理贮存与运输;

⑩加强人员培训,提高职工素质;

⑪建立激励机制、公平的奖惩制度;

⑫组织安全文明生产。

5. 废物循环利用,建立生产闭合圈

工业生产中物料的转化不可能达到 100%。生产过程中工件的传递,物料的输送,加热反应中物料的挥发、沉淀,加之操作的不当,设备的泄漏等原因,总会造成物料的流失。工业中产生的"三废"实质上是生产过程中流失的原料、中间体、副产品及废品废料。尤其是我国的

农药、染料行业,主要原料利用率一般只有 30%～40%,其余都以"三废"形式排入环境。因此对废物的有效处理和回收利用,既可创造财富,又可减少污染。

实现清洁生产要求流失的物料必须加以回收,返回流程中或经适当处理后作为原料或副产品回用。建立从原料投入到废物循环回收利用的生产闭合圈,使工业生产不对环境构成任何危害。

在生产过程中,比较容易实现的是用水闭路循环。工业用水的原则是供水、用水和净水一体化,要一水多用、分质使用、净水重复使用。尤其是在水资源短缺的地区,实现用水闭路循环的工作更为紧迫。

如江苏省海门县化肥厂在 1991 年成功实行了吹风气和合成气余热回收利用,降低了正常生产用汽量,1t 合成氨用蒸汽减为 2t,每年节约 8000t 标准煤和 $564 \times 10^4 kW \cdot h$ 电,减少 CO_2 排放 4000t。山东牟平造锁总厂电镀分厂和江苏江都自行车车把电镀厂,应用电镀漂洗水无排(或微排)技术,使电镀漂洗水实现了闭路循环。电解食盐制碱和漂白粉等氯碱化学工业都是综合利用技术的应用。

厂内物料循环可分以下几种情况:

①将流失的物料回收后作为原料返回流程中;

②将生产过程中产生的废料经适当处理后作为原料或替代物返回生产流程中;

③将生产过程中生成的废料经适当处理后作为其他生产过程的原料回用或作为副产品回收。

6. 发展环保技术,搞好末端治理

为了实现清洁生产,在全过程控制中还需必要的末端治理,使之成为一种在采取其他措施之后的防治污染的最终手段。这种厂内末端处理,往往是作为集中处理前的预处理措施。在这种情况下,它的目标不再是达标排放,而只需处理到集中处理设施可接纳的程度。因此,对生产过程也需提出一些新的要求。

①必须清浊分流,减少处理量,有利于组织再循环;

②必须开展综合利用,从排放物中回收有用物质;

③必须进行适当的预处理和减量化处理,如脱水、浓缩、包装、焚烧等。

为实现有效的末端处理,必须努力开发一些技术先进、处理效果好、占地面积小、投资少、见效快、可回收有用物质、有利于组织物料再循环的实用环保技术。

20 世纪 80 年代中期以来,我国已开发很多成功的环保实用技术,如粉煤灰处理和综合利用技术、钢渣处理及综合利用技术、苯系列有机气体催化净化技术、小合成氨放空气、再生气回收氨新工艺、碱吸收法处理硝酸尾气、氨吸收法处理硫酸尾气、电石炉与炭黑炉炉气除尘、氯碱法处理含氰废水等。然而,在我国还有不少环保上的难题尚未彻底解决,例如,处理含二氧化硫废气的脱硫技术、造纸黑液的治理与回收碱技术、萘系列和蒽醌系列染料中间体生产废水的治理与回收技术、汽车尾气的处理技术、高浓度有机废液的处理及综合利用技术

等。因此,还需依靠科学技术的研究成果,继续努力开发最佳实用技术,使末端处理更加行之有效,真正起到污染控制的"把关"作用。

2.3.6　清洁生产的审计程序

目前,不论是发达国家还是发展中国家都在研究如何推进本国的清洁生产。从政府的角度出发,推进清洁生产有以下几方面工作:

①制定特殊的政策以鼓励企业推行清洁生产;

②进行产业和行业结构调整;

③支持工业的清洁生产示范项目;

④为工业部门提供技术支持;

⑤进行清洁生产教育,提高公众的清洁生产意识。

对于企业,如何去做是一个关键的问题。要进行企业清洁生产审计,研究清洁生产技术,进行产品生命周期分析,进行产品生态设计,拟定长期的企业清洁生产计划,对职工进行清洁生产的教育和培训。

企业清洁生产审计是评估企业生产的清洁与否或清洁程度的一种手段或方法。它是对现在的或计划进行的工业生产实行预防污染的分析和评估,在分析和评估过程中制定并实施减少能源、水和原材料使用,消除和减少生产过程中有害物质的使用,减少各种废弃物排放及其毒性的方案。

清洁生产审计的总体思路为:判明废弃物的产生部位,分析废弃物产生原因,提出方案减少或消除废弃物。企业推行清洁生产的第一步是开展清洁生产审计。在清洁生产审计过程中,通过企业对某一产品的具体生产工艺和操作的检查评审,掌握该产品所产生的废物种类和数量,进而判定应如何减少有毒物料的使用以及削减废物的产生;再经过对备选方案进行技术、环境和经济可行性分析,选定最有前途的污染预防方案加以实施。

企业清洁生产审计要按照《企业清洁生产审计手册》规定的程序和要求进行,分为策划与组织、预评估、评估、方案产生和筛选、可行性分析、方案实施及持续清洁生产7个步骤。企业清洁生产审计程序见图2-1。

清洁生产审计程序及各阶段要求要点如下所述:

1. 筹划与组织

(1)目的

通过宣传动员使企业从上到下对推行清洁生产、实现从源头削减废物的作用和意义有正确的认识与了解,消除思想观念上的障碍,便于清洁生产审计工作的顺利开展。

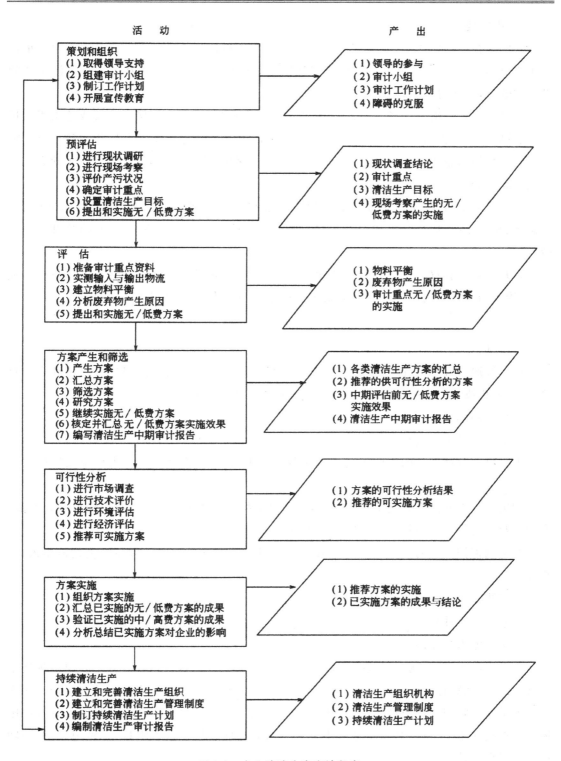

活　动

产　出

策划和组织
(1)取得领导支持
(2)组建审计小组
(3)制订工作计划
(4)开展宣传教育

(1)领导的参与
(2)审计小组
(3)审计工作计划
(4)障碍的克服

预评估
(1)进行现状调研
(2)进行现场考察
(3)评价产污状况
(4)确定审计重点
(5)设置清洁生产目标
(6)提出和实施无/低费方案

(1)现状调查结论
(2)审计重点
(3)清洁生产目标
(4)现场考察产生的无/低费方案的实施

评　估
(1)准备审计重点资料
(2)实测输入与输出物流
(3)建立物料平衡
(4)分析废弃物产生原因
(5)提出和实施无/低费方案

(1)物料平衡
(2)废弃物产生原因
(3)审计重点无/低费方案的实施

方案产生和筛选
(1)产生方案
(2)汇总方案
(3)筛选方案
(4)研究方案
(5)继续实施无/低费方案
(6)核定并汇总无/低费方案实施效果
(7)编写清洁生产中期审计报告

(1)各类清洁生产方案的汇总
(2)推荐的供可行性分析的方案
(3)中期评估前无/低费方案实施效果
(4)清洁生产中期审计报告

可行性分析
(1)进行市场调查
(2)进行技术评价
(3)进行环境评估
(4)进行经济评估
(5)推荐可实施方案

(1)方案的可行性分析结果
(2)推荐的可实施方案

方案实施
(1)组织方案实施
(2)汇总已实施的无/低费方案的成果
(3)验证已实施的中/高费方案的成果
(4)分析总结已实施方案对企业的影响

(1)推荐方案的实施
(2)已实施方案的成果与结论

持续清洁生产
(1)建立和完善清洁生产组织
(2)建立和完善清洁生产管理制度
(3)制订持续清洁生产计划
(4)编制清洁生产审计报告

(1)清洁生产组织机构
(2)清洁生产管理制度
(3)持续清洁生产计划

图 2-1　企业清洁生产审计程序

（2）内容要点

①取得企业领导的支持。向企业领导汇报国家推行清洁生产的方针以及清洁生产审计工作要求，介绍其他工厂开展清洁生产审计取得的成果以及本企业存在的实行清洁生产的机会和效益，以获得企业领导的支持。

②组建审计小组。选择适当人员，组长由主管企业生产技术、环保的厂长或总工程师担任；成员应包括环保科、技术科、企管部门以及审计重点车间主任技术人员和财务人员。审计小组人数根据企业实际情况而定，一般应有3～5名成员。审计小组成立后应明确人员的责任及职责分工。

③制订审计工作计划。按照审计程序要求和工厂车间具体情况，排定工作进度表，明确各部门及审计小组各成员的任务、投入工作量以及各阶段应产出的成果，以利检查。

④开展宣传教育。利用各种宣传手段（黑板报、广播、全厂大会、中层干部会和车间大会）宣传清洁生产的内涵、必要性、可能性和效益，鼓励全体员工参与清洁生产。

2. 评估

（1）目的

本阶段通过实测审计重点生产工艺单元操作的输入/输出物料流，建立、评估和完善物料平衡，分析废物产生的原因，为下一步方案的产生打下坚实的基础。

（2）内容要点

1）汇总审计重点资料

①将重点审计产品的生产工艺划分为若干个工艺单元（操作工序），列出单元操作及其功能。

②按生产单元操作编制工艺方框图，并标出全部输入和输出的工艺物料流（原料、产品、副产物及废物等）和原料投入点、废物产生点。

③编制带控制点的主要设备流程图，标出各主要设备名称、功能、物流及废物流出入口，监控点及手段。

2）实测输入与输出物流

①制订实测计划。

②实测输入与输出。

a. 工艺输入：工艺输入物包括原料、添加剂、催化剂、工艺水、能源等，并结合原料进货记录，检查物料在贮存和输送过程中的损失，通过查定水表实际读数的方法查清各生产工序实际用水量（包括冷却水、清洗用水、进入产品水、其他用水）。注意在确定工艺输入时有些废物已被直接回用于生产中（如洗涤水重复利用），对这些废物要进行定量，并做记录，避免物料平衡时重复计算。

b. 工艺输出：工艺输出物包括产品、副产物、中间产品及废水、废气、固体废物及废液等。

产品、副产物、中间产品输出的测量与原料输入查定方式相同,废物输出量的查定应视具体情况而定,对由于客观条件不能进行实测的废物,应请有经验的工艺工程师根据化学计算法估算。

废物流数据应包括排放(产生)量、有害污染物浓度(pH 值、COD、BOD_5 及有害物质浓度)、排放(产生)点、排放去向、排放方式(连续、间断)等。

采集废水时,对连续排水可取混合样(10h)以代表这段时间平均废水情况,当废水波动较大时,可根据流量之比确定每次采样量。

废气和固体废物的采样点、采用量应具有代表性,使用的监测方法应符合国家有关环境监测要求。

3) 建立物料平衡

①根据各单元操作的输入、输出数据,作出单元操作输入、输出汇总表,参见表 2-2 和表 2-3。

表 2-2　各单元操作数据汇总

输入物					输出物				
名称	数量	成分			名称	数量	成分		
		名称	浓度	数量			名称	浓度	数量

表 2-3　输入、输出数据汇总

输　入		输　出	
输入物	数　量	输出物	数　量
原料 1		产　品	
原料 2		副产品	
辅料 1		废水	
辅料 2		废气	
水		废渣	
…		…	

②根据各单元操作汇总资料,编制出产品全生产工艺的物料平衡流程图(图 2-2)。

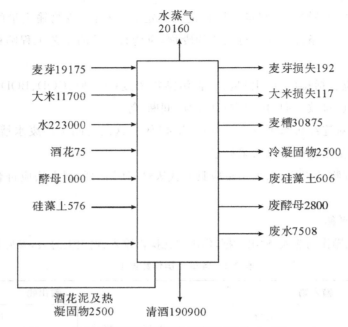

图 2-2　酿造车间物料平衡图(单位:kg/d)

③核查单元与总物料平衡,确定缺少的数据,初步判定输入与输出是否基本平衡。

④进行物料平衡误差计算,查找物料不平衡的原因,并对可能出现的不准确数据或计算错误,重新测定和计算,必要时请技术人员帮助评议审核,以将误差值减少到最低程度。

　4)分析废物产生的原因

通过对物料平衡的判断,可以确定应重点削减的废物流(数量大、毒性大者),判断出废物的主要来源、废物产生原因,认识无法解释的损失,查明超过国家和地方排放标准的操作,从原料投入贮运、生产工艺技术、内务管理、工艺操作优化等方面对废物产生原因进行分析;同时计算出"三废"造成的经济损失(废物处理处置费用、资源能源费用、产品流失和原料流失损失等)。

5)提出并实施无/低费方案

结合工厂具体情况,适时实施无/低费清洁生产方案,并对其实施效果做出评价。

3. 方案产生和筛选

(1)目的

根据废物产生原因分析的结果,提出清洁生产方案,并通过筛选排除不合理或不适用的方案,确定三个以上有前途的中/高费方案供下一阶段进行可行性分析。同时,及时总结已实施的无/低费方案。

(2)内容要点

1)产生方案

参照同行业企业排污先进水平和污染预防技术进行对比分析,从产品改变、原材料替代、工艺技术改革、工艺过程优化、加强内部管理和废物回收利用等方面,结合工厂实际提出清洁生产方案。

①召开有车间主任、技术人员、操作人员,以及技术、环保等有关主管科室人员参加的专题会议,或以书面方式广泛征求对废物削减的建议。

②收集研究国内外同行业企业污染预防、清洁生产的信息资料。

③创造畅所欲言的氛围,鼓励提出创造性见解,独立思考,人人参与,不拒绝任何一种建议方案。

④引入经济激励机制,对提出可行建议者根据实施效果给予必要的奖励。

2)分类汇总和筛选方案

①方案汇总,将全部方案编号,填写备选方案汇总表(内容包括编号、方法类型、方案名称、方案简介、预期环境改善和经济效益)。

②对各项方案进行初步分析和分类,将其分为无/低费方案、初步可行的中/高费方案和不可行方案三类。

③方案筛选。对初步可行的中/高费方案可以采用权重总和法进行评分筛选,择优选择3个以上方案进行下一步可行性分析;对无/低费方案立即实施。评判基准和权重范围见表2-4。

表 2-4　方案筛选评判基准和权重范围

评判基准	权重范围	评判基准	权重范围
减少环境危害	10～8	技术可行	8～6
经济可行	10～7	易于实施	6～4

3)继续实施无/低费方案和核定并汇总实施效果

结合工厂、车间具体情况,继续实施无/低费方案,并对实施效果进行核定汇总,包括实际投资与运行费用及实际取得的环境改善和经济效益。

4)编写清洁生产中期审计报告

报告应简述前四个阶段开展的工作,说明初步审计结果、备选方案内容、实施简单无/低费方案的结果,以及可能存在问题的分析和解决办法。

将初步审计结果向工厂、车间、科室领导和有关人员汇报,进一步征求意见,中期报告应经厂领导认可。

4. 可行性分析

(1)目的

可行性分析阶段的任务是对上述筛选出的有前途的污染预防方案进行详细的技术、环境和经济可行性,评估,以确定其削减废物的实际可行性,并提出优先实施的顺序。

（2）内容要点

一项清洁生产方案要能得到实施，首先要技术上可行；其次是能达到节能、降耗、减污的目标，满足环境法规的要求；第三是经济上有利可得。

1）进行技术评估

技术评估是为了确定建议的方案是否能在应用中正常发挥作用，技术评估需考虑的问题有以下几个：

①技术的先进性（与国内外先进技术对比分析）如何？

②技术的安全可靠性如何？

③技术的成熟性如何，有无实施先例？

④产品质量是否受到影响？

⑤对装置的生产能力（产量和劳动生产率）有何影响？

⑥车间现场是否有空间安装废物减量设备？

⑦原有的公用工程设施是否可用，还是必须新建？

⑧新设备、物料或操作程序与原有操作程序、工艺流程及生产能力是否相容？

⑨新系统安装如需要停产，其工期长短如何？

⑩对生产管理有何影响（操作控制的难易如何？ 运行维护的难易如何？）？

⑪新系统运转维护是否需要有特别经验的工人？ 设备制造销售厂家能否提供相应服务？

⑫施工许可证如何申请？

技术评估需要各类人员的经验，应当事先征求所有可能受影响的部门人员的意见，这些人员可能包括生产、维修、质量控制和采购人员。

如果清洁生产方案会造成产品变化，应进行必要的市场调查，以确定合适的技术途径、产品需求和生产规模。如果方案要求改变生产方法，应仔细评价其对最终产品的影响。设备改进方案或工艺改革方案需要的投资较多，并可能影响生产能力或产品质量，因而对这类方案需要进行更多的研究，有时可能还需要进行实验室或中间规模验证试验，还可以考察国内已建的类似装置，听取富有实际经验的操作人员的意见，或访问设备制造与供应厂商，听取他们的意见和建议。

总之，经过技术评估之后，对不需要较多投资的方案以及对产品质量、生产能力无重要影响的可行方案应尽快加以实施，对评估后认为不实用的或预计会降低产品质量的方案应抛弃，对技术可行的其他方案继续进行环境与经济评估。

2）进行环境评估

污染预防一般都有明显的环境效益，但有时也带来某些不利影响，在对比污染预防方案实施后可能对环境的影响时，审计小组应当权衡每个方案对环境带来的利与弊。环境评估应考虑下述几方面的问题：

①是否能减少废物产生量？

②生产过程中废物排放量和污染物毒性有何变化？

③污染物从一种环境介质向其他介质转移的可能性如何？是否产生新污染？有无二次污染或交叉污染？

④污染物性质（如可降解性、可回收性的变化）如何？

⑤替代原料和工艺改革对环境有何影响？

⑥能源消耗有何变化？

⑦新系统对操作工人是否安全？生产安全性的变化（如防火、防爆）如何？

⑧现行环境法规方面是否有障碍？

为了做出合理的评价，审计小组应广泛收集关于产品、原料、工艺组成单元的环境影响资料，评价过程中应考虑产品生产的整个过程。

3）进行经济评估

经济可行性评估的目的是将清洁生产项目增加的费用与所获得的节省和利润相比，通过可盈利性分析评价确定项目的经济可行性。

评估的内容有：

①总投资费用（包括固定资产投资、流动资金及相关的附加费用）。

②年运行费用总节省金额，包括三部分：

a. 直接费用的节省，即将废物削减方案的投资和操作费用与该方案可获得的利润相比较；

b. 间接费用的节省，包括遵守环境法规的费用，如许可证申报费、管理费、检测费、环境罚款以及避免的法律责任和义务，如清理污染物费用、人员伤害赔偿费等；

c. 难以确定的效益，包括由于改进产品质量、改善公司声誉与形象和公共关系而增加的产品销售额，通过改善劳资关系，提高劳动生产率及减少卫生保健费用，以及改善与环境执法部门关系带来的效益。

评价指标：项目经济可行性的财务分析可参考建设项目经济评价方法的有关规定进行，清洁生产项目财务评价主要根据 3 个评价指标，即投资偿还期（pay back period）、净现值（net present value）和内部收益率（internal rate of return）。

投资偿还期是指一个项目产生的累计净收益抵偿全部投资（包括固定资产投资和流动资金）所需要的时间。

净现值指按部门或行业的基准收益率或设定折现率，将项目各年净现金流量折现成建设起点（建设初期）的现值之和。

内部收益率指项目在计算期内各年净现金流量现值累计等于零时的折现率。

可行性评估方案的标准如下所述：

①投资偿还期。应尽可能短，一般中小项目＜1～5 年；大型项目＜10 年。

②净现值。按照行业或公司要求的投资收益率计算出的净现值≥0,则可以考虑。在选择方案时,应选择净现值大的方案;当各方案投资不同时,可采用净现值率(即单位投资现值的净现值)来衡量。

③内部收益率。求出的内部收益率(IRR)应与部门或行业的基准收益率(ic)比较,当IRR≥ic时,则认为项目在财务上是可以考虑的。

注意:可行性评价应按照技术可行性评估、环境可行性评估、经济可行性评估的先后顺序进行对于技术评估认为不可行的方案不必进行下一步分析;同样,环境评估不可行的方案不必进行经济评估。

4)对于推荐可实施方案

根据上述可行性评价结果,审计小组应当推荐出可供实施的可行方案。

5. 方案实施

(1)目的

通过实施推荐的清洁生产方案,使企业实现技术进步,获得显著经济效益和环境效益;通过评估已实施方案的成果,激励企业进一步推行清洁生产。

(2)内容要点

1)组织方案实施

当实施方案被企业领导批准之后,项目实施即可开始,审计小组应为清洁生产项目落实资金和进行各项准备工作。审计小组应努力说服工厂的领导将污染预防项目列入企业计划之中。在企业内部资金有困难的情况下,可通过向银行贷款或其他途径解决。一旦资金得到落实,可根据国家建设项目的有关规定办理审批手续并按以下步骤进行设计、设备采购、安装与试车等工作:

①进行工艺详尽设计,编制招标文件和设备清单;

②选择施工队伍和设备材料采购;

③设备安装;

④人员培训;

⑤试车和验收。

2)汇总并评估已实施的清洁生产方案的成果

监测与评价清洁生产项目是否达到预期减废目标的技术有效性以及是否获得预定的经济效益,分析评估清洁生产方案实施效果时,应对比实施项目前后污染产生量的变化和原材料利用率、产品收率、能源消耗等指标的变化,以及检查公司现金流量的变化,确认其经济效益性,对于未达到预期效果的方案需要改进。

6. 持续清洁生产

（1）目的

使清洁生产在企业中长期持续推行，以实现可持续发展。

（2）内容要点

1）建立和完善清洁生产组织

大型企业的环保部门应当增设专门机构或设专人负责推行清洁生产；中小企业可将清洁生产列入企业管理或生产部门职能范围中。

2）建立和完善清洁生产管理制度

及时将清洁生产审计成果纳入有关生产操作规程、技术规范和其他日常管理制度中去，以巩固其成效。

3）制订持续清洁生产计划

污染预防工作不能一劳永逸，由于受到资金和技术的制约，不可能一下子解决企业全部的污染问题，而且随着企业生产的发展，又会出现新的污染问题，因而应当不断修订已有的清洁生产计划，增加新的内容或进行新一轮的清洁生产审计，将污染预防工作结合到企业整个经营活动中。

维持和改进污染预防计划的主要方式有以下几种：

①将清洁生产结合到企业总体规划中。将污染预防的责任落实到产生废物的车间工段；跟踪与评估清洁生产计划的执行情况。

②制订员工教育培训计划。将提高对清洁生产的认识作为新工人上岗培训计划的一部分；重新培训工段长和操作工人。

③促进内部信息交流。鼓励员工与企业领导之间的双向信息交流；经常征求员工对清洁生产的合理化建议；根据建议采取相应的措施。

④奖励在清洁生产上作出重要贡献的员工。定期公布作出重要贡献的个人和集体的名称，给予物质奖励；将清洁生产作为一项工作职责。

⑤扩大清洁生产信息的交流和教育。向当地新闻媒介和报刊杂志提供企业污染预防新信息；向企业周围社区群众介绍企业污染预防的措施及效果。

4）编制清洁生产审计报告

清洁生产审计报告的编写要求参考企业清洁生产审计手册。

2.3.7　实施清洁生产的制度环境

清洁生产是环境保护理念上的一个飞跃，是对环境保护实践的科学总结。我国工业发展和资源、环境的特点表明，要保持中国经济的持续、稳定发展，就必须摈弃过去那种高消耗、高投入的粗放型的经济发展模式，大力推行清洁生产，走技术进步、提高经济效益、减少资源消耗的集约型道路。

1. 中国工业的特点决定必须大力推行清洁生产

①我国正处在工业化加速发展的阶段。今后相当长一段时间内,中国经济将保持较高的增长速度。1980—1993 年,国民生产总值年平均增长速度达到 9.5％,以后仍保持 7％～9％,大大高于世界各国的平均增长速度。工业的加速发展致使污染物排放量增加,如不采取有效的预防措施,新增工业污染和由此而产生的城市污染将会进一步加剧。

②工业布局不合理。中国的工业企业 80％集中在城市,特别是大中城市。从 20 世纪50 年代末期到 70 年代中期的一段时间里,由于忽视了城市整体规划和工业的合理布局,不少工业企业建在居民区、文教区、水源地、名胜游览区,因此,加重了城市污染。

③现有工业的总体技术水平还比较落后。由于原料加工深度不够,资源能源的利用率不高,单位产品的能源消耗大大高于发达国家水平。据统计,中国社会最终产品仅占原料总投资量的 20％～30％,这是造成"三废"排放量大的重要原因之一。

④工业结构中,重污染型行业占的比重较大,工业的"结构性污染"给城市环境带来沉重的负担,构成很大的威胁。另外,一些小型工业企业尤其是乡镇企业,如小化肥、小造纸、小冶炼、小化肥等"15 小"企业,其工艺、技术落后,设备简陋,操作管理水平低,也造成了污染的蔓延。

2. 中国的资源特点决定要大力推行清洁生产

中国与工业发展相关的资源相对稀缺,需要通过清洁生产大力节约和综合利用资源。一是水资源不足,这在北方地区已成为社会经济发展的重要制约因素之一,全国缺水城市达300 多个,日缺水量 1000×10^4 t 以上,使工业生产和居民生活受到很大影响。二是矿产资源保证程度下降,浪费严重。中国是世界上矿产资源总量比较丰富、矿种配套程度比较高的少数几个国家之一,但是,由于中国矿产丰歉不均(优势矿产多半用量不大,大宗矿产又多半储量不足),区域分布不平衡,贫矿、难选矿、综合矿和中小型矿等较多,在现有的技术和经济条件下,可供开发利用的资源不足,保证程度呈下降趋势。据有关部门对 40 种主要矿产保证程度分析,目前已有 10 种供应不足,某些生产矿山的可采储量日趋枯竭,后备储量严重不足,严重制约着矿山开发规模与生产能力的发挥。三是能源生产、消费结构以煤为主。我国是当今世界上最大的煤炭生产和消费国,1999 年全国煤炭产量为 9.7×10^8 t,2000 年为 9.51×10^8 t;1999 年煤炭消费量为 9.67×10^8 t,2000 年为 9.84×10^8 t。据中国工程院院士陈清如对未来我国煤炭业前景的预测,今后 50 年煤炭的主导地位不会改变,煤炭仍将是我国的主要能源。因而推行清洁生产,实现煤炭高效、洁净、经济利用已成为我国面临的重大任务,不仅具有重大环境效益,而且也将产生显著经济效益。

3. 推行清洁生产的主要思路

新中国成立的 60 多年里,我国工业发展十分迅速,已经建立起了门类齐全的工业体系。

工业成为国民经济的重要支柱。但是,从总体来看,中国工业的技术水平还比较低,内部结构也不尽合理,因而从总体上影响了国民经济发展的效率,导致资源的浪费和对环境的污染,影响了可持续发展的能力。同时,工业管理体制和环境管理上存在的一些弊端,又使资源配置效益低下,成为环境趋于恶化的一个重要原因。

(1)确定清洁生产的主要目标

①科学规划和组织协调不同生产部门的生产布局和工艺流程,优化生产诸环节,由单纯的末端污染控制转变为生产全过程的污染控制,交叉利用可再生资源和能源,减少单位经济产出的废物排放量,达到提高能源和资源使用效率、防治环境污染的目的。

②通过资源的综合利用、短缺资源的替代、二次能源的利用及节能、降耗、节水,合理利用自然资源,减少资源的耗竭。

③减少废料和污染物的生成和排放,促进工业产品的生产、消费过程与环境相容,降低整个工业活动给人类和环境带来的风险。

④开发环境无害产品(绿色工业产品),替代或削减对有害环境的产品的生产和消费。

(2)把清洁生产作为产业政策的一项重要内容,进行工业结构和布局的调整

根据建立社会主义市场经济体制的要求,促进工业发展走市场配置资源的道路。要立足于现有基础,对加工工业进行联合改组和技术改造,调整产品结构、企业组织结构和行业结构,把整个加工工业素质提高到一个新水平。对一些关键的产业,国家要制订发展规划和实行产业政策引导,促进经济与环境的协调发展。通过深化体制改革,放开产品价格,实行公开、公平、公正的市场竞争,推动优胜劣汰,促进资源合理配置。具体地说,有以下几项要求:

①从节约能源和扩大建设两个方面,解决能源供应紧张的问题。为此,要制定一些新的节能政策,实施一批节能示范工程,推广先进的节能技术,提高节能效率。

②跟踪世界工业技术发展情况,制定、调整、修订新的工业发展技术标准和技术政策;发布国内外新技术信息,引导企业采用新的工业技术。抓好基础机械、基础零部件、基础工艺的技术改造,提高工业设备的新技术水平。

③加强对高新技术产业的规划,把高新技术产业的发展与传统产业的技术改造结合起来。

④淘汰技术工艺落后、资金消耗高、严重污染环境、产品质量低劣的落后生产设备,增加技术改造资金的投入。围绕生产技术和装备现代化问题,组织好科研和生产攻关,以及成熟科技成果的推广应用。

⑤鼓励加工工业集中地区,特别是沿海经济发达地区,发挥智力资源多、技术层次高的优势,重点发展附加值高、技术含量高、能源和原材料消耗低的技术密集型产业和服务业,将能源和原材料消耗较高、原料需大量运输的工业项目集中布局到能源充足、资源富集的地区。国家扶持资源富集但经济落后的地区加强基础设施建设,创造条件,促进资源的合理开

发和综合利用。

⑥提高累积效益,通过建设乡村小城镇,合理规划布局乡村企业,相对集中地发展乡村企业,以便于接纳大中城市扩散出来的技术、项目,形成与大城市企业的专业化分工以及乡村企业彼此间的专业化协作。国家关于淘汰落后工艺设备的规定同样适用于乡村企业,以促进乡村企业技术档次提高,减少资源浪费和环境污染。

(3)加快清洁生产工业技术的开发和利用,加快制定符合中国国情的清洁生产标准、原则及有关法规

清洁生产技术的开发和利用重点是无害环境技术,即与所取代的技术比较,是污染较少、利用一切资源的方式比较能够持久、废料和产品的回收利用较多、处置剩余废料的方式比较能够被接受的一种技术。为加快清洁生产工艺技术的开发和利用,要制定与中国目前经济发展水平和国力相适应的清洁生产标准、原则及相应的法规、经济手段。有效的管理和监督是发展清洁生产的必要保证。这里所说的管理和监督主要是指通过提高国民的法律、环境意识和改革现行管理体制中存在的一些不合理因素并采取相应的经济、法律、行政等一系列有效手段,对从事各种生产活动的单位和个人进行引导和制约,使他们的经济活动与可持续发展的要求相适应,并自觉应用清洁生产的工艺技术。在提倡清洁产品的生产、使用和无害环境技术的应用方面,中国尚没有一套完整规范和行之有效的管理办法,如何支持和鼓励、规范产品广告和说明(如产品所用原料能否再生、对环境是否有害)等问题还没有得到很好地解决。因此,在没有得到比较可靠保证的情况下,考虑到前期投入和以后的市场问题,从效益的角度出发,生产者对清洁生产和使用先进的无害环境技术难以表现出很大的热情。为此,完善清洁生产的有关法规、标准,加强管理是发展清洁生产的一项紧迫任务。

制度安排是可持续发展战略实施的基本保障。可持续发展已经成为世界各国普遍接受的关于环境与发展关系的重要战略。中国政府在《关于出席联合国环境与发展大会的情况及有关对策的报告》中指出,各级政府应当更好地运用经济手段来达到保护环境的目的。《中国 21 世纪议程——中国 21 世纪人口、环境与发展白皮书》(1994)中指出:适应中国社会主义市场经济体制的建立,对已有的立法进行调整完善,引入符合市场经济规律和市场机制要求的法律调整手段,通过调整各种经济政策,在国家宏观调控下,运用经济手段和市场机制促进可持续的经济发展。可见,利用经济手段促进中国的可持续发展已被摆到了极为重要的位置。这里的经济手段实际上就是我们已经详细论述过的制度安排的一种具体形式。

利用经济手段实现可持续发展,就是要按照环境资源有偿使用原则,通过市场机制,将环境成本纳入各级经济分析和决策过程,促使污染、破坏环境资源者从全局利益出发选择更有利于环境的生产经营方式,同时也可以筹集一笔资金,由政府根据需要加以支配,以支持清洁生产技术的研究开发、区域环境综合整治以及重点污染源的治理等,从而改变过去那种无偿使用环境资源、将环境成本转嫁给社会的做法,实现环境、经济与社会的可持续发展。

可持续发展的经济手段主要有征收环境费制度、环境税收制度、财政刺激制度、排污权

交易制度以及环境损害责任保险制度等。

4. 征收环境费制度

环境费是指根据环境资源有偿使用的原则,由国家这一所有者授权的代表机构向开发、利用环境资源的单位或个人依照其开发、利用量以及供求关系所收取的相当于其全部或部分价值的货币补偿。它总体上分为开发、利用自然资源的资源补偿费以及向环境中排放污染物、利用环境纳污能力的排污费两种。目前,这两种形式的环境费在中国均已确立,但仍需进一步完善。

(1)资源补偿费

中国《矿产资源法》(1986)明确规定:"国家对矿产资源实行有偿开采。开采矿产资源,必须按照国家有关规定缴纳资源税和资源补偿费"。《森林法》(1984)规定:"全民所有制单位营造的林木,由营造单位经营并按照国家规定支配林木收益。"《土地管理法》(1986)规定:"国家依法实行国有土地有偿使用制度";"国有土地和集体所有的土地的使用权可以依法转让"。《水法》(1988)规定:"对城市中直接从地下取水的单位,征收水资源费;其他直接从地下或者江河、湖泊取水的,可以由省、自治区,直辖市人民政府决定征收水资源费。"可见,资源补偿费在计划经济条件下就已确立,对提高自然资源的利用效率、促进自然资源的保护与改善起到了积极的作用。随着市场经济体制的不断健全,其功能将逐步加强,但原有法律实施的缺陷也日趋明显。一方面,收取资源补偿费的范围狭小,许多国有自然资源基本处于任意、无偿使用状态,收取的费用远远低于资源本身的价值,无法通过供求关系反映出其稀缺性。这就使得自然资源利用效率低下,浪费严重,导致生态破坏与退化,进而加剧了环境污染。另一方面,现实中苦乐不均的现象十分严重。由于管理上的缺陷,能缴资源补偿费的多是开发自然资源的国有大中型企业,如矿山、冶金企业等,而浪费最严重的小型企业(主要是乡镇、村办和私人企业),由于量多面广,往往没有缴费。这不仅违背了保护自然资源的初衷,而且造成了市场竞争的不公平。

针对上述情况,一方面,应当扩大资源补偿费的征收范围(包括自然资源的范围和开发、利用者的范围),提高收费标准,使其能够反映出资源稀缺程度和实际价值;另一方面,必须加强对资源补偿费征收工作的管理,特别是严格审批程序,强化征收环节,保证把应收的资金收上来。同时,结合国家产业政策,对国家鼓励的行业以及保护、利用自然资源成绩突出的企业,实行减、免收费和奖励,既不损害本来就相对薄弱的原材料产业的发展,又能从总体上提高自然资源的利用效率。

(2)排污费

收排污费是目前世界各国在环境保护中较为通用的一种经济手段,是"污染者负担"原则的具体体现,也是使环境问题外部不经济内部化的一种方法。中国现行的征收排污费制度是在 20 世纪 70 年代末到 80 年代初制定的,除《水污染防治法》规定的排污收费、超标准排污征收超标准排污费外,总的说来实行的是超标排污收费制度,即只是对超过规定标准排放污染物者收费。这一制度对控制污染物的产生与排放、促进排污单位加强经营管理、节约和综合利用资源、治理污染和改善环境等发挥了一定的作用,但它仍是计划经济条件下以资源分配、无偿使用为主要特点的,排污者只要不超标排污,就可无偿使用环境纳污能力资源,很大程度上造成了资源浪费和环境污染。在市场经济条件下,经济利益与竞争成为社会关系的联系纽带,应提高环境资源利用效率,社会公众应摒弃"环境资源无价值"的传统观念而遵循有价、有偿使用原则。否则,经营者仍会逃避防止、减少和治理污染的责任,既造成环境资源的浪费,又使治理投入多、排污少的经营者与治理投入少、排污多的经营者处于不平等的竞争状态,造成低效率。此外,随着经济的迅速发展,环境污染压力越来越大,仅排污单位的未超标部分的污染物就侵占了大部分的区域环境容量,已经超过了该区域的环境容量。在这种情况下,如果仍只对超标排污者收费显然已无法保证和改善环境质量,远远不能满足环境与经济协调发展的要求。综上所述,变现有的超标排污收费制度为达标排污收费,超标排污加倍收费并予以处罚制度是十分必要的。即凡向环境中排放污染物的企事业单位、国家机关、个体经营者均需按照国家或地方规定的收费标准,根据其所排放污染物的种类、数量、浓度、危害性等缴纳排污费。超标排污属违法行为,除加倍收费外,应给予警告、罚款、吊销排污许可证、责令停产或部分停产、责令限期治理等行政处罚。加倍收费的倍数根据超标情况以及污染物危害大小等因素,在收费标准中做出规定;行政处罚决定则由环保机关依法做出。

　　排污收费、超标罚款并加重收费,是世界许多国家如美国、日本、德国、挪威、荷兰等通行的做法,它们的成功经验值得借鉴。此外,我国《水污染防治法》中有关排污收费、超标排污征收超标准排污费制度的成功运作,也表明变目前的超标排污收费制度为排污收费制度是可行的。

　　应该说,中国现行的污染物排放标准是规范企业排污行为的强制性的制度安排。根据《标准化法》的规定,强制性标准必须执行,对违反者要处以罚款甚至追究刑事责任。而现行环境法只要求超标排污者缴纳超标准排污费,即不认为超标排污系违法行为。这不仅直接违反了《标准化法》的规定,造成法律制度体系内部的不协调,而且导致许多排污者宁愿缴纳超标准排污费(从而买到合法的排污权)也不积极治理污染。此外,现行环境法规定,对投入生产或使用时未达到建设项目环境保护管理要求(包括达到污染物排放标准)的新建、改建、扩建项目,可以依法处罚。这就出现了建设项目投入生产或使用时超标排污视为违法并予以处罚,而投产后超标排污则只征收超标准排污费,不违法也不受处罚的自相矛盾的境况。

　　国家污染物排放标准系根据国家环境质量标准及国家经济技术条件制定的,其中针对重点污染源或产品设备的专项标准是根据国家一般治理水平(即最佳实用技术)而定的,在充分收集环保部门、行业主管部门以及生产企业的污染物排放监测数据的基础上,确定技术可行、经济合理的标准值。在环境法中实行超标违法并予以处罚后,也不会超过一般企业的承受能力,不会出现处罚面过大、执法困难的局面。总之,实行排污收费、超标违法是必要的和可行的。

5. 环境税收制度

(1) 环境税的概念、作用与现状

环境税是国家为了保护环境与资源而凭借其主权权力对一切开发、利用环境资源的单位和个人,按照其开发、利用自然资源的程度或污染、破坏环境资源的程度征收的一个税种。它主要有开发、利用自然资源行为税和有污染的产品税两种。前者如开发、利用森林资源税,开发、利用水资源税;后者如含铅汽油税、含 CFCs 产品税。纳税人分别是开发、利用自然资源者和生产、使用有污染的产品者;征收对象分别为开发、利用自然资源的行为和有污染的产品;而计征依据分别为开发、利用、破坏自然资源的程度以及有污染的产品对环境的污染、危害程度。开发、利用或破坏自然资源程度大的行为和对环境的污染、危害程度严重的产品的税率高、税赋重;反之,则税率低、税赋轻。对于有利于环境资源的行为、产品,则按照减轻损害的程度进行税收减免。可见,环境税的主要功能在于调节人们开发、利用、破坏或污染环境资源的程度,而不是为国家聚敛财富。

在许多发达国家,环境税早已广为运用,而在我国,它仍是一个新概念。在西方国家应用最广的是燃料环境税,如对含铅/无铅汽油实行差别税,对含硫、含碳燃料征收硫税、碳税等。法国征收 SO_2、H_2S 等大气污染附加税,芬兰对含碳燃料征收碳税,瑞典则征收 SO_2 税和 CO_2 税,奥地利为抑制 CO_2 排放对购买汽车者征收相当于其车价12％的环境税,德国、比利时、日本分别开征了 CO_2 税、生态税、垃圾税等。受传统产品经济的影响,中国的环境税收政策基本上是空白。目前对煤、石油、天然气、盐等征收的资源税以及城镇土地使用税等,主要目的是调整企业间的级差收入,促进公平竞争,而不是促进环境资源的合理利用与保护,因而并非真正意义上的环境税。

(2) 环境费与环境税的关系

环境费与环境税之间的关系,类似于购买商品时支付的价款(因取得商品所有权而支付)和缴纳的消费税(国家调节消费行为、促进社会公平的手段)之间的关系。支付环境费是因为从国家获得了环境资源(包括环境自净能力资源)的所有权,特别是使用权;而征收环境税则是国家对开发、利用、破坏、污染环境资源的行为进行调节的需要。可见,环境费与环境税是具有本质区别的概念,但两者可以并行不悖,且实践中多是将两者结合起来,由国家授权的代表机构征收,而不是像理论中那样将其区分开来。

实施环境税是一项复杂的系统工程,应针对国家的主要环境问题,分期分批地施行。目前,应首先对含硫燃料征收硫税,对严重危害环境的产品征收污染产品税。这不仅有利于资源与能源的可持续利用与环境的改善,也可将其作为环境基金的一个来源(环境税具有专项税收性质,同环境费一样,只能用于环境保护),同时也是强化环境管理、实施宏观调控的重要手段。

环境税作为国家专项税收,原则上应由税务机关征收,但考虑到其专业技术性等特点,由税务机关委托环保机关代为征收也是可行的。

6.政刺激制度

财政补贴对环境资源的影响很大。不适当的政策性补贴,如因能源价格偏低而提供的补贴会导致浪费严重、利用效率低下,不利于技术进步,加重了环境资源的污染与破坏,背离了可持续发展目标,因此应逐步调整;而帮助修建污水处理厂等基础设施,向采取污染防治措施以及推广环境无害工艺、技术的企业提供赠款、贴息贷款等财政、信贷刺激则是鼓励企业防治污染、到环境标准的重要途径。为了加强中央对地方、环保机关对企业在环境保护方面的宏观调控能力,有必要建立分级管理的环境基金。该基金由中央或地方环保投资、环境费、环境税、环境贷款、外国或国际组织的环保赠款等组成,由环保部门会同国家有关部门统筹安排使用。中央基金主要用于帮助环境无害工艺、技术及设备的研究、开发与推广,帮助地方修建环境基础设施等,从而提高地方执行国家环境政策的积极性;地方基金除修建环境基础设施、进行环境综合整治外,还可用于环境无害工艺、技术、设备的研究、开发与推广以及帮助治理重点污染源等。

7.排污权交易及其他

市场条件下,环境纳污能力作为一种十分稀缺的特殊自然资源和商品,是国家所有的财富。在实行总量控制的前提下,政府通过发放可交易的排污许可证,将一定量的排污指标卖给污染者,实质上出卖的是环境纳污能力。环境资源的商品化,可促使污染者加强生产管理并积极利用先进的清洁生产技术,以降低能源、原材料的消耗量,减少排污量,从而达到降低成本的目的。同时,节余的排污指标可以用于扩大生产规模或有偿转让,这就提高了环境资源的利用效率,促进了环境质量的改善。可见,政府严格控制下的排污权交易市场,应是市场体系的一个特殊组成部分,是实现可持续发展的一种有效方法。在排污权交易市场中,同一集团下属的不同企业、不同集团、不同行业的企业,甚至包括环保组织,均可作为市场的主体。

一般认为,排污权交易主要是通过建立合法的污染物排放权利,并允许这种权利像商品那样买入和卖出来进行排放控制。其做法一般是,政府机构评估协定区域内满足环境要求的污染物最大排放量,并将最大允许排放量分割成若干规定的排放量,即若干排污权,政府可以用不同的方式分配这些权利,如公开竞价拍卖、定价出售、无偿给予等,并通过建立排污权交易市场使这种权利能合法地买卖。在排污权市场上,排污者从其利益出发,自主决定买入或卖出排污权。因总的权利是以满足环境要求为限度的,因此,不管这些权利如何分配,环境质量和环境标准都会是统一的。

排污权交易将市场机制引入污染控制中。如果排污者能削减其排污量,余额就可以出售获利,因此,可以刺激排污者发明或利用新的更经济的处理技术和方法,这样社会治理环境的总费用就会减少,效益差、污染严重的排污者在市场竞争中将处于不利地位。环保团体也可购买排污权,从而阻止排污者使用这部分权利,这将使环境质量高于环境标准。

排污权交易的理论和实践主要是在美国发展起来的。1990 年美国《清洁空气法》(修正案)应用了基于市场的控制策略。在控制 SO_2 排放上实施了排污权交易,并取得了成功,其所花费用只有采取逐厂控制措施所需费用的一半。另外,排污权交易不仅可在不同公司之间进行,也可在不同地区进行,同时企业还可把实际排放和允许排放的差量存在银行中。

可续发展的经济手段,除了上面叙及的环境费、环境税、财政刺激、排污权交易外,还有押金制、执行鼓励金、环境损害责任保险等。押金制是指对可能造成污染的产品如啤酒瓶、饮料瓶等加收一份押金,当把这些潜在的污染物送回收集系统而避免了污染时,即退还这份押金。执行鼓励金主要有两种类型:一是违章费,即污染者不遵守环境法规时,依其因违法行为获利大小收取一定的金额;二是执行债券,即政府为了使污染者遵守环境法规而预先收取一定的金额,一旦遵守了法规即退款。而环境损害责任保险是指保险公司根据污染者对环境的可能损害程度或废弃物贮存费用大小收取保险金,使环境损害处罚的风险转移到保险公司。这就促使排污者把污染损害或废弃物排放降到最少,从而免于支付较高的保险费。一般地说,责任保险只能在环保水平较高、市场功能较完善的条件下才能得以运用。

2.4　化学工业的可持续发展观

2.4.1　化学工业污染防治与清洁生产

工业是国民经济的主导力量,从一定意义上说,一个国家的现代化过程就是工业化的过程。工业的规模、结构和水平,在相当大的程度上决定着这个国家国民经济的面貌。因此,经济的持续发展首先是工业的持续发展,后者需要持续的资源保证与环境的协调。

1. 工业污染是造成环境污染的主要原因

大工业生产和科学技术进步,既带来了现代文明,也带来了工业污染和环境公害。许多发达国家几乎都经历了这种痛苦的历程,并因此付出了沉重的代价。工业耗用大量资源,同时又是环境污染的主要来源,世界各国均如此。如我国,有 70% 以上的污染来源于工业。20 世纪 70 年代我国重视污染问题,将环境保护作为一项基本国策,但由于认识上、技术上和经济上的种种原因对工业污染的防治缺乏足够的投入。20 世纪八九十年代,工业污染问题进一步突出,对一些污染较重的工业部门,采取了一系列的措施,一定程度上遏制了工业污染日趋严重的势头,但总体形势仍不容乐观。

2. 工业企业集中在城市加剧环境污染

随着工业化步伐的加快,工业企业集中于城市、加剧环境污染的矛盾越来越突出,我国尤显严重。据有关资料显示,我国80％的工业企业集中在城市,由于工业布局的不合理,使一些城市和工业区工业过于密集,污染负荷超载,加上基础设施薄弱,造成这些地区的环境质量严重恶化。另外,工业污染与大量资源的不合理利用相伴,工业生产的资源利用率不高,使大量宝贵资源化为废料,污染环境。加之工业结构中对环境影响大的污染密集型行业所占比重较大,形成刚性很强的"结构型污染"。再加上小型工业多,形成大量浪费资源的规模不经济性。随着工业生产的发展,将有大量工业废弃物进入环境,污染防治与工业发展的矛盾将更加突出,为此,工业污染控制的战略必须变革。

3. 工业污染控制战略的重大变革

在国际上,特别是西方发达国家,工业污染控制战略在20世纪80年代出现了重大变革。如美国,尽管工业技改带来很大的经济效益,但是,美国在发展过程中也遇到了新的问题——环境危机。美国作为最早开展环境保护工作的国家之一,在环境保护的实践中,已经深刻认识到按传统的工业发展模式控制污染,无法根本解决问题。在20世纪七八十年代的20年间,美国环保局的工作几乎全部集中在以末端治理为主的污染控制政策,环境污染状况有很大改善,取得的成效是肯定的,但付出的代价也相当高昂。据美国环保局统计,用于空气、水和土壤等环境介质污染控制的总费用(包括投资和运行费)1972年为260亿美元(占GNP的1％),1987年猛增至850亿美元,1990年达到1200亿美元(占GNP的2.8％)。即使是付出如此高的经济代价,仍未达到预期的污染控制目标。遗留的问题和新的挑战需要更多的资金投入,末端治理在经济上已不堪重负。20世纪90年代初美国环境问题及其解决途径见表2-5。

表 2-5　20 世纪 90 年代初美国环境问题及其解决途径

环境问题	解决途径
臭氧层破坏	使用新的制冷剂
全球气候变暖	1. 改变能源结构(太阳能) 2. 最大限度地节约能源(办公室、公共场所、家庭)
有害有毒废弃物	1. 改变工艺和原材料替代 2. 运用市场机制,鼓励顾客购买少使用或不使用含有有毒有害原材料生产的产品
酸雨	1. 使用低硫煤 2. 使用可再生能源
烟雾	1. 使用电动汽车或燃料替代 2. 消费品的替代(如不使用释放挥发性有机物的化学物质,如喷发胶、涂料等)
造纸漂白工序中排放的含氯化合物	1. 改变漂白工艺 2. 使用不经漂白的纸

美国环保局科学顾问委员会 1988 年的报告《今后的危害——90 年代的战略》明确提出：国家环保局必须制定强调在污染发生之前就予以削减的战略，从控制和消除污染转移到防止污染，这对保护人体健康和环境以及经济健康发展是绝对必要的。1990 年的报告进一步强调：在源头防止污染经常是减轻危害，特别是长期危害更为便宜、有效的途径。为此，美国国会 1990 年 8 月通过了《污染预防法》，宣布以污染预防政策取代曾长期采用的以末端治理为主的污染控制政策，明确在污染物发生之前就应当给予削减和防止。对于产生的污染物，首先考虑回收利用，末端治理和处置仅作为工业污染控制的最后一道防线，并提出改变生产工艺、改进操作、完善管理等具体途径。

4. 有效防治工业污染必须推行清洁生产

发达国家走过的道路表明，传统的末端管理的工业污染控制方法是一种被动式管理，其最终的经济代价是昂贵的。防止废物产生和排放是许多西欧国家新的环境政策。环境政策行动要点如下所示：

（1）源削减

废物产生和排放的数量或危害最小化，包括：

①产品的变化；

②改变生产工序技术和工序本身，包括投入原料/添加剂的改变。

（2）内部循环

在公司内部废弃物和排放物的循环包括：

①作为原材料循环用于同一或不同的生产过程；

②能成为回收材料的过程；

③用于另一有用的用途；

④控制废弃物和排放物也很重要。

（3）外部循环

公司外循环是指将废弃物和排放物作为（第二）原材料或回收利用。

（4）焚烧处置

废弃物和排放物破坏、中和、无毒化和固化。

（5）贮存/堆放

废弃物在土地上堆放，利用贮存设备，限制渗漏和控制对周围地区的污染。

国内外大量实践已经证明防止废物的产生和排放可以通过清洁生产得以实现。预防好于治理，有效防治工业污染必须推行清洁生产。

2.4.2　环境保护与化工清洁生产

回顾世界环境保护的历史，可以说环境保护经历了三个时期：由 20 世纪中期的"稀释废物"、"废物的后处理"到 20 世纪 90 年代后期进入"废物后处理＋源头消除"。

1. 环境保护的发展

环境保护和经济发展相辅相成,可持续发展源于环境保护,实施可持续发展的关键也在于搞好环境保护。发展经济必须统筹考虑环境的承载能力和改善环境质量的需要,必须走清洁生产之路。

环境问题既是经济问题,又是社会问题。环境的保护和治理是一个涉及国际政治、经济和科学技术等方面的错综复杂的问题。人类在发展中逐渐认识到,环境保护和经济发展是世界各国面临的共同任务,应当作为一个有机整体来考虑,通过国际间合作,同步协调地进行。1972 年在瑞典斯德哥尔摩召开的联合国人类环境会议上通过的《联合国人类环境会议宣言》指出:"现在已到达这样一个历史时刻,我们在决定世界各地的行动的时候,必须更加审慎地考虑它们对环境造成的后果","为当代和将来的世世代代保护和改善人类环境,已经成为人类的一个紧迫的目标"。1987 年世界环境和发展委员会发表的《我们共同的未来》报告中,列举了当今人类面临的环境问题,如人口激增,水土流失,土壤退化,沙漠蔓延,森林消失,大气、水和海洋污染的加重,自然灾害倍增,温室效应,臭氧层破坏,滥用化学品,物种灭绝及能源耗竭等等。

如何做好环境保护工作,世界各国由于社会制度和国情的不同,各有自己的方法和途径。但是,加强环境法制建设,运用法律手段来保护环境,是普遍采取的一项重要措施。国内外经验都表明,环境保护法是保护环境必不可少的法律保证,是强化环境监督管理的有效手段。环境保护只有走向法治,才能提高到一个新的水平。

2. 环保产业的崛起

在历经环境破坏与生态危机之后,人类开始深刻反思,保护环境、解决生态环境问题、协调经济发展成为世界各国探讨的热点和努力奋斗的目标。特别是 1992 年世界环境与发展大会之后,可持续发展观念逐步深入人心,推行清洁生产,发展环保产业成为人们讨论的热门话题。现在,世界上越来越多的国家和地区对环境的要求越来越严,标准越来越多。据不完全统计,国际社会现已制定了 150 多个国际多边环保协定;一些国家和地区还分别制定了很多环保法规,如德国就制定了 1800 多项环保法律、法规和管理规章。环境保护已成为日趋严厉的非关税贸易壁垒,如中国仅 1997 年因不符合国际环保标准而受阻的出口商品价值就达 74 亿美元之巨。何光远曾在全国政协第九届常委会第六次会议上大声疾呼:"中国的环境问题已经到了危害人民群众健康和生存的严重地步。"日益严重的环境问题催生了一个战略性产业,即环保产业的崛起,必须加速环保产业的发展。

(1)环保产业前景广阔

为促进经济持续协调发展,迎接环保贸易壁垒的挑战,近年来世界环保产业发展迅猛。如美国和德国是世界上环境标准最严的国家,也是世界上实力最强的环保设备生产国。美国拥有 600 多家环保产品生产厂,其产值以年均 20% 的速度递增,总产值高达 1300 亿美元以上,1995 年的环保设备在国际市场的占有率达 55%。亚洲四小龙之一的新加坡已实施了可与美国匹敌的环境标准。环境标准进一步严格的趋势,必然促进国际环保市场蓬勃发展。例如韩国、泰国、马来西亚等,近年来都加大了对环保投资的强度。随着全球经济的进一步增长以及生态环境保护的不断加强,环保产业必将成为 21 世纪的朝阳产业。据美国国会"技术评价办公室"报告,清洁生产技术可能成为环保市场迅速增长的一个分支,将传统的环保技术、清洁生产技术以及高效节能技术组合成为新的环保市场,估计这个环保市场的产值10 年内将达到 6000 亿美元,甚至更多。中国的环保市场蕴藏着急待开发的巨大市场潜力。据不完全统计,目前,中国从事环保产业的企业有 9000 多家,但总体规模小,小型企业多(占82%);从业人员 188 万多人,占全国就业人数的 0.85%;环保产业的人均产值不高,环保产业产值占 GDP 的比例小,1997 年全国环保产业产值 522 亿元,仅占全球环保产业市场的1%,2001 年达到 1700 亿元,占 GDP 的 1.9%。

随着中国环境治理力度的加大,环保投入逐步增加,环保产业将成为 21 世纪新的经济增长点。据预测,未来 10 年,中国的环保产业产值平均增长率将在 15%～20%,环保产业的潜在市场很大,前景十分广阔。当然,相对传统的环保产业而言,21 世纪的环保产业有其更新、更丰富的内涵。

(2)环保产业的内容

21 世纪的环保产业是广义的环保产业,它既包括能够在测量、防治、限制及克服环境破坏方面生产与提供有关产品和服务的企业,又包括能够使污染排放和原材料消耗最小量化的清洁生产和产品,这主要是针对"生命周期"而言,以及产品的生产与使用,以及废弃物的处理或循环利用等环节,也就是从产品的"摇篮到坟墓"的"生命"全过程。广义的环保产业不仅涵盖了传统环保产业的全部内容,还包括产品生产过程的清洁生产技术及清洁产品。1996 年,一项由国际经合组织(OCED)的科学、技术和工业理事会工业部秘书处组织的研究提出,21 世纪的环保产业应当包括以下内容:

①环保设备。包括废水处理设备、废弃物管理和循环利用设备、大气污染控制设备、消除噪声设备、科研和实验室设备、用于自然保护以及提高城市环境质量的设备等等。

②环保服务。包括从事废水处理、废弃物处置、大气污染控制、噪声消除等方面的工程或活动,也包括提供与分析、监测、评价和保护等方面有关的服务,技术与工程服务,环境研究与开发服务,环境培训与教育,环境核算与法律服务,咨询服务,生态旅游,以及其他与环境有关的服务等等。

③清洁生产技术和清洁产品。包括清洁生产技术与设备、高效能源开发与节能技术和设备、生态标志产品等等。

3. 结合清洁生产发展环保产业

环保(包括清洁生产技术)产业有很强的带动性,可带动相关产业发展,为更多的人创造从业机会。研究表明,世界各国仅环境末端治理的就业人员就达各国总就业人数的1%~2%,在我国现有环保就业人员188万,仅占全国就业人数的0.85%,在此基础上再增加一倍也是可能的。特别是结合推行清洁生产,实施污染预防,开展产品生命周期分析,发展对环境保护的咨询等服务业,可以吸纳更多的人员,为解决就业和再就业提供良好的条件。

另外,发展环保产业有助于盘活企业资产存量,发挥现有的生产潜力。例如,随着中国经济结构的调整和产业的升级,一些制造业的生产能力相对过剩,发展环保产业则有助于盘活这些存量。如污水处理中的曝气设备与一般通风设备有着相似的原理,污水管道与一般水管没什么两样,这些装备的制造并不需要特殊的技术,只要对原有的技术工艺加以适当改造,就可以使原有的生产设备和生产能力发挥作用。

对此,决策部门应当高瞻远瞩,以战略眼光作好规划和部署,扶持环保产业的发展,因地制宜、因时制宜地大力支持和发展包括清洁生产的广义环保产业;制定有关政策,激励企业采取措施提高资源利用率,实现资源节约、回收和循环利用;采取专门措施帮助企业减少污染物排放,实施清洁生产,用清洁生产技术替代末端治理技术,开展生命周期分析,从源头削减污染源;鼓励企业开展清洁生产工艺的研究、开发与创新,使生产方式逐渐实现从粗放型向集约型转变。

企业则要有深刻而清醒的认识,面对竞争日益激烈的国内外市场,产品、技术、成本、效益的竞争越来越尖锐,企业要生存、发展,必须重新审视企业的发展战略,制定适应市场竞争的发展方案。结合推行清洁生产发展环保产业,正好为企业提供了难得的机遇。

结合推行清洁生产发展环保产业,不仅考虑产品生产的可行性、产品消费使用价值,而且还将从产品设计、开发、生产、消费到废物循环利用整个生命周期对环境的影响统筹考虑,以无公害、低污染的生产方式生产产品,建立可持续的生产和消费体系,全方位达到保护环境的目的。

如我国在"九五"期间用于污染治理的总投资达4500亿元。实施污染物总量控制计划,对重点地区,如"三江三湖两区"的环境治理,城市生活垃圾处置,工业废弃物的综合利用,生态环境的保护和恢复,以及节能、节地、节水等清洁生产项目,第一期项目就投资1888亿元。这就为我国的环保装备和设备制造提出了需求,成为环保产业发展的现实市场。其次,为了满足我国经济未来快速发展的需要,我国能源的生产和消费仍将继续增加。据预测,到2020年我国的能源消费将达到18×10^8 t标准煤以上,加上能源服务、先进的燃烧技术等,潜在市场更是不可低估。结合推行清洁生产,大力发展环保产业时不我待。

2.4.3　化学工业的可持续发展观

化学工业是对环境中的各种资源进行化学处理和转化加工的生产部门,其产品和废弃物从化学组成上讲都是多样化的,而且数量也相当大。废弃物在一定浓度以上大多是有害的,有的还是剧毒物质,进入环境就会造成污染。有些化工产品在使用过程中又会引起一些污染,甚至比生产本身所造成的污染更为严重、更为广泛。

正因为化学工业有以上的特点,所以化学工业实施可持续发展尤为重要。它的基本内容包含如下几个方面:

1. 发展化工产业是实现本行业可持续发展的基础

像我国这样的发展中国家,可持续发展的前提是发展。化工行业是我国的支柱产业之一,不能因为该行业会造成严重的环境污染而使其停滞不前,只有继续坚持走发展之路,采用先进的生产设备和工艺,实现化工行业的清洁生产技术,降低能耗,降低成本,提高经济效益,才能使企业为防治污染提供必要的资金和设备,才能为改善环境质量提供保障。因此,没有经济的发展和科学技术的进步,环境保护也就失去了物质基础。经济发展是保护生态系统和环境的前提条件,只有强大的物质和技术支持能力,才能使环境保护与经济能持续协调地发展。

2. 大力提倡和鼓励开拓国内外两个市场,利用国内外两种资源

资源是最重要的物质基础,但当今世界没有哪一个国家的资源是完全配套的、应有尽有的。在世界经济一体化不断增强、资源领域的国际合作不断拓宽、国际资源市场供过于求的情况下,国内短缺的或保证程度不高的大多数资源,在国际市场上供应良好。因此,要在立足用好国内资源的基础上,扩大资源领域的国际合作与交流,通过国际市场调剂和互补优势,实现我国资源的优化配置,保障资源的可持续利用。同时,化工产品在国内外有巨大的市场,通过开拓两个市场,获得更为丰厚的利润,为改善化工行业的环境质量提供保障。

3. 制定超前标准,促进企业由末端治污向清洁生产转变

中国是发展中国家,经济增长速度较快,环境污染的问题尽管正日益受到重视,但总的污染趋势不容乐观。因此,应结合我国国民经济和社会发展规划制定出环境保护上比较具体和明确的标准。近百年来,世界各国,尤其是发达国家的环境保护工作给了我们很多的教训。在现阶段,我们一提到环境保护,往往想到的只是污染治理,也就是如何处理和处置“三废”。实际上这是一种被动的方法,而且治理的费用非常昂贵,有好多企业因为由于环境污染问题,不得不关闭。只有从源头开始控制污染,向污染预防、清洁生产和废物资源化、减量化方向转变,才能促进化工企业的可持续发展之路。

4. 调整产业结构,开发清洁产品

目前,我国化工行业工艺技术落后,与世界先进水平相比存在着较大的差距,基本上仍沿袭以大量消耗资源、能源和粗放经营为特征的传统发展模式,致使单位产品的能耗高、排污量大,从而增加了末端治理的负担,加重了环境的污染。另一方面,由于规模经济性的存在,客观上在大中型企业和小型企业间存在着排污及其治理上的技术差别,小化工厂遍地开花的现象到处可见,而小企业几乎没有研究和开发力量(尤其是在生产工艺上),采用的工艺

大多是较为原始的生产工艺,污染极其严重。因此,调整产业结构尤为重要,走高科技、低污染的跨越式产业发展之路,乡镇企业要走小城镇集中化路子,认真贯彻"三同时"原则,形成集约化的产业链。

2.4.4　清洁生产与循环经济

循环经济本质上是一种生态经济,它要求运用生态学规律而不是机械规律来指导人类社会的经济活动。循环经济是从生态效益最大化出发,倡导的是一种与环境和谐的经济发展模式,其核心要求把经济活动组织成一个"资源—产品—再生资源"的反馈流程,对有限的资源实现低开采、高利用、低排放。所有的物质和能源要能在这个经济循环体中得到合理和持久的利用,以把经济活动对自然环境的影响降低到尽可能小的程度。

发展循环经济就是保护环境,其主要体现就是"3R"原则。循环经济要求以"减量化、再利用、循环"为社会经济活动的行为准则。

①减量化原则。该原则针对的是输入端,旨在减少进入生产和消费过程中的物质和能源的流量。换句话说,对废物的产生,是通过预防的方式而不是末端治理的方式加以避免。在生产中,制造厂可以通过减少每个产品的原料使用量,或通过重新设计制造工艺来节约资源和减少废物排放量。在消费中,人们以选择包装物较少的物品,或购买耐用的、可循环使用的物品而不是一次性物品,以减少垃圾的产生。

②再利用原则。该原则属于过程方法,目的是延长产品和服务的时间强度。也就是说,尽可能多次或多种方式地利用物品,避免物品过早成为垃圾。在生产中,制造商可以使用标准尺寸进行设计,例如使用标准尺寸设计可以使计算机、电视和其他电子装置非常容易升级换代,而不必更换新产品。在生活中,人们可以将维修的物品返回市场体系供别人使用或捐献自己不需要的物品。

③循环原则。即资源循环原则,是输出端方法,通过把废物再次变成资源以减少最终处理量,也就是通常所说的废品的回收利用和废物的综合利用。资源化有两种:一种是原级资源化,即将消费者一起的废物资源化形成与原来相同的新产品,例如,废纸生产再生纸,废玻璃生产玻璃;另一种是刺激资源化,即将废物变成不同类型的新产品。原级资源化在形成产品中可以减少 25%~90% 的原生材料使用量,而刺激资源化减少的原生材料使用量最多只有 25%。与资源化过程相适应,消费者应增强购买再生物品的偏好,来促进整个循环经济的实现。

循环经济的具体活动主要集中在三个层次上,即企业层次、企业群落层次和国民经济层次。在企业层次上,根据生态效率(eco-efficiency)的理念,要求企业减少产品和服务的物料使用量,减少产品和服务的能源使用量,减排有毒物质,加强物质的循环,最大限度可持续地利用可再生资源,提高产品的耐用性,提高产品与服务的服务强度。在企业群落层次上按照工业生态学的原理,建立企业群落的物质集成、能量集成和信息集成,建立企业与企业之间废物的输入输出关系。在国民经济层次上,当前主要是实施生活垃圾的无害化、减量化和资源化,即在销售过程中和消费过程后实施物质和能源的循环。

清洁生产是循环经济的前提和本质,这一点的基础是生态效率。生态效率追求物质和能源利用率的最大化和废物产生的最小化,不必要的再用意味着上游过程物质和能源的利用效率未达最大化,而废物的再用和循环往往要消耗其他资源,且废物一旦产生即构成对环境的威胁。

清洁生产在循环经济中具有重要的现实意义和战略意义。清洁生产作为一种集约型增长方式的主要生产模式,其核心是强调污染预防,强调全过程控制和减少污染,强调节约资源和充分而清洁地利用资源,强调在产品设计时就考虑产品使用后的回收利用与无害处理。通过实施清洁生产,可以节约资源,削减污染,降低污染治理设施的建设和运行费用,提高企业经济效益和竞争能力;实施清洁生产,将污染物消除在源头和生产过程中,可以有效地解决污染转移问题;实施清洁生产,可以挽救一大批因污染严重而濒临关闭的企业,缓解就业压力和社会的矛盾;可以从根本上减轻因经济快速发展给环境造成的巨大压力,降低生产和服务活动对环境的破坏,有利于循环经济的探索和建设。

2.5　化工清洁生产实例

化工行业是基础产业之一,对国家建设和人民生活水平提高起着重要作用,但污染严重是其行业特点。化工企业存在大量实施清洁生产的机会,因此,推行清洁生产尤显重要。

【实例一】　季戊四醇的清洁生产

1. 概述

某工厂建立于 1956 年,国有重点企业之一,是以生产塑料加工助剂和有机原料为主的精细化工厂。主要产品有六大系列 40 多个品种。由于产品品种多,原料复杂,生产工艺设备比较落后,因而废物产生量大,污染比较严重。1980 年以来,工厂建成了 12 套“三废”处理装置,环保设备投资总计 816 万元,占全厂固定资产的 10%,COD 排放量 6~8t/d,最高可达 10t/d,废水对市郊凉水河造成严重污染,工厂每年缴纳排污费 60 万~70 万元。

季戊四醇车间是工厂七个主要生产车间之一,季戊四醇装置设计规模为 4000t/a,日产13t。1992 年车间日排放 COD 3.6t,占全厂 COD 总排放量的 53.73%。

2. 生产工艺

季戊四醇生产工艺流程如图 2-3 所示。

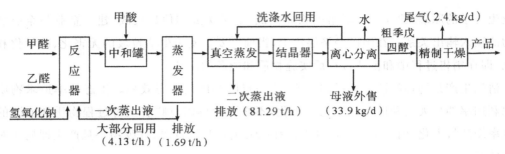

图 2-3　季戊四醇生产工艺流程图

季戊四醇生产工艺分为缩合反应、分离和精制干燥三个单元。甲醛、乙醛和氢氧化钠溶液加入反应罐中,在充分搅拌下发生缩合反应,生成季戊四醇和副产物多季戊四醇与甲酸钠。反应生成物送至中和罐用甲酸中和后,再送至蒸发器经两次蒸发浓缩到所需浓度。一次蒸出液大部分回用,少部分作为废水排放;二次蒸出液直接排放。浓缩产物在结晶器冷却析出粗季戊四醇结晶,经离心分离,将母液外售回收甲酸盐。粗季戊四醇再经精制干燥得纯晶。干燥尾气经除尘处理后排放,季戊四醇生产排放的废物主要为离心分离的废母液和蒸发器的废水。

季戊四醇生产使用的主要原料如下:

①甲醛。常温下为无色气体,有刺激性气味,与水混溶,与空气混合易形成爆炸性混合物,有毒物质。

②乙醛。无色液体或气体,极易燃,有刺激性气味。

③氢氧化钠。强碱,白色固体,易吸湿发生潮解,与酸发生强烈反应。

④甲酸。无色液体,有刺鼻气味,强酸性,可燃物质。

季戊四醇生产废物的来源及组成如表 2-6 所示。

表 2-6　季戊四醇生产废物来源及组成

废物名称	来源	排放量 /(t/d)	占总排放量 比率/%	COD 量 /(t/d)	占 COD 总排 放量比率/%
一次蒸出液	一次蒸发器	40.56	2.00	2.4	62.66
二次蒸出液	真空蒸发器	1950	96.52	1.4	36.55
离心废母液	离心分离机	33.9		含物料 13.9	
干燥尾气	干燥机	6000 m³/h	0.12	粉尘 2.4kg/d	
其他废水	地面冲洗等	27.41	1.36		0.01

3. 审计结果

(1)确定审计重点

工厂现有 7 个车间,审计小组通过对 1990—1992 年全厂各产品的排污情况进行分析,发现季戊四醇车间 COD 排放量为 3.2～3.6t/d,占全厂总排放量的 40.51%～53.73%,居第一位。采用权重总和法对各车间的废物量、废物毒性、环境代价、清洁生产潜力以及车间的关心合作五个方面进行评分,结果为季戊四醇车间得分最高,远远超过其他车间。因而,确定将季戊四醇车间作为审计重点,并确定 COD 削减目标为 50%。

（2）审计发现

通过对车间工艺输入和输出进行物料平衡和水平衡测算,查明了季戊四醇车间废物排放情况和废物产生原因。季戊四醇产品生产有四个 COD 排放源:

①一次蒸发工序废水排放量为 40.56t/d,占总排水量的 2.00%,COD 排放量为 2.4t/d,占产品 COD 排放总量的 62.66%,是 COD 最大排放源。

②二次蒸发工序废水排放为 1950t/d,占总排水量的 96.52%,COD 排放量为 1.4t/d,占产品 COD 排放总量的 36.55%,是废水最大排放源。

③湿产品转移损失为 0.021t/d,折 COD 0.018t/d,占产品 COD 排放总量的 0.47%。

④中控分析损失和设备跑冒滴漏流失占产品排放污染物总量的 0.22%。

一次蒸发工序排放蒸发液是由于合成反应器所需制冷量不足,致使蒸发液不能全部回用,必须排放一部分,造成环境污染。二次蒸发（真空蒸发）工序由于使用的汽水喷射泵进行减压蒸发,造成清洁水与蒸出物料接触,形成大量低浓度有机废水。中控分析及设备跑冒滴漏造成的排污,主要是由于管理不善和分析控制手段落后,依靠手工操作而造成。

根据对废物产生原因的综合分析,运用清洁生产理念,从改变原理、改革工艺、强化管理、优化操作条件和回收利用五个方面,提出了 20 个清洁生产方案。针对主要废物源的清洁生产方案如表 2-7 所示。

表 2-7　针对主要废物源的清洁生产方案

废物流	清洁生产方案
一次蒸出液	增加制冷设备,提高合成工序制冷能力,全部回收一次蒸发液 合成工序采用可编程控制器,提高工艺控制水平和合成转化率
二次蒸出液	真空系统改造,用水环泵替换汽水喷射泵
中控分析和设备跑冒滴漏流失	改进离心机,减少湿产品损失 中控分析采用色谱仪器分析,及时指示操作终点 中控分析设置回收桶,回收过剩样品 包装料桶由 20kg 改为 200kg,减少撒落损失 严格配料标准,提高中控分析抽检率 严格工艺操作控制,以经济责任制进行考核 强化管理,加强对操作工的清洁生产教育

4. 清洁生产方案实施效果

六项加强方案（见 2.3.5）在审计过程中逐步实施,使季戊四醇产品消耗定额明显降低（表 2-8）,全车间每月节省原料费用 2 万元,预计每年可节省 24 万元。

表 2-8　消耗定额的变换

消耗定额/(kg/t 产品)	1992 年	1993 年 5 月	1993 年 6 月
甲醛	3700	3672	361
乙醛	465	451	444

对四个中/高费方案进行技术、经济和环境可行性分析,其结果如表 2-9 所示。

表 2-9　清洁生产中/高费可行性分析结果

方案编号	方案名称	投资/万元	偿还期/年	经济效益	环境效益
1	增加制冷设备,改造制冷系统	91	1.46	增加产品产量 30%,节省蒸汽,年增加经济效益 62.19 万元	每年减少 600t 原料流失,相当于削减 COD 720t,占产品排污的 65.49%
2	真空设备改造,用水环泵替代蒸汽泵	110.5	2.85	年节水 43.2×10^4 t,回收物料 28 万元,年创效益 39~82 万元	年减少废水排放 52.39×10^4 t,削减 COD 420t/a
3	更换离心机	338.2	3.9	减少工人劳动强度,由 7 人班降至 3 人左右,年创效益 86.79 万元	减少物料流失 106.9t/a,节电节水
4	合成工序程序控制	15.2	0.5	提高工艺转化率 11%,增产 61.85t/a,创效益 30.51 万元	减少物料流失

工厂季戊四醇清洁生产审计显示,全部 6 项加强管理方案以及 2 项改进中控分析方案实施,取得了 28.2 万元的经济效益。4 项中/高费用方案需投资 554.9 万元,每年可削减 COD 1140t,占全厂 COD 排放量的 34.2%,占该产品排污量的 92%,达到原来预计削减 50% 的目标。4 项方案已全部列入下步实施计划;原规划的全厂废水处理可减少一口深井,减少投资 200 万元。

清洁生产结果表明,对废物实行源削减比依靠末端治理具有很大优越性(表 2-10)。

表 2-10　源削减与末端治理的效益比较

项目	源头污染预防	末端治理
投资/万元	554.9	700~800
经济效益/万元	408.63	无直接经济效益,每年还需支出处理装置运转费 62.4 万元
环境效益	削减 COD 排放量 3.8t/d,占全厂的 34%~42%	削减 COD 排放量 6~8t/d,占全厂的 75%~80%

在 1993 年清洁生产的基础上,工厂实施清洁生产方案,继续改革不合理的生产工艺,调

整工艺参数和优化操作条件,使原材料消耗进一步降低并明显削减 COD 的排放量。1994—1996 年上半年,工厂季戊四醇生产的原材料消耗、排污量变化及其经济效益如表 2-11 所示。

表 2-11　季戊四醇生产原材料消耗和排污量变化比较

项目	原材料消耗	COD 排放量	节约原材料获得的经济效益/万元
1994 年比 1993 年	甲醛降低 6.3% 乙醛降低 5.9%	削减 30.5%	111.8
1995 年比 1994 年	甲醛降低 5.0% 乙醛降低 6.1%	削减 31%	131
1996 年 1—7 月比 1995 年同期	甲醛降低 5.0% 乙醛降低 6.1%	与 1995 年持平	18.78

【实例二】　溴氨酸的清洁生产

1. 概述

重庆某化工总厂位于长江三峡库尾长寿县境内,是原化学工业部在西南地区布点的大型精细化工企业,主要生产染料、中间体和助剂三大类四十多个品种。第八车间有年产 250t 的溴氨酸生产装置,其主要以 1-氨基蒽醌为原料,经磺化、溴化、离析、中和、精制、干燥等工艺过程制成产品,生产过程中必然产生废气、废水和废渣。主要污染物排放情况如下。

①溴化尾气。年产生量有 $1 \times 10^4 m^3$ 左右,主要成分是单质溴和溴化氢(HBr)。

②碱性滤液。年产生量有 7500t,pH 值在 9 左右,主要化学成分有硫酸钠(Na_2SO_4),COD 在 1000mg/L 左右,最高为 2000mg/L。

③酸性滤液。年产生量 4500t,主要化学成分有硫酸(H_2SO_4),COD 在 1800mg/L 左右,最高 3600mg/L。

④精制母液。年产生量 6000t,主要含溴氨酸 8~10g/L,COD 高达 13000mg/L,色度 12000 倍。

⑤废渣。年产生量 112.5t,主要成分为活性炭。

由于产品排放的精制母液色度深,污染物含量高,不但造成了环境污染,而且还浪费了宝贵的物质资源。该厂地处长江三峡库尾,治理污染、保护环境是企业的首要任务,也是决定企业可持续发展的关键因素。

2. 筹划和组织

1995 年,该厂组建了清洁生产审计小组。其成员包括总工办、研究院、设计院、环保处、工程处、生产处和财务处等部门的领导和有关的工程技术人员。根据工厂的具体情况,立即对溴氨酸生产进行清洁生产审计,按各成员单位的工作内容进行职责分工,并制订了审计工作计划。根据厂里的情况,估计了可能遇到的障碍,并提出了克服的办法(表 2-12)。

表 2-12　推行清洁生产可能遇到的障碍及解决方法

障碍	问题	解决办法
观念障碍	原来认为环保是末端治理问题,对生产过程的防治认识不足,认为环保不会产生经济效益	宣传清洁生产和企业清洁生产审计知识,介绍进行清洁生产审计企业取得的成功经验和效益情况
生产技术管理障碍	怕缺乏足够的分析测试人员与仪表设备,对生产过程中的物耗和废物排放无法获得确切的数据,预防污染缺乏预见性	组织增加测试人员和仪器仪表,在正常生产条件下实测各种数据,查寻有关资料,进行科研攻关和专题研究
经济障碍	缺乏实施预防污染方案的资金	从企业内部挖潜,筹措积累资金,寻找各种渠道的外部贷款,包括向市环保局申请环保治理资金贷款

3. 预评估

预评估的目的在于明确清洁生产审计的重点,并设置预防污染的目标。

(1)现状调研,现场考察

为了达到预评估的目的,厂审计小组首先在搜集了大量资料的基础上对八车间的溴氨酸生产进行实地考察,对第八车间溴氨酸生产的能源消耗、水耗、原材料消耗、废物排放量进行总体测试,并与工程技术人员及现场操作人员分析、核实生产及废物的产生情况。溴氨酸的废水排放主要通过厂 1 号和 2 号两个排放口排放。

(2)确定审计重点

溴氨酸生产过程中排放的酸性和碱性废水、精制母液、溴化尾气和废渣,通过清洁生产权重总和法确定的审计重点是:二次精制母液可能使用,生产工艺应当改进(表 2-13)。

表 2-13　权重总和法确定审计重点

因素	权重	方案得分(1~10 分)			
		磺化工序	离析工序	中和工序	精制工序
废物量	8	67	48	40	80
环境代价	10	60	25	70	100
清洁生产潜力	8	80	30	30	80
车间关心合作	3	24	15	20	27
总得分		231	118	160	281
排序		2	4	3	1

（3）设置预防污染目标

1）近期目标

①选取国内最先进的工艺——母液套用-溶剂一锅法，使精制母液全套用，减少溴氨酸污染物（COD）排放量 70% 以上，制造成本降低 0.9 万元/t。

②磺化工序改精制 1-氨基蒽醌为粗制 1-氨基蒽醌，改变投料和工艺控制参数，提高收率 15% 以上，降低成本 1.5 万元/t 溴氨酸，节约原料，有效地减少污染物排放。

③更新溴化尾气冷冻装置加大冷冻量，回收尾气中的单质溴，消除溴污染，溴化氢用水吸收后综合利用。

2）远期目标

①对离析工序产生的酸性废水进行综合治理。

②充分利用碱性废水中的有效成分，中和其他的酸，实现以废治废。

③将活性炭再生后重新利用。

4. 评估

评估目的在于为最终确定清洁生产方案提供科学依据（包括技术可行、经济合理和环境友好）。

（1）编制审计重点的工艺流程图和单元操作流程图

审计小组首先对第八车间进行了细致地调查分析，为了说明各工艺单元之间的相互关系，编制了车间工艺流程图、各工序工艺流程图和单元操作表，如图 2-4～图 2-12 及表 2-14 所示。

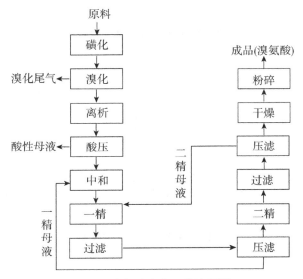

图 2-4 溴氨酸生产工艺流程图

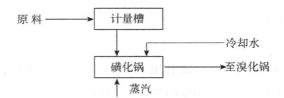

图 2-5　磺化工序工艺流程图

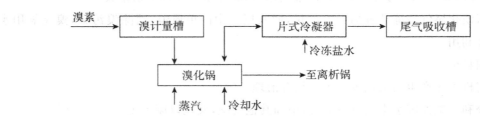

图 2-6　溴化工序工艺流程图

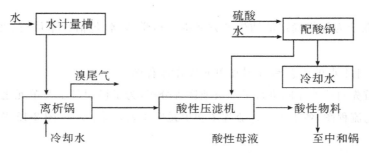

图 2-7　离析工序工艺流程图

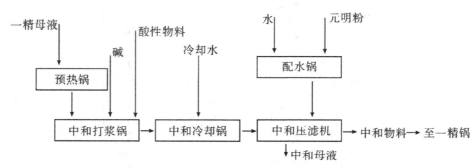

图 2-8　中和工序工艺流程图

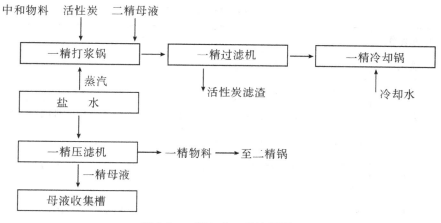

图 2-9　一精工序工艺流程图

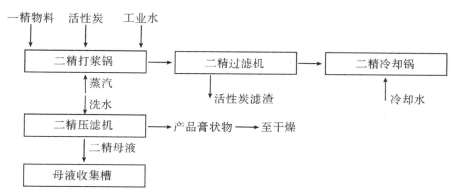

图 2-10　二精工序工艺流程图

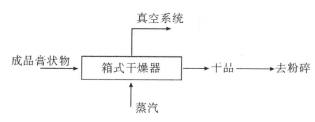

图 2-11　干燥工序工艺流程图

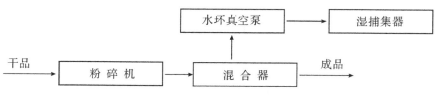

图 2-12　粉碎工序工艺流程图

表 2-14　单元操作表

序号	单元操作	功　　能
1	磺化	在 1-氨基蒽醌 2 位引入磺酸基
2	溴化	在 1-氨基蒽醌 4 位引入溴化基
3	离析	调节溴氨酸在硫酸中的溶解度,析出杂质,并通过酸性母液排除酸溶液杂质
4	中和	将溴氨酸加碱生成钠盐,并通过压滤排除水溶性杂质
5	一精	加水使溴氨酸溶解利用,过滤排除不溶性杂质,结晶后再通过压滤排除水溶性杂质
6	二精	利用过滤排除不溶性杂质,再结晶后通过压滤排除水溶性杂质
7	干燥	用蒸汽加热,使溴氨酸膏状物变成干品
8	粉碎	把干品粉碎成粉末
9	冷冻	为溴化反应供给冷冻盐水

（2）实测输入和输出物料

审计小组从宏观入手,摸清溴氨酸车间的输入和输出(图 2-13),然后测定输入和输出物料(表 2-15～表 2-19)。

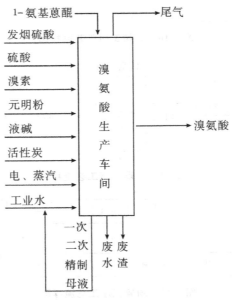

图 2-13　溴氨酸输入和输出示意图

表 2-15　溴氨酸车间原辅材料消耗表

单位:kg

序号	输入物料	吨耗量	备注
1	1-氨基蒽醌	1015	
2	硫酸	3450	
3	发烟硫酸	4080	
4	元明粉	1030	
5	溴素	620	现行水平
6	液碱	1338	
7	活性炭	430	
8	工业水	803000	
9	蒸汽	5930	
10	压缩空气	1185000	

表 2-16　操作输入数据记录表

单位:kg/t 溴氨酸

序号	单元操作	物料	数量	水	电/(kW·h)	蒸汽	其他
1	磺化	1-氨基蒽醌	1015	5000	110	1000	
		硫酸	450				
		发烟硫酸	4080				
		元明粉	748	50000	110	1000	
2	溴化	溴素	620	50000	220	500	
3	离析	硫酸	3000	50000	90		
4	中和	液碱	1330	250			
		元明粉	150				
5	一精	活性炭	290	200000	250	1000	
		元明粉	132				
6	二精	活性炭	140	150000	300	800	
7	干燥	膏状物	1000			3000	
8	粉碎	干品	1000		150		
9	冷冻	氯化钙		1000	300		

表 2-17 单元操作用水记录表

单位:kg/t 溴氨酸

序号	单元操作	清洗	蒸汽	配料	冷却	其他
1	磺化		1000		50000	
2	溴化		800		50000	
3	离析			20000	30000	
4	中和	50000		20000	100000	30000
5	一精	50000	7000	20000	100000	30000
6	二精	30000		15000	100000	5000
7	干燥		3000			
8	粉碎					
9	冷冻			10000		

表 2-18 输出物料测定记录表

单位:kg/t 溴氨酸

序号	单元操作	物料	数量	废水	废渣	废气	可回收废物
1	磺化	磺化物	5910				
2	溴化	溴化物	5930			600	400
3	离析	酸性物料	8100				
4	中和	中和物料	3200	30000			
5	一精	一精物料	2000	15000	300		溴氨酸 120
6	二精	二精物料	1400	9000	150		溴氨酸 90
7	干燥	膏状物	1000				
8	粉碎	干粉	1000				
9	冷冻	冷冻盐水	10000	10000			

表 2-19 废水排放情况统计表

单位:kg/t 溴氨酸

序号	废水来源	废水排放方向			
		下水道		回收利用	
		参数	数量	参数	数量
1	磺化	32℃			
2	溴化	30℃	50000		
3	离析	60℃	50000		
4	中和	50℃	50000		
5	一精	35℃	200000		
6	二精	35℃	100000	8g/L 溴氨酸	15000
7	冷冻	−15℃	5000	10g/L 溴氨酸	9000

(3)物料和能源衡算,建立物料平衡

根据单元操作输入与输出物流的查定,结合溴氨酸车间生产的工艺特点绘制溴氨酸车间物料和水平衡图(图 2-14)。

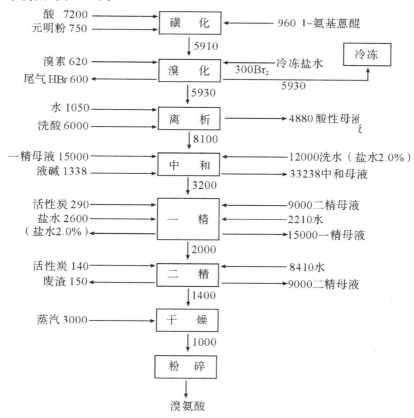

图 2-14 物料和水平衡图(单位:kg/t 溴氨酸)

（4）物料平衡评估和废物产生的原因分析

1）物料平衡评估

物料衡算表明，各单元操作的输入与输出误差很小，说明实测数据比较准确可靠。其主要污染源及主要污染物比较明显，完全可根据物料平衡的结果进行后面的评估和分析。

2）原料投入评估

溴氨酸生产的主要原料是 1-氨基蒽醌、硫酸、元明粉等，但对产品制造成本考核起主要作用的是 1-氨基蒽醌。为了实现降低成本的目的，改用粗制 1-氨基蒽醌，并调整物料投加比例，改进工艺参数，同样可达到磺化的目的，且降低了单耗，减少了污染物排放。

3）生产工艺及工艺优化过程评估

溴氨酸生产工艺的改进，采用了母液套用和溶剂相结合，提高了产品收率 15%，在生产的后处理过程中产品收率达到 96.34%，节约了大量的原材料消耗和能源消耗。

4）产品评估

审计发现，后处理过程对产品的收率及质量影响较大，其原因是人们对后处理过程认识不足。通过加强管理，克服了弊端，产品的质量稳定在 SRT 级水平以上。而粗制 1-氨基蒽醌所带的杂质基本被除掉，残留物仅为 0.18%。

5）废物评估

本着"综合利用，优化资源配置，降低制造成本"的原则开展环保工作，对溴氨酸生产过程中产生的废物尽最大可能回收利用。

①溴化尾气套用采用冷冻回收，使过去浪费的资源重新得到利用，年回收溴素 75t，将"黄龙"降伏，减少了对周边环境的危害和资源浪费。

②废水、废渣精制母液主要含有的 8～10g/L 的溴氨酸属产品。采取套用，实现精制母液零排放，并将其中 97.64% 的溴氨酸回收，减少 6000t COD 在 13000 mg/L 的母液排放，大幅度降低了该产品的污染物排放量。

③对于碱性滤液，充分利用其 pH＝9 的特性，用其对厂内其他酸性废水进行综合处理。

④酸性废水的 COD 在 1000 mg/L 左右，目前的技术只能是进行终端处理。

⑤废渣主要是活性炭滤渣。活性炭在精制过程中起除去杂质、纯化产品的作用。

6）废物产生原因

审计小组通过审计，认为溴氨酸废物产生的原因有二：一是离析、中和工序产生的酸性废水和碱性废水；二是一次精制和二次精制产生的精制母液和活性炭。而酸性、碱性废水无综合利用价值，根据工厂环保工作的规划当纳入第二步清污分流、分类综合治理工程。审计后，针对审计提出的问题制定切实可行的预防措施，加强对全过程废物产出的控制，以求达到最少的废物排出量。

5. 备选方案产生及筛选

（1）备选方案的产生

通过组织发动全车间职工参与，针对溴氨酸生产过程，从原材料、生产及设备管理、技术方案调研共产生了 27 个备选方案，立即被车间解决的有 12 个，然后归纳整理出 12 个方案作进一步分析，对于无/低费且易于实施的方案，在审计过程中将分步实施。

（2）备选方案的筛选

审计小组对备选方案进行初步筛选，选出重点方案，再采用权重总和法进一步筛选，以确定首选方案（表 2-20）。

表 2-20 备选方案汇总

方案类型	序号	方案名称	方案要点
原料替代	F1	溴氨酸生产采用溶剂法	改变投料比，调整工艺控制，降低制造成本，发挥科技领先作用
技术工艺改造	F2	套用一次、二次精制母液，改用粗制 1-氨基蒽醌	减少母液排放，节水、节能、节约物质资源，提高产品回收率，改变原料等级，降低制造成本
	F3	冷冻回收溴化尾气中的溴	减少溴毒的流失，节约资源，提高溴的有效使用率，减少废物排放
	F4	利用溴化尾气中的溴化氢	减少吸收后的废水排放，最大限度地利用物质资源
	F5	冷却水的循环利用	减少废水排放
生产设备管理	F6	增设生产检测计量仪器	利用参数控制工艺，积累基础数据，便于稳定考核
	F7	职工岗位技术培训	提高职工业务素质和解决问题的能力，规范操作
	F8	设备定期维护保养	降低设备维修费用，提高设备长周期运转率
	F9	修订和完善操作规程	加强生产管理，严格工艺控制，提高转化率
废物回收治理	F10	离析废水	浓缩回收其中的溶解物
	F11	中和废水	利用其中的碱中和其他车间的废水
	F12	废渣	主要成分活性炭通过再生后利用

对于方案 F1 和 F2，该厂曾在 1994 年做过小试与中试，其效果非常明显，不仅能减少污染物排放，而且能降低制造成本，减少投料量，但由于当时缺乏资金，未投入工业化。通过此次清洁生产审计，宜尽快将科学技术转化为生产力。

对于 F3 方案，该厂在 1986 年就建有冷冻回收装置，1988 年此项技术获得化工部优秀综合治理项目，其投资省、见效快被公认。此次审计需加大冷冻量，更换主体设备（冷冻机），彻底消除溴污染，节约资源。

对于 F4 方案,废气用水吸收后成氢溴酸(HBr),可直接利用,也可通氯回收溴,正积极与有关厂家共同开发利用。

F5、F6、F7、F8、F9 方案,是通过加强企业管理和职工主人翁意识的培养,克服生产、管理的不足,实现最优化控制管理。

F10、F11 方案是从全厂环境保护的总体思路考虑,进行终端治理,纳入全厂第二步清污分流,分类综合治理,且污染负荷在整个溴氨酸的生产过程中所占比例不高(表 2-21)。

表 2-21　溴氨酸各工序的水污染物排放明细

排放工序	废液名称	水量/t	COD /(mg/L)	污染物量/kg	等标污染负荷比重/%
精制工序	精制母液	6000	13000	78000	71.5
离析工序	酸性废水	4500	3600	16200	14.8
中和工序	碱性废水	7500	2000	15000	13.7
合计		18000		109200	100.0

F12 方案是对活性炭的再生,由于目前暂缺乏经济可行的技术,该厂正积极组织攻关。

经分析,F7、F8、F9 属无费方案,不必进入重点筛选;F5、F6、F11 属易于实施方案,已基本实施。对于 F1、F2、F3、F4、F10、F12 等方案,从技术、环境及经济的可行性进行逐步筛选(表 2-22)。

表 2-22　备选方案初步筛选

因素	方案初选					
	F1	F2	F3	F4	F10	F12
技术可行	√	√	√	√	×	×
环境可行	√	√	√	√	√	√
经济可行	√	√	√	×	×	×
结论	√	√	√	×	×	×

F1、F2、F3 三种方案的技术、环境及经济方面都可行,审计小组采用"权重总和计分排序法",对 F1、F2、F3 三方案进一步的筛选(表 2-23)。

表 2-23　备选方案进一步筛选

因素	权重	方案得分(1~10)		
		F1	F2	F3
减少环境危害	10	60	70	50
经济可行	8	60	80	47
技术可行	7	70	70	70
易于实施	5	50	50	50
发展前景	4	30	40	38
节约资源	6	29	38	38
总分		299	348	293
排序		2	1	3

审计小组从经济、环境、资源利用、技术可行性程度及车间实际情况等诸多因素考虑,认真筛选,认为该厂将 F1、F2、F3 方案投入工业化最现实,经济和环境效益好,符合低投入、高产出、少污染的清洁生产原则。对 F4 方案,此次清洁生产审计可创造良好条件,开发技术,建好必要的设施,当有厂家可利用回收的溴化氢时投入实施。F12 方案由该厂研究院加紧攻关,以便将全厂的活性炭集中处理。

(3)实施简单易行的无/低费方案

清洁生产审计贯彻了边审计边实施的原则,在溴氨酸生产审计过程中及时实施无/低费方案,环境和经济效益良好,方案包括如下内容:

①职工岗位技术培训,严格工艺规程;

②严格管理,杜绝跑、冒、滴、漏;

③设备定期维修保养制度化;

④严格控制冲洗水,减少废水量;

⑤节约用水,加强循环水的利用,减少废水排放量;

⑥严格投料时的计量工作和减少物料投加时的损失。

6．可行性分析

审计小组分别对 F1、F2、F3 方案进行了技术、环境与经济可行性分析评估。

(1)对 F1 方案的评估分析

溴氨酸生产过程采用新工艺,改变物料投加比例,在离析工序后,增加邻二氯苯萃取,其他生产工序不变,调整工艺控制指标,执行情况如表 2-24 所示。

表 2-24 溴氨酸采用新工艺前后投料表

原料	规格/%	单价/元	工艺改进前		工艺改进后	
			单耗/kg	成本/元	单耗/kg	成本/元
1-氨基蒽醌	95	55700	1005	55978	791	44059
发烟硫酸	20	450	4100	1845	3626	1632
氯磺酸	297	1800				
元明粉	98	530	1065	564	703	375
溴素	98	9100	615	5596	419	3813
硫酸	98	450	3492	1571	2360	1062
液碱	100	1528	1338	2045	1334	2039
活性炭	工业	3020	421	1271	100	302
邻二氯苯	混合	400			168	672
	工业	7270			168	(1179)
成本						53954
						(54461)
下降额						14916

由表 2-24 可知,清洁生产将有效地减少整个生产过程所投放的物料,减少污染物排放,降低了制造成本 14916 元/t,取得了环境和经济双重效益。

（2）对方案 F2 的评估

将两次精制母液 24t/t 溴氨酸全部套用,改为粗制 1-氨基蒽醌后其制造成本再次下降 9163 元/t(表 2-25)。

表 2-25 溴氨酸精制母液套用后单耗及成本汇总

原料	规格/%	单价/元	单耗/kg	成本/元
1-氨基蒽醌	87	40400	864	34905
发烟硫酸	20	450	3802	1711
元明粉	98	530	708	375
溴素	99	9100	438	3986
硫酸	98	450	2360	1062
液碱	100	1528	1334	2039
活性炭	工业	3020	236	713
总额				44791

通过 F1、F2 方案的实施,溴氨酸成本下降 2.4 万元/t;污染物负荷(COD)由技改前 108t/a 减少到只排放 30t/a,每年减少了 78t 排放量,减少了 72%;技改前精制母液排放 24t/t 溴氨酸,技改后实现了零排放。

(3)对方案 F3 的评估

该厂在 1986 年建设的溴化尾气冷冻回收装置,采用 −15℃ 的盐水,冷却溴化时外排的溴素重新回到溴化锅内使用。此项技改将更新冷冻机组,加大冷冻量,以达到彻底消除溴污染之目的,能回收溴素 75t/a,创造经济效益 65 万元。

(4)经济评估

经济评估是对清洁方案进行综合性全面分析,以选择最少耗费和最佳经济效益方案,为投资决策提供科学依据。经济评估的基本目标要说明资源的利用优势,它是以项目投资所能增加的效益为评价内容。

总投资为 109.96 万元,包括以下 6 项费用:

①土建 5.27 万元;

②工艺设备购置费 84.07 万元;

③工艺管理、阀门等材料购置费 5.38 万元;

④电器材料购置费 0.58 万元;

⑤仪表设备购置费 1.66 万元;

⑥其他设备运杂、安装费等 13.00 万元。

因为原生产装置拥有流动维修和养护资金,故此方案不考虑流动资金。年运行费节约金额(以一年计算)如表 2-26 所示。

表 2-26 年运行费节约金额

费用类别	金额/万元	费用类别	金额/万元
减少处理处置费用	9.7	增产增加收益	600
减少输入物料费用	3.8	减少冷冻机运行费用	−2.4
减少使用公用设施费用	21.9	年运行费总节约金额	635.9
减少运行维护费用	2.9		

评估表明,方案技术先进、可靠,能有效地节约原料,最大限度地利用物质资源,减少"三废"物质排放,实现全过程工艺控制,减少对环境的危害。其经济效益属于投资少、收效快,当年可收回全部投资,效益巨大。该方案尚可降低溴氨酸的生产成本,提高市场竞争能力,改变该厂溴氨酸生产造成企业亏损的局面。

(5)推荐可实施方案

经过对 F1、F2、F3 三个方案的可行性分析,审计小组推荐将三个方案同时实施。

7. 清洁生产审计小结及方案实施

此次对溴氨酸清洁生产的审计,立足于降低制造成本,减少污染物排放,最大限度地利用物质资源。方案的实施是在第八车间现有生产装置基础上进行改造,最大限度地利用原有的设施与设备。

①对溴氨酸投入的原料规格、生产工艺过程、废弃物的产生及利用,以及对溴氨酸生产全过程的生产管理进行评估,审计结论是将其主要原料 1-氨基蒽醌改用粗制品,改变生产过程(采用溶剂法),采用精制母液的全套用以及溴素冷冻回收,以实现溴氨酸的清洁生产。

②对于生产过程产生的碱性和酸性废水,应纳入继全厂范围内各品种清洁生产审计之后,对全部废水进行清污分流再分类治理的第二步环境工作战略。

③对于废渣活性炭的再生,纳入全厂活性炭处理再生工作目标。因为该厂使用活性炭比较多,有共性,厂研究院、环保处组织积极攻关。

通过此次对溴氨酸的清洁生产审计和方案实施,使产品成本下降 2.4 万元/t 溴氨酸,全年创造 630 多万元的经济效益;充分利用物质资源,减少 6000t/a 的精制母液排放;减少污染物 COD 排放 70×10^4 t;单质溴回收 75t/a,实现零排放。更重要的是,通过清洁生产审计及实施,该厂各职能部门深深体会到生产、经济、环境协调发展的重要性和可行性,为企业可持续发展开辟了广阔的道路。

▶▶▶▶ 参考文献 ◀◀◀◀

[1] 郭斌,庄源益.清洁生产工艺.北京:化学工业出版社,2003.

[2] 孙伟民.化工清洁生产技术概论.北京:高等教育出版社,2007.

[3] 周中平.清洁生产工艺及应用实例.北京:化学工业出版社,2002.

[4] 熊文强,郭孝菊,洪卫.绿色环保与清洁生产概论.北京:化学工业出版社,2002.

[5] 汪大翚.化工环境工程概论.北京:化学工业出版社,2002.

[6] 麻德立.清洁生产.重庆:重庆大学出版社,1995.

[7] 段宁.清洁生产论文集.北京:中国环境科学出版社,1995.

[8] 臧树良,关伟,李川.清洁生产、绿色化学原理与实践.北京:化学工业出版社,2005.

[9] 元炯亮.清洁生产基础.北京:化学工业出版社,2009.

[10] 张延春,沈国平,刘志强.清洁生产理论与实践.北京:化学工业出版社,2012.

[11] 张天柱,石磊,贾小平.清洁生产导论.北京:高等教育出版社,2006.

[12] 奚旦立.清洁生产与循环经济.北京:化学工业出版社,2005.

第 3 章

绿色化学与清洁生产

3.1 绿色化学概念

化学工业的加工费主要包括原材料、能耗和劳动费用。近年来,化学工业向大气、水和土壤排放了大量的有毒有害物质,以美国为例,仅按 365 种有毒物质排放估算,1993 年化学工业的排放量为 136×10^4 t。加工费用又增加了废物控制、处理和埋放,环保监测、达标,人身保险,事故责任赔偿等费用。例如,1992 年,美国化学工业用于环保的费用为 1150 亿美元,而清理已污染地区花去了 7000 亿美元;1996 年美国 Du Pont 公司的化学品销售额为 180 亿美元,环保费用为 10 亿美元。因此,从环保、经济和社会的要求出发,人们将目光转向了绿色化学技术。绿色化学作为未来化学工业发展的方向和基础,越来越受到各国政府、企业和学术界的关注。

绿色化学,也叫做可持续化学(sustainable chemistry)、环境无害化学(enviromental benign chemistry)、环境友好化学(environment friendly chemistry)、清洁化学(clean chemistry)。这是一个概括性的概念:"绿色化学是一种能给予能力的或可操作的科学,利用它可使经济和环境的发展协调地进行。"

按照定义,绿色化学就是利用一套原理在化学产品的设计、开发和加工过程中减少或消除使用或产生对人类健康或环境有害的物质。绿色化学的目的在于不再使用有毒、有害的物质,不再产生废物,不再处理废物。从科学观点看,它合理利用资源、能源,降低生产成本,符合经济可持续发展的要求。绿色化学是化学工业中清洁生产的根本源泉。

3.2 绿色化学的提出及发展

绿色化学是当今国际化学科学研究的前沿,它吸引了当代化学、化工、环境、物理、生物、材料和信息等学科的最新理论和技术,是具有明确的社会需要和科学目标的新兴交叉学科。

　　绿色化学的定义在不断地发展和变化。刚出现当时,它更多的是代表一种理念、一种愿望。但随着时间的流逝,它本身在不断的发展变化中逐步趋于实际应用,且发展与化工密切相关。绿色化学倡导人、原美国绿色化学研究所所长、现耶鲁大学绿色化学与绿色工程中心主任 P. T. Anastas 教授提出的"绿色化学"定义为 "the design of chemical products and processes that reduce or eliminate the use or generation of hazardous substances",即"减少或消除危险物质的使用和产生的化学品和过程的设计"。经济合作与发展组织(OECD)提出的"绿色化学"定义为"the design, manufacturer, and use of environmentally benign chemical products and process that prevent pollution, produce less hazardous waste and reduce environment and human health risks",即"防止污染、产生较少的危险废物以及减少环境和人类健康的风险的环境友好化学品和过程的设计、制造和使用"。从以上定义可以看出,绿色化学的基础应该是化学,而其应用和实施的主体则更像是化工。实际上,绿色化学代表了化学和化工学科的共同发展趋势和目标之一,即无论是化学还是化工,不仅要面对社会发展对环境、健康和能源等方面日益严格的要求,而且还要面临来自其他新兴学科前所未有的挑战。

　　绿色化学由环境友好、可持续发展的化学品和过程组成,使用这些化学品和过程能减少废物,减少或消除污染和对环境的伤害。绿色化学鼓励环境和经济均可持续发展的产品的改革和创新。绿色化学技术能带来许多益处,包括:①减少废物,消除了费用昂贵的末端处理;②安全的化学品;③减少了能源和资源的消耗;④改善了化学品制造者以及他们的消费者的竞争力。

　　绿色化学是从源头上解决污染的一门科学,对环境保护及社会的可持续发展具有重要的意义,其主要特征为:①体现人和自然的和谐,是自然科学与社会科学发展的统一;②强调原子经济性反应,实现废物的零排放;③体现化学和化工的发展与融合,目的是实现清洁生产;④尽可能优先使用催化技术;⑤工艺条件尽可能温和,以减少能耗和提高安全性。

　　绿色化学含义的这种变化不仅得到各国政府的高度关注,而且也使它所涉及的内容越来越广、越来越丰富。绿色化学与环境友好化学、可持续发展、清洁生产、循环经济等词汇有密切的联系,但却不是等同的概念。绿色化学的目标是从源头减少污染,逐渐趋于 100% 原子经济性以及零排放的发展过程,即从源头消除污染;研究目标是寻找充分利用原材料和能源且在各个环境都洁净和无污染的反应途径和工艺。对生产过程来说,绿色化学包括节约原材料和能源,淘汰有毒原材料,在生产过程排放废物之前减少废物的数量和毒性;对产品来说,绿色化学旨在减少从原料的加工到产品的最终处置的全周期的不利影响。绿色化学利用可持续发展的方法,把降低维持人类生活水平及科技进步所需的化学产品与过程所使用与产生的有毒害物质作为努力的目标,因而与此相关的化学化工活动均属于绿色化学的范畴。绿色化学不仅将为化学工业带来革命性的变化,而且必将推进绿色能源工业及绿色农业的建立与发展。因此绿色化学是更高层次的化学,化学家不仅要研究化学品生产的可行性,还要考虑和设计符合绿色化学要求、不产生或减少污染的化学过程。

　　从科学的观点看,绿色化学是对传统化学思维的创新和发展,是化学和化工科学基础内容的更新,是基于环境友好约束下化学和化工的融合和拓展;从环境观点看,它是从源头上消除污染、保护生态环境的新科学和新技术,能够促进自然生态系统的良性循环;从经济观点看,它要求合理地利用资源和能源,降低生产成本,实现资源使用的“减量化、再使用、再循环”,符合经济可持续发展的要求;从社会观点来看,它改善人类生活环境,促进人的绿色意识,促进社会的和谐,符合社会可持续发展的要求。正因为如此,科学家们认为,“绿色化学”将是 21 世纪科学发展最重要的领域之一,是实现污染预防的基本和重要科学手段。

　　美国化学界已把“化学的绿色化”作为 21 世纪化学发展的主要方向之一。美国还设立了“总统绿色化学挑战奖”,以评选美国绿色化学领域的最高水平和最新成果。

　　1996 年,A. Texas 和 Holtzapple 教授因将废生物质转化为动物饲料、化学品和燃料,获美国“总统绿色化学挑战奖”的学术奖。Monsanto 公司从无毒无害的二乙醇胺原料出发,经过催化脱氢,开发了安全生产氨基二乙酸钠的新工艺,避免了使用剧毒氢氰酸原料,因此获得了变更合成路线奖。Rohm & Haas 公司,因成功开发了一种对环境安全的船舶防垢剂”而获得设计更安全化学品奖。Dow 化学公司则由于将 100% 的二氧化碳代替氟利昂用作聚苯乙烯泡沫塑料的发泡剂而获得了变更溶剂/反应条件奖。而 Donlar 公司因开发了替代聚丙乙烯酸的可降解性热聚天冬氨酸而获得了小企业奖。

　　1997 年的变更合成路线奖授予了 BHC 公司,因其开发了环境友好的布洛芬生产工艺。而学术奖则授予了 North Carolina 大学的 J. M. DeSimone 教授,奖励他设计了一种表面活性剂,这种表面活性剂是亲二氧化碳的物质,可以产生亲二氧化碳和亲溶剂的两性作用,从而使二氧化碳可广泛地作为溶剂使用,以代替含卤素的常规有机溶剂。美国 Albright & Wilson 公司基于一个新的抗微生物的化学原理,发明了全新的低毒性、能快速降解的 THPS 杀虫剂而获得设计更安全化学品奖。

　　1998 年,美国 Stanford 大学的 B. M. Trost 教授因提出反映的“原子经济性”概念,而获得了学术奖。变更合成路线奖获得者是 Flexsys,他在生产一种橡胶降解剂化学品家族的关键中间体 4-ADPA 的过程中,开发了在芳环的亲核取代反应中消除氯的使用的新工艺。Rohm & Haas 公司因发明和应用安全高效、选择性杀虫剂家族而获得设计更安全化学品奖。

　　1999 年的小企业奖授予了 Bionfine 公司,以奖励其将廉价废生物质转化为乙酰丙酸及其衍生物。变更合成路线奖授予了 Lilly 研究实验室,因为它将生物酶催化剂用于制备一种抗痉挛、可以有效治疗癫痫和神经退化等疾病的药物,不仅大大提高了合成效率,而且避免了一种致癌物质——三氧化铬的使用。Nalco 化学公司开发了在水基分散体系中生产聚合物的工艺,以避免使用有机溶剂,同时还减少了从高分子聚合物中释放出可挥发性有机物,因而获得了变更溶剂/反应条件奖。设计更安全化学品奖获得者 LLC 公司发明了一种新型天然杀虫剂产品 Spinosad,它在环境中不积累,不挥发,现已被美国环保署作为减小危害的农药来推广。

由上述美国学术和企业界在绿色化学研究中取得的最新成就和政府对绿色化学奖励的导向作用可以看出,绿色化学从原理和方法上给传统化学工业带来了革命性的变化。正如美国化学会主席 Wasserman 在 1999 年"总统绿色化学挑战奖"授奖庆典会上指出的那样,获奖成就只是绿色化学运动发展的一个缩影,但它们发出这样的信息:绿色化学是有效的,也是有益的。

1982 年,日本住友公司首先实现了以异丁烯(或叔丁醇)为原料的二步氧化制备甲基丙烯酸甲酯的工业化,开辟了一条新的绿色原料路线。该工艺避免使用传统路线所需要的剧毒氢氰酸原料,同时解决了因大量使用酸、碱而造成的严重腐蚀和污染的问题。

1983 年,意大利 Enichem 公司开发液相法生产碳酸二甲酯绿色技术,取代剧毒光气工艺路线,并首次实现工业化,达到 10^4 t 级生产规模。

1993 年 4 月,在日本千叶县,美国通用电气塑料(GEP)公司与日本三井石化公司联合开发,采用以碳酸二甲酯取代传统的剧毒光气,与苯酚反应生成碳酸二苯酯,然后通过和双酚 A 的酯进行交换,再缩聚生成高分子聚碳酸酯。该生产过程产生的甲醇可以回收利用制造碳酸二甲酯,苯酚也可以循环利用,构成原料的封闭循环,没有废物排放。生产能力达到 30000t/年。

1995 年,美国建成一座超临界水氧化装置,处理长链有机物和胺类化合物,去除率高达 99.9999%。许多有毒有害物质和有机物,用常规的工艺难以将其转化成无害物质,而超临界水却能将它们氧化成无害物质,同时放出大量的热能可供利用。据文献报道,氯代有机物经超临界水氧化去除效果极佳(二噁英>99.9999%,氯代甲苯>99.998%,DDT>99.997%,四氯化碳>99.53%,多氯联苯>99.9999%,三氯乙烷>99.999%)。

1999 年 10 月,壳牌公司同其他公司合作,在荷兰的 Apeldoom 建成水热提取生物质(HTU)技术的实验厂。HTU 过程的目的是将生物质转化成被称为"生物粗油"的液体燃料。生物粗油的热值为 36 mJ/kg,整个过程的热效率为 70%~90%.

Ugine 公司和 Enichem 公司开发以 TS-1 分子筛作催化剂的过氧化氢氧化丙烯法合成环氧丙烷(PO)新工艺,不仅解决了氯醇法消耗大量石灰、设备腐蚀,环境污染严重的问题,而且反应条件温和(反应温度:40~50℃,反应压强:<0.1MPa),副产物只有水,是低能耗、无污染的绿色化学工艺,原子利用率 76.32%(氯醇法为 31%)。

Du Pont 公司和 Genecer 公司经多年合作,开发了以葡萄糖为原料,采用生物技术合成 1,3-丙二醇(PDO)的工艺。新方法克服了传统工艺必须依赖石油这一不可再生资源和使用危险(如环氧乙烷)或有毒有害原料(如有机金属络合催化剂)的不足。

聚乳酸是性能优异的功能纤维和热塑料,突出特点是能生物降解。但是由于受传统的淀粉发酵法和化学合成法制备成本高的限制,其无法替代聚丙烯和聚苯乙烯类树脂以解决

"白色污染"问题。Cargill Dow 聚合物公司开发了以小麦秸秆等为原料的生物技术,正耗资 3 亿美元建设 14×10^4 t/年规模的聚乳酸工厂,其产品的成本将大大降低,使聚乳酸成为制造塑料和纤维的首选。

3.3　绿色化学的原则

绿色化学包括了所有可以降低对人类健康和环境造成危害的化学方法、技术与过程。和污染处理过程不同,绿色化学过程的策略是从源头上防止污染的产生。

经过多年的研究和探讨,化学界就评价一种化合物、一条合成路线或一个化工过程是否符合绿色化学目标总结了一些原则,也就是 P. T. Anastas 和 J. C. Warner 所提出的绿色化学 12 条原则:

①预防(prevention)。防止产生废物比废物产生后再处理或清除更好。

②原子经济(atom economy)。设计合成方法时,应尽可能使用于生产加工过程的材料都进入最后的产品中。

③无害(或少害)的化学合成(less hazardous chemical synthesis)。所设计的合成方法都应该使用和生产对人类健康和环境具有小的或没有毒性的原料和产品。

④设计无危险的化学品(design safer chemicals)。化学产品应该设计得使其有效地显示期望的功能而毒性小。

⑤安全的溶剂和助剂(safer solvents and auxiliaries)。所使用的辅助物质(包括溶剂、分离试剂和其他物品)在使用时都应该是无害的。

⑥设计要有效能(design for energy efficiency)。化学加工过程的能源要求应该考虑它们的环境影响和经济影响,并应该尽量节省,如果可能,合成方法应在室温和常压下进行。

⑦使用可再生的原料(use renewable feedstocks)。当技术上和经济上可行,原料和加工粗料都应可再生。

⑧减少衍生物(reduce derivatives)。如果可能,尽量减少和避免衍生化学反应,因为此步骤需要添加额外的试剂,并且可能产生副产物或废物。

⑨催化作用(catalysis)。具有高选择性的催化剂比化学计量学的试剂优越得多。

⑩设计要考虑降解(design for degradation)。化学产品的设计应使它们在功能终了时分解为无害的降解物,并不在环境中长期存在。

⑪预防污染进行实时分析(real-time analysis for pollution prevention)。要进一步开发新的分析方法使可进行实时的生产过程监测,并在有害物质形成之前给予控制。

⑫防止事故发生本质上的安全化学(inherently safer chemistry for accident prevention)。在化学过程中使用的物质和物质形态的选择应使其尽可能地减少发生化学事故的潜

在可能性,包括释放、爆炸以及着火等。

这些原则已经成为绿色化学发展所应该遵循的原则和方向。绿色化学及其产业追求社会经济和生态环境的可持续发展,代表了世界各国当前的经济、科技和产业的发展方向。目前,在美国、英国、日本、意大利、澳大利亚等国相继建设了绿色化学研究中心,一些绿色化学技术正在被工业生产所应用。美国环保局的一项调查显示,绿色化学已使美国的有害化学品和有机溶剂排放量每年减少 $24.6 \times 10^8 L$,每年节约工业用水 $14 \times 10^8 t$,并减少 $43 \times 10^4 t$ 废弃物的排放。

3.4　绿色化学与清洁生产

绿色化学是清洁生产的重要组成部分,生产过程是一个复杂的物质转化的输入输出系统:输入的是资源、能源;输出的其中一部分转化为产品,而另一部分转化为废物,排入环境。产品在使用后最终也将变成废弃物,置于环境中。为了提高生产过程中的效益(高的经济效益和良好的社会效益),生产过程在输出满足要求的产品的同时,应具有较少的输入和较高的输出,尽量减少废物,削减或消除污染,使生产过程达到有效地利用输入、优化输出的结果,如图 3-1 所示。

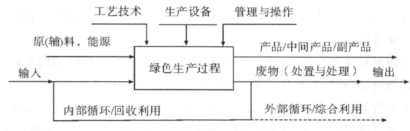

图 3-1　绿色化学生产过程

由此可见,绿色化学与清洁生产的指导思想是一致的,绿色化学是清洁生产的重要组成部分。

3.5　绿色化工

绿色化工作为绿色化学的一个重要组成,就是要运用绿色化学的原理和技术,尽可能选用无毒无害的原料,开发绿色合成工艺和环境友好的化工过程,生产对人类健康和环境无害的化学品。

3.5.1　绿色化工的内涵

绿色化工的内涵在于实现化工原料的绿色化、合成技术和生产工艺的绿色化以及化工产品的绿色化。其基本原则和主要特点是：

①化学反应的原子经济性。化学反应路线的设计，尽量使反应原料中每个原子都参加反应，并全部转化为产物，无副反应发生，无有害物质产生。这样充分利用了资源，又不污染环境。

②化学反应的清洁性。选用对环境无污染、对人无害的物质作为反应的原料。研究采用环境友好的反应技术和反应媒介，如电子束、高能射线和超临界物质作为反应媒体。

③化学工艺的循环性和闭路性。通过设计化学工艺，使原料、副产物、媒介物和能源处于闭路循环之中，整个工艺流程输入的只是原料和必要的能量，产出的是产品，其余的物质和能量处于工艺过程的内部循环，即所谓的"零排放"工艺。

④化学反应技术的可持续性。利用高新技术，特别是生物技术、基因技术、酶技术等来开发新的化学反应和合成新的化合物。

⑤化学生产的可持续性。充分利用自然界可再生的自然资源代替不可再生的资源作为化学反应的原料；充分利用自然界可再生的能源代替不可再生的能源。如利用可再生的植物资源代替不可再生的矿物资源生产化工原料；利用太阳能、沼气、水能和风能代替石油和煤炭。

3.5.2　绿色化工过程

除了对化学反应过程需要进行绿色化研究外，必须认识到化学工程技术在绿色化学中的作用。在化学工程领域，也存在"绿色化学工程技术 12 条原则"，并以此来指导化学工程工艺设计，实现最佳的绿色化学反应工艺。

"绿色化学工程技术 12 条原则"的内容有：

①所有输入和输出的物质和能量是无毒无害的；

②预防废物的产生优于废物的清除；

③分离和纯化操作要尽可能减少能量和物质的消耗；

④设计的产品、工艺以及所有系统要使质量、能源、空间和时间的效率最大化；

⑤设计的产品、工艺以及所有系统是由输出端控制，而非由输入端推动；

⑥当设计选择再生、重新利用和其他有益的处理时，要对所有的相关过程给予充分的研究和评价；

⑦设计的产品具有尽可能长的使用寿命；

⑧避免不必要的设备容量和能力；

⑨减少产品中材料的多样性；

⑩产品、工艺以及所有系统的设计要综合考虑原料和能源的相互联系；

⑪产品、工艺以及所有系统的设计要考虑它们服务功能结束后的性能和去向；

⑫输入的材料和能源是可更新的，而不是耗竭性的。

3.5.3　合成反应的原子经济性

化学反应的理想目标是，投入反应过程中的所有原料最终都能转化为目的产物，过程中没有副产物或废弃物排放，因此也就不存在副产物的分离或废弃物的处理问题。这种反应最节约资源和能源，效率最高。

人们对一个化学合成有效性的评价一直采用产率或收率（yield）这一概念，即

$$y(\%)=\frac{目的产物的物质的量}{理论上原料中限定反应物输入的物质的量}\times100\%$$

而选择性（selectivity）可定义为

$$s(\%)=\frac{期望产品的收率}{已转化的反应物的物质的量/反应物起始时的物质的量}\times100\%$$

以 A+B——→P+R 为例，式中：A 为限定反应物；P 为目的产物；R 为副产物。

按照收率定义式，反应过程中，1mol 原料 A 生成 1mol 产物 P，收率为 100%。但是，在转化过程中每生成 1mol 产物 P 的同时，也可能会生成 1mol 或更多的副产物 R（许多情况下，R 可能对环境有害），而 1mol R 的质量可能是 1mol 产物 P 的质量的数倍之多，因此，采用反应的收率来衡量一个合成过程的效率与收益显然是不充分的，必须对化学反应的平均化提出新的要求。

美国著名有机化学家 B. M. Trost 教授于 1991 年首次提出了"原子经济性"（atom economy）的概念。他认为，高效的有机合成反应应当最大限度地利用原料分子中的每一个原子，使之完全结合到目的产物的分子之中。反应不仅要有高度的选择性，而且必须具备较好的原子经济性。他提出的合成效率（synthetic efficiency）已成为现代合成化学中关注的热点。合成效率包括两个方面：一是选择性（化学、区域、非对映体和对映体选择性）；另一个就是原子经济性，即原料分子中究竟有百分之几的原子转化成了产物。一个有效的合成反应不但要具有高的选择性，而且必须具有高的原子利用率，尽可能充分利用原料分子中的原子，大力发展和开发原子经济性反应，是原子利用率达到 100%，实现"零排放"。如果参加反应的分子中的原子 100%都转化成了产物，实现了"零排放"，则既充分利用资源，又不产生污染。这是理想的绿色化学反应。已经工业化应用的例子有：①甲醇低压羰化法合成醋酸，原子利用率达到 100%；②乙烯银催化剂直接氧化法合成环氧乙烷，以前用氯醇法，生产 1t 环氧乙烷需要排放氯化钙废水 50t，原子利用率 25%，而乙烯银催化剂直接氧化法合成环氧乙烷的原子利用率达 100%。

3.5.4 原子利用率

原子经济性可以用原子利用率(atom utilization,AU)来衡量。其定义式为：

$$AU(\%) = \frac{目的产物的物质的量}{化学计量方程式中反应物的物质的量} \times 100\%$$

例如,比较如下两条顺丁烯二酸酐合成路线的原子利用率。

苯氧化法

摩尔质量/(kg/mol)： 78　　32×4.5=144　　　　98

$$AU = \frac{98}{78+144} \times 100\% = \frac{98}{222} \times 100\% = 44.1\%$$

丁烯氧化法

摩尔质量/(kg/mol)： 56　　　32×3=96　　　　98

$$AU = \frac{98}{56+96} \times 100\% = \frac{98}{152} \times 100\% = 64.5\%$$

两条合成路线的反应条件类似,均以 V_2O_5 为催化剂,反应温度为 673.15K。按照以往的观点,苯催化氧化路线的选择性大约为 65%,具有一定的商业价值,而丁烯空气氧化路线的选择性近似 55%,低于前者,故后一条可能遭到否定。如果以选择性乘以原子利用率,则可以得到前一路线为 28.7%,后一路线为 35.5%。这一结果表明,后一路线的总反应效率要好,亦具有较好的原子经济性,可以弥补收率或者选择性的不足。

1992 年荷兰有机化学家 R. A. Sheldon 从衡量化工过程中废弃物的排放量的角度出发,考虑它们对环境所造成的影响,提出了一个更加符合绿色化工要求的 E 因子(环境因子)概念作为评价指标。

E 因子定义为每生产出 1kg 产物所产生的废弃物的千克数,即

$$E 因子 = \frac{废弃物的质量(kg)}{目的产物的质量(kg)}$$

这种废弃物多是人们所不需要的,大多是在反应后处理工序(如酸碱中和等)中产生的一些无机盐[如 NaCl、Na_2SO_4、$(NH_4)_2SO_4$ 和 $CaCl_2$ 等],重金属化合物及各种反应中间体。

表 3-1 列出了不同化工行业生产过程中的 E 因子。

表 3-1　不同化学行业的 E 因子

化工行业	年产量/t	E 因子	废弃物总量/t
石油炼制	$10^6 \sim 10^8$	~ 0.1	$\sim 10^6$
大宗化工	$10^4 \sim 10^6$	$1 \sim 5$（个别小于 1）	$\sim 10^5$
精细化工	$10^2 \sim 10^4$	$5 \sim 50$（个别大于 50）	$\sim 10^4$
制药	$10 \sim 10^3$	$25 \sim 100$	$\sim 10^3$

从表中可以看出，精细化工和制药工业的 E 因子较大，废弃物产生的机会和产生的量也大。这说明产品越精细，工艺越复杂，使用的试剂和分离步骤越多，因此，减少合成步骤，减少无机盐的形成，即可减少废弃物。

3.5.5　废物"零排放"与环境友好工艺

提高选择性，开发不排放或少排放有害物质的清洁工艺，进而实现废物"零排放"。例如钛硅分子筛双氧水氧化法制备环己酮肟、对苯二酚工艺。环己酮肟是己内酰胺生产中一个重要中间体，现有生产工艺有拉西法、NO 还原法和 DSM/HPO 法，但此三种方法分别存在产生硫酸铵、NO_x 及稀硝酸等副产品的缺陷。Enichem 公司开发的钛硅分子筛双氧水氧化法制备环己酮肟新工艺，环己酮的转化率可达到 99.9%，环己酮肟的选择性达 98.2% 以上，且反应条件温和，氧源安全易得，选择性高，副反应小，副产品硫酸铵可减少 75%，并且无 NO_x 和硫化物产生，是一环境友好新工艺。钛硅分子筛双氧水氧化法制备对苯二酚和邻苯二酚新工艺，二酚的选择性接近 100%，副产物是水，由于具有高选择性，不排放有害物质，属于清洁生产工艺。

以丁二烯为原料合成苯乙烯和己内酰胺新工艺为环境友好工艺。杜邦和 DSM 公司合作开发的以丁二烯为原料合成己内酰胺的工艺，解决了以往己内酰胺生产工艺中最为头疼的问题。DOW 公司开发了以丁二烯为原料合成苯乙烯的新工艺，改工艺先由丁二烯环二聚合得乙烯基苯己烯，然后在催化剂作用下被氧化成苯乙烯单体，乙烯基环己烯的转化率为 90%，该催化剂对苯乙烯单体的选择性超过 92%。

3.5.6　选用无毒无害溶剂的工艺

溶剂和助剂的使用不仅对人类健康与环境产生危害，而且大量消耗能源与资源，因此应尽量减少其使用量。在必须使用时，应选择无害的物质来替代有害的溶剂和助剂。这方面的研究是绿色化学的研究方向之一，下面介绍几种清洁的溶剂和助剂。

1. 超临界流体

超临界流体是指当物质处于其临界温度和临界压力以上时所形成的一种特殊状态的流体，这是一种介于气态与液态之间的流体状态。这种流体具有液体一样的密度、溶解能力和传热系数，具有气体一样的低黏度和高扩散系数，同时只需改变压力或温度即可控制其溶解能力并影响以它为介质的反应的合成速率。因此，其可作为某些有害溶剂的替代品。

由于超临界流体的特有性质，其在萃取、色谱分离、重结晶以及有机反应等方面表现出很强的优越性。在有机合成中，CO_2 由于其临界温度和临界压力较低、能溶解脂溶性反应物和产物、无毒、阻燃、价廉易得、可循环使用等优点而迅速成为最常用的超临界流体。

2. 水

水是地球上广泛存在的一种天然资源，价廉，无毒，不危害环境，为最无害的物质，用水来代替有机溶剂是一条可行的途径。因此，人们一直在开发用水代替传统溶剂的方法，尽管大多数有机化合物在水中溶解性很差，且易分解，但研究表明有些合成反应不仅可以在水相中进行，而且还具有很高的选择性。最为典型的例子是环戊二烯与甲基乙烯酮发生的 D-A 环加成反应，在水中进行较在异辛烷中进行的速度快 700 倍。另外，有关超临界水反应的研究十分活跃。同传统的溶剂相比，使用水做溶剂不会增加废物流的浓度。因此，水是理想的环境无害溶剂。

3. 固定化溶剂

有机挥发性溶剂对人类健康与环境的影响主要来自于其挥发性，目前正在研究的解决方法之一为固定化溶剂法。实现溶剂固定化的方法有:多种，但目标是一致的，即保持一种材料的溶解能力而使其不挥发，并将其危害性不暴露于人类和环境。常用的方法有:将溶剂分子固定到固体载体上;或直接将溶剂分子建在聚合物的主链上;另外，本身有良好的溶解性能且无害的新聚合物也可作为溶剂。

4. 离子液体

离子液体是在室温或室温附近温度下呈液态的游离子组成的物质。与传统的有机溶剂、水、超临界流体等相比，许多种新的离子液体不挥发，其蒸气压为零，在较高温度下也不挥发;以液态存在温度范围宽，不燃、不爆炸、不氧化，具有高的热稳定性，是许多有机、无机物的优良溶剂;其黏度低、热容大，有的对水、对空气均稳定，故易于处理;制造较为容易，不太昂贵;品种有数百种乃至更多。

由于离子液体具有这些突出的优点，因此它被认为是未来理想的绿色高效溶剂，对于开发绿色化工过程具有重大意义。离子液体作为溶剂和催化剂，已在烯烃二聚、双烯加氢叠合、烯烃歧化、烷基化、D-A 反应、氢甲酰化反应等一大批反应过程中显示出低温高催化活性和选择性、反应速度可以调控等优异的功能。法国石油研究院已采用离子液体为溶剂，开发成功了丁烯双聚制异辛烯的过程，并已工业化。国外认为，离子液体有可能引起化学工业的革命。

5. 无溶剂反应

无溶剂反应是减少溶剂和助剂使用的最佳方法,其不仅在人类健康与环境安全方面具有巨大优势,而且有利于降低费用,是绿色化学的重要研究方向之一。目前有许多大学与公司在从事这方面的研究,已开发出几种途径来实现无溶剂反应。在无溶剂存在下进行的反应大致可分为三类:①原料与试剂同时起溶剂作用的反应;②试剂与原料在熔融态反应,以获得好的混合性及最佳的反应条件;③固态化学反应。

固态化学反应的研究吸引了无机、有机材料及理论化学等多学科的关注,某些固态反应已用于工业生产。固态化学反应实际上是在无溶剂存在的环境下进行的反应,有时比在溶液环境中的反应能耗低,效果好,选择性高,又不用考虑废物处理问题,有利于环境保护。这种反应可在固态时进行,也可在熔融态下进行,有时需要利用微波、超声波或可见光等非传统的反应条件。例如下面反应:

橙香醇(linalool)

这个反应可以在超声波或微波促进下进行,也可以在机械作用下通过固态研磨完成。

3.5.7 使用新型催化材料与催化剂

在反应温度、压力、催化剂、反应介质等多种因素中,催化剂的作用是非常重要的。高效催化剂一旦被应用,就会使反应在接近室温及常压下进行。催化剂不仅使反应快速、高选择性地合成目标产物,而且当催化反应代替传统的当量反应时,就避免了使用当量试剂而引起的废物排放,这就是减少污染排放最有效的办法之一。如 Wittig 反应是一个原子利用率相当低的当量反应,一旦把它变成催化反应,其原子经济性提高,污染减少了。

$$RCHO+ClCH_2COOR+Bu_3As \xrightarrow{\text{催化量的 } PPh_3} R-CH=CH-COOR+HCl+Bu_3AsO$$

当反应体系中加入三苯基磷时,Bu_3AsO 就会被还原成原料的催化剂 Bu_3As,形成催化循环,巧妙地实现了催化的 Wittig 反应。

此外,过渡金属导向有机合成也可使反应从当量反应转变成催化反应。

分子筛催化异丙苯和成型工艺也是一个典型的清洁工艺。异丙苯传统的生产工艺有美国环球油品公司(UOP)的固体磷酸气相烃化法(SPA)和孟山都公司的改进 $AlCl_3$ 液相烃化法。前者目前在世界上占主导地位,但是存在选择性低、产品杂质多等劣势;后者存在强腐蚀、高污染等缺点。通过反烃化提高异丙苯新工艺则是一种先进的、对环境不产生污染的清洁工艺。该法催化剂选择性高,产品质量好,无污染,无腐蚀,副产物多异丙苯可经反烃化转变为异丙苯,使异丙苯收率达 99% 以上。

又如,分子筛催化合成乙苯工艺就是使用分子筛催化剂替代污染大的 AlCl₃ 催化剂。由乙烯与苯烷基化合成乙苯的传统方法是以 AlCl₃ 为催化剂的傅氏烷基化反应,而液相法分子筛合成乙苯的工艺则使用超稳 Y 沸石催化剂,具有良好的烃化和烷基转移能力,而且催化剂的再生周期可以达一年甚至更长。

非晶态合金催化剂,其活性和稳定性显优于目前使用的雷尼镍,且可以大量减少废催化剂的排放。使用介孔分子筛(又称为中孔分子筛),例如 MCM-41、MCM-48、HMS 等分子筛材料有可能开发出新催化工艺。生物催化剂等也是研究热点。

3.5.8　设计新的合成路线

有些化合物合成往往需要多步反应才能得到,尽管有时单步反应收率高,但整个反应的原子经济性却不甚理想。若改变反应途径,简化合成步骤,就能大大提高反应的原子经济性。

布洛芬的生产就是一个很好的例子。布洛芬是药物 Motrin、Advil 和 Medipren 中的主要成分,在药物中起止痛作用,与 Aspirin 一样,都是非类固醇消炎药,因此常被用于消肿和消炎。原来的布洛芬合成是采用 Boots 公司的 Brown 合成方法,从原料要通过 6 步反应,才能得到产品,如下所示。其原子经济性见表 3-2。

表 3-2　Brown 法合成布洛芬的原子经济性

反应物分子式	相对分子质量	产物中被利用的部分	相对分子质量	产物中未被利用的部分	相对分子质量
$C_{10}H_{14}$	134	$C_{10}H_{13}$	133	H	1
$C_4H_6O_3$	102	C_2H_3	27	$C_2H_3O_3$	75
$C_4H_7ClO_2$	122.5	CH	13	$C_3H_6ClO_2$	109.5
C_2H_5ONa	68		0	C_2H_5ONa	68
H_3O	19		0	H_3O	19
NH_3O	33		0	NH_3O	33
H_4O_2	36	HO_2	33	H_3	3
合计		布洛芬分子式		废物	
$C_{20}H_{42}NO_{10}ClNa$	514.5	$C_{13}H_{18}O_2$	206	$C_7H_{24}NO_8ClNa$	308.5

　　每步反应中的原料只有一部分进入产物，而另一部分则变成废物，所以采用这条路线生产布洛芬，所用原料中的原子只有 40.03% 进入最后产品中。德国 BASF 公司与 Hoechst Celanese 公司合资的 BHC 公司发明了生产布洛芬的新方法，该方法只采用三步反应即得到产品布洛芬，如下所示。其原子经济性达到 77.44%，见表 3-3。也就是说，新发明的方法少产生废物 37%，BHC 公司因此获得 1997 年度美国总统绿色化学挑战奖的变更合成路线奖。

表 3-3　BHC 公司合成布洛芬的原子经济性

反应物分子式	相对分子质量	产物中被利用的部分	相对分子质量	产物中未被利用的部分	相对分子质量
$C_{10}H_{14}$	134	$C_{10}H_{13}$	133	H	1
$C_4H_6O_3$	102	C_2H_3O	43	$C_2H_3O_2$	59
H_2	2	H_2	2		
CO	28	CO	28		
合计		布洛芬分子式		废物	
$C_{15}H_{22}O_4$	266	$C_{13}H_{18}O_2$	206	$C_2H_4O_2$	60

3.5.9　提高烃类氧化反应的选择性

烃类选择性氧化在石油化工中占有极其重要的地位。据统计,在使用催化过程生产的各类有机化学品中,催化选择性氧化生产的产品约占 25%。另一方面,烃类氧化反应不仅原子利用率很低,而且其选择性是各类催化反应中最低的。这不仅造成资源浪费和环境污染,而且给产品的分离和纯化带来很大困难,使投资和生产成本大幅度上升。因此,控制氧化反应深度、提高目的产物的选择性始终是烃类选择性氧化研究中最具挑战性的难题。

早在 20 世纪 40 年代,Lewis 等就提出了烃类晶格氧选择性氧化的概念,即用可还原的金属氧化物的晶格氧作为烃类氧化的氧化剂,按还原-氧化(Redox)模式,采用循环流化床提升管反应器,在提升管反应器中烃分子与催化剂的晶格氧反应生成氧化产物,失去晶格氧的催化剂被输送到再生器中用空气氧化到初始高价态,然后送入提升管反应器中再进行反应。这样,反应是在没有气相氧分子的条件下进行的,可避免气相和减少表面的深度氧化反应,从而提高反应的选择性,而且因不受爆炸极限的限制可提高原料浓度,使反应产物容易分离回收,这是控制氧化深度、节约资源和保护环境的绿色化学工艺。

根据上述还原-氧化模式,国外一家公司已开发成功了丁烷晶格氧氧化制顺酐的提升管再生工艺,建成第一套工业装置。氧化反应的选择性大幅度提高,顺酐摩尔百分收率由原有工艺的 50% 提高到 72%,未反应的丁烷可循环利用。此外,间二甲苯晶格氧氨氧化制间苯二腈也有一套工业装置。在 Mn、Cd、Tl、Pd 等变价金属氧化物上,通过甲烷、空气周期切换操作,实现了甲烷氧化偶联制乙烯的新反应。由于晶格氧氧化具有潜在的优点,近年来已成为选择性氧化研究中的前沿。工业上重要的邻二甲苯氧化制苯酐、丙烯和丙烷氧化制丙烯腈均可进行晶格氧氧化反应的探索。关于晶格氧氧化的研究与开发,一方面要根据不同的烃类氧化反应,开发选择性好、载氧能力强、耐磨强度好的新催化材料;另一方面要根据催化剂的反应特点,开发相应的反应器及其工艺。

3.5.10　选用更"绿色化"的起始原料和试剂

　　选用对人类健康和环境危害较小的物质为起始原料去实现某一化学过程将使这一过程更安全,这是显而易见的。例如,芳香胺的合成过去通常是以氯代芳烃为原料,与 NH_3 发生亲核取代来合成。但氯代芳烃的毒性大,严重污染了环境。现在发展起来的所谓 NASH (nucleophilic aromatic substitution for hydrogen)方法,直接用芳烃与氨或胺发生亲核取代反应就可以达到目的。例如:

　　用碳酸二甲酯(DMC)代替硫酸二甲酯作为甲基化试剂,也是绿色合成的一个实例,因为硫酸二甲酯有剧毒,是强烈的致癌物,这几乎使它无法应用,而碳酸二甲酯是无毒的。

　　以上最后一个反应是碳原子上的甲基化反应。用碳酸二甲酯可以在活性亚甲基的碳上发生甲基化反应,避免了活性亚甲基通常发生的难以控制的多甲基化反应,而且这一反应有较高的产率和选择性,如苯乙腈的转化率高达 98%。碳酸二甲酯过去是用剧毒光气来合成的,现在可以用甲醇的氧化羰基化反应来合成:

$$CH_3OH + CO + O_2 \longrightarrow (CH_3O)_2CO + H_2O$$

　　另外,HCN 也是绿色有机合成中需回避的试剂。例如苯乙酸的制备,过去常常采用氰解苄氯来合成,而现在可以用苄氯直接羰基化获得:

这种方法避免了使用剧毒氰化物，使合成更加"绿色化"。苯乙酸是合成医药如青霉素、农药等的中间体，所以它的绿色合成就显得非常重要。

3.5.11　化工过程强化

新的催化反应和化学反应工程技术应是化工过程强化的重要内容。例如 20 世纪 60 年代分子筛裂化催化剂出现后，为了充分利用分子筛裂化催化剂高活性并改善选择性，催化裂化反应器从原来的流化床（反应时间为几分钟）发展到提升管反应器，反应时间为 2～3s，达到了预期效果。近年来利用非晶态合金的高催化活性和具有磁性的特点，已经把己内酰胺加氢精制的反应器从连续搅拌釜改为磁稳定床，小型试验证明可以简化流程，缩小反应器体积，提高加氢效果，节省催化剂。

1995 年在第一届化学工业过程强化国际会议上，Ramshaw 首先提出，化工过程强化是在生产能力不变的情况下，能显著减少工厂体积的措施。他认为，体积减少 100 倍以上才能成为过程强化。Stankiewicz 和 Moulin 则认为，给定设备的体积减少 2 倍以上、每吨产品能耗显著降低、废物或副产物大量减少都可以看做是过程强化。因此，化工过程强化旨在在生产和加工过程中运用新技术和新设备，大量减少废物排放。总之，能显著减少体积、高效、清洁、可持续发展的新技术都是过程强化。例如超重力场螺旋通道型旋转床反应器可以极大地强化气液反应过程，特别是对于属于传质控制的快速气液反应，生产能力可以极大地提高，设备体积只是传统装置（例如鼓泡塔、喷洒塔）的几分之一。

3.5.12　生物技术

21 世纪是生物技术的时代，生物技术在医疗保健、农业、环保等重要领域对改善人类健康与生存环境、提高农牧业和工业产量与质量都发挥着越来越重要的作用。生物催化反应大多条件温和，设备简单，选择性好，副反应少，产品性质优良，安全性高，不产生新的污染。因此，生物技术受到生物学家和化学家的高度重视。

例如，使用重组的工程菌来进行环境友好的合成成为人们的一大目标。斯克里普斯研究所的 C. H. Wong 教授发明了能够用于大规模有机合成的酶，这一方法使得一些原本不可能实现的合成成为可能，所有的酶催化反应都是在环境友好的溶剂中进行。C. H. Wong 教授的研究为酶催化工业奠定了坚实的基础，开辟了绿色合成的新领域。

美国布鲁克林技术大学的 R. A. Gross 教授发明了温和的、选择性聚合的新方法——脂肪酶催化聚合。从有机体中提取的单独脂肪酶，可以作为催化剂。R. A. Gross 教授根据酶具有能够降低聚合过程的活化能的特点，开发出了脂肪酶催化聚合反应，明显降低了反应过程中的能量消耗。另外，脂肪酶催化聚合具有区域选择性，而目前其他的合成方法需要保护-去保护的化学反应步骤,而且消耗化学计量的偶联剂。脂肪酶的温和反应条件使得化学物质和热敏分子的聚合成为可能。同传统的技术相比,此项技术需要较少的能量和有机物质,并且可以产生新型聚合物。

美国加州大学洛杉矶分校的 J. C. Liao 教授有效地用二氧化碳合成了高级醇类化合物。发酵产生的乙醇可以作为燃料添加剂,但是由于它的能量较低,使得其使用受到限制。高级醇类物质是指具有两个以上碳原子的化合物。这类物质具有较高的能量,但是自然界中的微生物不能合成这类物质。Liao 教授采用微生物工程化技术,直接循环利用 CO_2 生产具有 3~8 个碳原子的高级醇类化合物。此项技术使得可再生的高级醇类化合物作为燃料组成成为可能。如果每年利用 $600 \times 10^8 t$ 的高级醇类物质作为化学燃料,Liao 教授的此项技术可以减少 $5 \times 10^8 t/a$ 的 CO_2 排放,因此此项技术具有重大的环保意义。

3.5.13　高效合成方法

对于传统的取代、消除等反应而言,每一步反应只涉及一个化学键的形成。如果按这样的效率,一个复杂分子的合成必定是一个冗长而收率很低的过程。这样的合成不仅没有效率,而且使用的试剂或原料必定很多,再涉及分离提纯等过程,由此带来的污染和成本升高是不言而喻的。近年来发展起来的一锅法、串联反应等都是高效绿色合成的新方法,这种反应的中间体不必分离,不产生相应的废弃物。此外,高效合成方法还有组合合成、模板合成等。

另外,采用有机电合成方式是绿色合成的重要组成部分。由于电解合成一般无需使用危险或有毒的氧化剂或还原剂,通常在常温、常压下进行,因此,在洁净合成中具有独特的魅力。例如,自由基反应是有机合成中一类非常重要的碳—碳键形成反应,实现自由基环化的常规方法是使用过量的三丁基锡烷。这样的过程不但原子利用率很低,而且使用和产生有毒的、难以除去的锡试剂。这两方面的问题用维生素 B_{12} 催化的电还原方法可完全避免。利用天然、无毒、手性的维生素 B_{12} 为催化剂的电催化反应,可产生自由基类中间体,从而实现在温和、中性条件下化合物 1 的自由基环化,产生化合物 2。有趣的是,两种方法分别产生化合物 2 的不同的立体异构体。

3.5.14 柔性化生产技术

一个产品可以采用多种原料线生产技术,同一个(套)装置或设备(过程或技术)可以生产出多种产品。例如,利用同一套超重力场通道型旋转床反应装置可以制备许多种纳米粉体材料;用石灰乳业在该装置上进行炭化反应可以制备出纳米碳酸钙产品;在同一套装置上,只要改变操作条件和工艺参数,就可以用炭化法制备出纳米碳酸钡产品,还可以制备出纳米碳酸锶产品。这样的情形与计算机的软件和硬件的组合相同,化工装置就像计算机的硬件,而不同的工艺及操作参数有如计算机所需要的"软件",不同的软件可以进行不同工作。

3.5.15 化工技术"生态化"与资源充分利用

这是化工过程与技术的集成。例如,把不同的化工过程集成起来,以达到资源最有效的利用,总体上达到原子经济反应,也可以不排放或尽量少排放废物,使一个生产过程排放的物质成为另一个生产过程的原料,实现化工技术的"生态化"生产。

从利用稀有资源到使用廉价资源。例如,过去炼制石油,只能利用轻组分成油品,重分或渣油一般燃烧掉,现在渣油催化裂化炼制已经大规模工业化生产,这可以使石油资源得到充分的利用。

利用生物资源和可再生资源可以达到可持续发展的要求。利用生物量(生物原料)(biomass)代替当前广泛使用的石油,是保护环境的一个长远的发展方向。1996 年美国总统绿色化学挑战奖中的学术奖授予了 TaxasA&M 大学的 M. Holtzapple 教授,就是由于其开发了一系列技术,把废生物质转化成动物饲料、工业化学品和燃料。生物质主要由淀粉及纤维素等组成,前者易于转化为葡萄糖,难度较大。Frost 报道了以葡萄糖为原料,通过酶反应可制得己二酸、邻苯二酚和对苯二酚等,尤其是不需要从传统的苯开始来制造作为尼龙原料的己二酸取得了显著进展。由于苯是致癌物质,以经济和技术上可行的方式,从合成大量的有机原料中去除苯是具有竞争力的绿色化学目标。另外,Gross 首创了利用生物或农业废物,如多糖类制造新型聚合物的技术。由于其同时解决了多个环保问题,因此引起人们的特别兴趣。其优越性在于聚合物原料单体实现了无害化;生物催化转化方法优于常规的聚合方法;合成的聚合物还具有生物降解功能。

在不久的将来,我们有可能不再使用生态循环链以外的能源和化工原料(如煤、石油和天然气),而做到生产和使用的一切物质都来自生态循环链,所有的原料和产物也都可在生态循环链中降解。总之,利用生物质代替当前广泛使用的煤和石油,是保护环境的一个长远的发展方向。

3.6　绿色化工在中国的兴起与发展

　　化学工业关系着国计民生的各行各业并为其提供各种原材料,包括高质量、多品种、专用或多功能的化学品,以及相应的配套应用技术。但在生产化学品和使用化学品的过程中,也会产生废气、废水和废渣,这些废弃物在污染着大气、江河、湖海和大地。

　　我国化工业每年排放工业废水 50×10^8 t、工业废气 8.50×10^{11} m³、工业废渣 4.6×10^7 t,分别占全国工业"三废"排放量的 22%、8%、7%。在工业部门中,化工排放废水量居第一位、废气居第二位、废渣居第四位。这引起了相关部门的关注,寻求减少或消灭化学工业对环境污染问题的措施和手段刻不容缓,而绿色化工技术正是解决化工对环境污染问题的理想办法。

　　因此,近些年,绿色化工在我国迅速发展。我国在 20 世纪 70 年代提出"预防为主、防治结合"的工作原则,提出工业污染要防患于未然。80 年代对工业界重点污染源进行治理,取得进展。例如,利用绿色化工技术将我国每年 15×10^8 t 的农作物秸秆转为化学品,可制取($2 \sim 3) \times 10^8$ t 乙醇、8.0×10^7 t 糠醛和 3×10^8 t 木质素,创造数百亿元的价值;采用羰基氧化甲醇法制取碳酸二甲酯,与光气法相比,除了无毒无害外,成本还降低了一半;以酶转化生产丙烯酰胺,相对传统法可节省投资 50%,质量更加优异。目前,以绿色化学技术制取各种生态农药、抗菌剂、有机酸和酶制剂已得到工业化应用,并产生了很好的经济效益和社会效益。2000 年,我国绿色化工产品销售额达到 500 亿元;20% 的传统化工工程被生化反应取代;生态农药创产值 4.5 亿元,占农药总产值的 15% 左右。随着绿色化学技术的突破,21 世界绿色化工在很多方面将完全取代传统化学工业并创造出传统化学工业不能制取的新型化学品,同时也可能实现使用绿色植物代替石油作为有机化工原料和能源。

▶▶▶▶ 参考文献 ◀◀◀◀

[1] 沈玉龙,曹文华.绿色化学(第二版).上海:复旦大学出版社,2009.

[2] 魏荣宝,梁娅,孙有光.绿色化学与环境.北京:国防工业出版社,2007.

[3] 郭斌,庄源益.清洁生产工艺.北京:化学工业出版社,2003.

[4] 臧树良,关伟,李川.清洁生产、绿色化学原理与实践.北京:化学工业出版社,2005.

[5] 沈玉龙,魏立滨,曹文华,琚行松.绿色化学.北京:中国环境科学出版社,2004.

[6] P. Sears, C. H. Wong. Enzyme action in glycoprotein synthesis. *Cellular and Molecular Life Sciences*,1996,12(4):223-252.

[7] P. Sears,C. H. Wong. Polymer synthesis by in vitro enzyme catalysis. *Chemical Reviews*,1998,101(7):2097-2124.

［8］R. A. Gross, A. Ktunar, B. Kalra. Polymer synthesis by in vitro enzyme catalysis. *Chemical Renews*, 2001, 101(7):2097-2124.

［9］K. S. Bisht, Y. Y. Svirkin, L. A. Henderson, et al. Lipase-catalyzed ring-opening polymerization of trimethylene carbonate. *Macmmolecules*, 1997, 30(25):7735-7742.

［10］M. Bankova, A. Kumar, G. Impallomeni, et al. Mass-selec-five lipase-catalyzed poly (epsilon-caprolactone) transes-terification reactions. *Macromoleeules*, 2002, 35(18):6858-6866.

［11］S. Atsumi, T. Hanai, J. C. Liao. Non-fermentative pathways for synthesis of branched-chain higher alcohols as biofuels. *Nature*, 2008, 451(7174):86-U13.

［12］郭艳微, 朱志良. 绿色化学的发展趋势. 北京:化学工业出版社, 2011, (27)2:32-37.

第 4 章

绿色产品与清洁生产

4.1 绿色产品的环境标志

4.1.1 环境标志的定义和发展

环境标志是粘贴在产品上的一种图案,国外也称为生态标志、绿色标志等。它不同于一般商品的商业标志,是一种与环境保护相联系的产品标识,它表明该产品不仅质量合格,而且在生产、使用和处理处置过程中符合环境保护要求,与同类产品相比,具有低毒少害、节约资源等环境优势。实施产品环境标志,是通过消费者的选择和市场竞争,引导企业自觉调整产业结构,采用清洁工艺,生产对环境有益的产品,形成改善环境质量的规模效应,最终达到环境保护与经济协调发展的目的。

环境标志也是环境政策的一种体现形式,是在市场经济条件下,环境保护的一项重要措施。随着越来越多的带有环境标志的产品进入千家万户,公众的环境意识将会增强,有更多的人将消费和使用具有环境标志的产品,这又将极大地刺激环境标志产品的开发和使用。这样的促进和推动,不是依靠行政命令强制执行,而是基于信息引导和市场自由竞争机制来实现的。最早实施环境标志的是原联邦德国,1979 年 5 月,第一批 48 个产品被授予了环境标志,这一计划经历了艰难的开始阶段,到 20 世纪 80 年代后期终于受到了公众的认可和赞同,也得到了工业界的支持。其他国家开始纷纷效仿。目前已经有 20 多个国家实施环境标志。

国外对环境标志有多种称呼,而且每个国家都有各自不同的环境标志图,例如德国的"蓝色天使"、北欧的"白天鹅"、美国的"绿色印章"、加拿大的"环境选择"、日本的"生态标签"等,国际标准化组织将其统称为环境标志(图 4-1～图 4-5)。我国国家环保局从 1993 年开始,在全国展开环境标志工作,并于 1993 年 8 月推出自己的环境标志图形(图 4-6)。

图 4-1　德国的环境标志

图 4-2　北欧的环境标志

图 4-3　美国的环境标志

图 4-4　加拿大的环境标志

图 4-5　日本的环境标志

图 4-6　我国的环境标志

1991—2003 年,我国已颁布了包括纺织、汽车、建材、轻工等 51 个大类产品的环境标志,共有 680 多家企业的 8600 多种产品通过认证,获得环境标志,形成了 600 亿元产值的环境标志产品群体,我国的环境标志已成为公认的绿色产品权威标志,为提高人们的环境意识、促进我国可持续消费作出了卓越贡献。早在 20 世纪 90 年代,就有企业生产的产品取得了国外的环境标志证书和标志的使用权限,如青岛海尔电冰箱、杭州西泠电冰箱已取得德国的环境标志。我国加入 WTO 以后,绿色壁垒将成为我国对外贸易中的新问题,环境标志必将成为提高我国产品的市场竞争力、打入国际市场的重要手段。我国在《21 世纪议程》中,提出了制定有关环境保护标志产品的标准及质量检验方案。由此可见环境标志制度将为促进我国经济与环境协调发展发挥重要的作用。

4.1.2　环境标志制度的目的

环境标志制度不仅可以促进人民群众通过选购商品参与环境保护、提高和增强环保意识,而且为企业调整产品和产业结构,开发新产品,提供资源的合理配置、清洁生产工艺、最佳处理技术及资源的循环利用等方面的技术信息。其归纳起来有以下五条:

1. 为消费者提供准确的信息

许多厂家认识到环境因素在市场竞争中的重要性,在产品广告中谎称对环境有益以欺骗消费者。环境标志可为消费者提供一个容易理解的、经过权威机关审查的产品环境性能的公正评价。

2. 增强消费者的环境意识

消费者在日常的购物活动中接受环境教育,激发环境保护的主体意识,促进消费模式的转变。例如,"保持环境整洁"的标志,可用于提醒消费者在处理包装时勿随意丢弃;"可回收使用"的标志有助于废弃包装的回收使用;包装材料识别标志有利于产品的回收利用,如美国和瑞典已引进标志以识别六种重要的包装塑料,以利于再生加工。通过广大消费者的消费活动和市场机制,促使企业实施清洁生产,生产清洁产品,减少工业活动对环境的有害影响,从而有效保护环境。

3. 促进销售,改变被标志产品的形象

环境标志产品获得顾客的青睐,增加生产厂家的销售收入,促进清洁生产技术的推广。如原联邦德国为油和煤气加热器引入环境标志后,两年内市场上 60% 的产品达到了标准的排放限度;环境标志的使用使市场上绝大部分含有对环境有害物质的油漆已经消失。

4. 促进产品的出口

由于国际标准化组织统一了环境标志的有关定义、标准和测试方法,现在许多出口产品要求具有环境标志。产品获得环境标志,意味着企业形象的提升,产品市场竞争力的提高。由于环境标志促使企业减少资源和能源消耗,采用无废或少废工艺,把环境因素渗透到整个产品开发中去,其结果有助于贯彻清洁生产的思想,实施废物源削减和生产全过程控制,进而推动企业生产模式的转变,对出口、销售造成一定的影响。

5. 指导产品的制造

厂家将环境因素贯穿到整个产品的开发过程中,将推动生产模式的转变。这是因为即使产品完全无害,完全符合标准,但如果在生产过程中不按照环境标志产品和清洁生产的生产工艺,该产品无法得到环境标志,对销售造成一定的影响。

4.1.3　环境标志产品的类型和标志的类型

环境标志产品是以保护环境为宗旨的产品。从理论上讲,凡是对环境造成污染或危害,但采取一定措施即可减少这种污染或危害的产品,均可以成为环境标志的对象。由于食品和药品更多地与人体健康相联系,因此国外在实施环境标志制度时,一般不包括食品和药品。根据产品环境行为的不同,环境标志产品可以分为以下几种类型:①节能、节水、低耗型产品;②可再生、可回用、可回收产品;③清洁工艺产品;④可生物降解产品。

1999 年,国际标准化组织制定 ISO14020 系列标准,对世界各国的产品和服务环境行为评价原则和方法做出规定,对绿色产品、绿色服务、绿色市场的科学定价和内涵予以规范,提出了三种环境标志计划(类型),在防止贸易技术壁垒的总目标下构筑了一个完整的环境标志计划体系。

为实施国家技术战略,中国商品学会提出了产品和服务环境标志及声明系列配套技术标准,颁布了 26 个 I 型环境标志配套技术标准、12 个 II 型环境标志声明导则利 2 个 III 型环境标志导则及 31 类环境信息声明细则;颁布的 ISO14020 系列标准大量采用各国先进的环境标志与声明指标,力图实现与国际标准全面接轨。

I 型环境标志执行 ISO14024 标准,目前各国开展的环境标志计划主要为此种类型。此标准规定,选择有环境规模效应的产品和服务,制定技术指标,通过第三方认证,用市场手段促其达标。 I 型环境标志对每一类产品配备一套完整的具有高度科学性、可行性、公开透明性的标准。 II 型环境标志执行 ISO14021 标准, II 型环境标志限定了企业在广告用语和对外声明上的 12 个许可范围。这 12 个自我环境声明体现了循环经济的全部内涵,它们是目前、正在或者今后可能被广泛使用的声明类型。 III 型环境标志执行 ISO14025 标准,它规定用生命周期清单和生命周期影响评估两种方法为产品和服务进行环境标志审核和声明公告,强调产品的质量指标与环境指标的双优,通过信息清单展示产品和服务的特色、优势和卖点。

I 型、 II 型、 III 型环境标志的认证、验证和评估均属企业的自愿行为,其范围包括产品和服务。三种形式的环境标志计划各有侧重点,因此可以使企业根据自己的竞争优势,有针对性地选择不同类型的环境标志和声明计划或不同类型计划的组合,对产品或服务进行认证、声明或公告,在消费市场全面展示自己产品的特色,从而达到提高企业市场竞争力的目的。

4.2　绿色产品的类别与标准

4.2.1　绿色产品的定义

绿色产品又称环境协调产品(environmental conscious product,ECP),是相对于传统而不注重环境保护的产品而言的。"绿色产品"一词最早出现在美国 20 世纪 70 年代的《互不干涉污染法规》中。经过近 20 年的发展,虽然人们根据自己的理解,对绿色产品进行了多种定义,但由于对产品"绿色程度"的描述和量化特征还不够明确,因此还没有公认的权威定义。

但基本内容均表达为:绿色产品应有利于保护生态环境,不产生环境污染或使污染最小化,同时有利于节约资源和能源,并且以上特征要始终贯穿于产品生命周期全过程的各个环节中。

绿色产品的丰富内涵在环境保护方面主要体现在以下几个方面:

①环境友好性。绿色产品生产企业在生产过程中选择的原料、采用的生产工艺均应是对环境影响小的,绿色产品在使用过程中不产生或者很少产生环境污染,不对其使用者造成危害,报废后在回收处理过程中很少产生废物。

②能源的最大节约度。绿色产品在其生命周期的各个环节所消耗的能源应最少,能量使用量减少,既能节约资源,也能减少对环境的污染。因此,能源及能源的节约利用本身就是很好的环境保护手段。

③材料资源的最大限度利用。生产绿色产品应尽量减少材料的使用量和种类,特别是减少使用稀有、昂贵或者有毒有害的材料。这就要求从产品设计开始,就要考虑在满足产品基本功能的前提下,尽量简化产品结构,合理选用材料。

4.2.2　绿色产品的类型

授予环境标志的产品的类别是任何人都可以申请的,由主管机构审查确定。分类的原则是考虑同类产品应具有相似的使用目的、相当的使用功能,并且相互间能有直接竞争的关系。正确的产品分类对实施标志计划至关重要,这不但要有充分的科学依据,还要兼顾消费者的利益。迈好第一步的关键在于从庞大的产品体系中选出优先考虑授予标志的产品类别。一般来说,这些优先类别应该是对环境危害较大、确定标准比较复杂、消费者感到重要、工业界乐于支持、市场容量大的那些产品。授予标志的产品类别名单需要定期审查,不断补充和修改。

1. 按产品的生命周期环节特征划分

按产品的生命周期环节特征划分,绿色产品包括以下几种类型:

(1)回收利用型

如经过翻新的轮胎、再生纸等。

(2)低毒低危害物质型

如低污染油漆和涂料、不含汞的锂电池等。

(3)低排放型

如低排放雾化油燃烧炉,低排放、少污染印刷机等。

（4）低噪音型

如低噪声摩托车、低噪音汽车等。

（5）节水型

如节水型冲槽、节水型清洗机等。

（6）节能型

如太阳能产品、高隔热型窗玻璃等。

（7）可生物降解型

如生物降解膜、生物降解的润滑油等。

2. 按使用类别分

按使用类别分，绿色产品可以分为食品、洗涤用品、机动车、照明、家电、服装、建筑材料、化妆品、燃料等。虽然目前绿色产品的种类众多，但产品主要集中在汽车、食品、电器等领域。

在通过产品类别后，就要根据这些产品生命周期各阶段对环境的影响，确定授予标志的标准以及这些标准所应达到的要求。确定标准的主要手段是所谓"从摇篮到坟墓"的产品生命周期分析。开展产品环境标志认证，于企业、于社会、于消费者均有利，因此，应进行环境标志认证。

不同的产品环境标志有不同的标准，在每一基本类型中又包含较多的产品类别。

（1）再生塑料和废橡胶生产的产品标准

①除去部分填料和增强材料外，混合废塑料的含量至少应在 85% 以上。

②符合操作规程和安全规程。

③最终产品必须对环境无害。

（2）低污染油漆和其他涂料的产品标准

①标志产品不得含有任何列入"危险品条例"中的物质，若确实含有此类物质，则该物质的含量不得高于"危险品条例"中所规定的极限浓度的 50%。

②染料必须符合以下几点：

a. 不含任何杀虫剂，可含杀菌剂或杀菌剂的配制品（稀释物），如胶片防腐剂，但所用防腐剂只允许是最小量；

b. 每公斤染料中游离甲醛的含量不得超过 10mg。

c. 用于染色的色素中不含铅、镉、铬，其他有毒金属和它们的化合物。

d. 染料中挥发性有机化合物含量应限制在防腐剂用量的最小量。如在水溶性染料中其总重量不超过 10%，在非水溶性染料中不超过 15%。

e. 在烫发剂中不得含染料。

f. 染料应合乎规范化操作要求。

g. 容器上应显著注明："注意，当使用含低害物质的染料时亦应遵循常规的防护措施"。

（3）低排放雾化油燃烧炉的标准

对耗油量 30kg/h（360 kW）的燃油（轻油）燃烧炉，合乎标准的产品必须符合以下几点：

①一氧化氮和二氧化氮的极限排放量不得超过 150mg/（kW·h）；

②一氧化碳的极限排放量不得超过 19mg/（kW·h）；

③有机物的极限排放量不得超过 19mg/（kW·h）；

④烟尘水平在 0.5 以下。

（4）低噪声建筑机械的标准

合乎标准的建筑机械包括动力压实机、发电机、输出功率 110 kW 以上的挖掘机、输出功率 85kW 以上的轮式装载机、输出功率 85kW 以上的挖泥/挖掘装载机、卡车混合型机械。其合格产品必须符合以下几点：

①不得改造，以免噪声加重；

②在噪声级 85dB 以下的地方使用。

（5）节水型冲洗槽的标准

①配有一个用水量少或间歇式的清洗设备；

②在产品上简单说明其节水装置；

③其最大清洗水用量在 9L 以下，对间歇式清洗装置而言其最小清洗水用量不少于 6L；

④配一个调整装置，使其冲洗水量能在 6～9L 范围内调整，以适应不同型号的抽水马桶。

（6）太阳能产品和机械表的标准

①不需电池和蓄电器提供能量，不允许使用电池或蓄电器；

②在最小光通量下保证其功能；

③不含镉；

④在蓄电电容器内不含任何含氯有机化合物。

（7）以土壤营养物和调节剂制成的混合肥料的标准

①不会引起兽疫的肥料；

②不含城市污泥和街道垃圾；

③合乎天然有机物含量要求；

④不会使植物叶子变黄；

⑤在包装上注明 pH 值、要求的施用量、有机碳、水、泥土、氮磷钾的质量百分比；

⑥检测重金属和"六六六"含量；

⑦下列组分的含量不得过量（mg/kg 干肥）：

镉 1，镍 50，锌 300，铅 100，铬 100，汞 1，铜 75；

⑧肥料成分中含"六六六"，以体积计，少于 10% 的辅料可用作发酵原料。

(8)用于公共交通上的有益环境的车票的标准

①在一确定的期间内,为无数行车提供服务;

②完全可以交换;

③不会在数小时内报废(亦即时、数天、数周或数年内发行);

④在广告中特别吸引那些长期持月票的乘客;

⑤在计价、确定行程和交换方面明显优于别的票据。

4.2.3　生产绿色产品的意义

自 20 世纪 70 年代以来,工业化的高度发展带来的环境污染问题,不仅影响生态环境的质量,而且直接危及人类的生存和健康。加强环境保护、改善人类的生存环境、实现人类的可持续发展,已成为人们的共同要求。绿色产品的发展,对实现环境的可持续发展有重要的意义。

1. 发展绿色产品有利于经济的发展

随着人们环境意识的不断提高,绿色产品逐渐被人们所接受,并将成为社会消费的主流。通过消费者的选择和市场竞争,引导企业自觉调整产业结构,生产环境友好产品,形成改善环境质量的规模效应,促进经济的发展。

2. 绿色产品的发展有利于资源的可持续利用

绿色产品在选用资源时,不但考虑资源的再生能力和不同时段的配置问题,而且考虑尽可能使用可再生资源;在设计时,尽可能保证所选的资源在产品的整个生命周期中得到最大限度的利用,力求产品在整个生命周期循环中资源消耗量和浪费量最少。

3. 发展绿色产品有利于环境保护

绿色产品实行的是全过程控制,始终将节约资源、能源及保护环境的理念和方法融入产品的设计、生产和使用后的管理中,强调保护生态环境,实现最大限度地减少对环境的污染。

4.3　产品生命周期分析

产品的生命周期原是指一种产品在市场上从开始出现到最终消失的过程,包括投入期、成长期、成熟期和衰落期四个时期。产品的生命周期分析(LCA),又称产品生命周期环境影响评价,主要考虑在产品生命周期的各个阶段对环境所造成的干预和影响。最早的 LCA 可追溯到 1969 年美国可口可乐公司对饮料容器开展的分析研究。此后它即成为在产品开发过程中,继产品性能分析、技术分析、市场分析、销售能力分析和经济效益分析之后的一种新的分析。借助它可以阐明产品的整个生命周期中各个阶段对环境干预的性质和影响的大小,从而发现和确定预防污染的机会。LCA 与经济分析和社会分析结合在一起可用于产品的开发和设计、支持产品的购买、许可证的发放、环境标志的授予及生产过程的更新等一系列重要的工业决策。

　　LCA 最早起源于 20 世纪 60 年代末到 70 年代初美国开展的一系列针对包装品的分析、评价,当时称为资源与环境状况分析(resource and environment profile analysis,REPA),其标志为 1969 年美国中西部资源研究所(MRI)开展的 coco-cola 饮料包装瓶评价。此后,有关这类资源能源的分析研究虽在继续,但发展缓慢。在 20 世纪 80 年代末期,随着环境问题的日益突出,LCA 的研究逐渐活跃起来,国际环境毒理学与化学学会(SETAC)、生命周期发展促进会(SPOLD)和国际标准化组织(ISO)等同际组织开始致力于 LCA 方法的开发和标准化研究。1990 年 SETAC 首次系统给出生命周期评价的概念。1993 年 SETAC 出版《LCA 刚要:实用指南》,为 LCA 方法提供了一个基本技术框架,成为使 LCA 研究的一个里程碑。ISO 则在 1997 年发布了第一个生命周期评价的国际标准——ISO14040《环境管理——生命周期评价原则与框架》,此后先后发布了 ISO14041《生命周期评价目的与范围的确定——生命周期清单分析》、ISO14042《生命周期评价生命——周期影响评价》、ISO14043《生命周期评价——生命周期解释》等 ISO14040 系列标准。

　　从 20 世纪 90 年代中期以来,LCA 在许多工业行业中取得了很大成果,许多公司已经对它们的产品的相关环境表现进行评价。同时,LCA 结果已在一些产品开发决策制定过程中发挥很大的作用。LCA 作为一种产品环境性能分析和决策支持工具,技术已经日趋成熟,并得到较广泛的应用。不过,产品生命周期评价仍处于研究开发及使用的早期阶段,它对清洁产品的作用还需要多学科知识的支持,并通过更广泛的实践来完善。

　　生命周期评价是一种技术和方法,它是指运用系统的观点,针对产品系统,就其整个生命周期各个阶段的环境影响进行跟踪、识别、定量分析与定性评价,从而获得产品相关信息的总体情况,为产品环境性能的改进提供完整、准确的信息。国际标准化组织给 LCA 做了一个简洁的定义:生命周期评价是对一个产品系统的生命周期中的输入、输出及潜在环境影响进行的综合评价。产品的生态设计是 LCA 思想原则的具体实践,LCA 方法也为产品的生态设计提供了有力的工具。生命周期评价的基本框架有两种:

1. SETAC 概念框架

　　在 SETAC 提出的 LCA 方法论框架中,将生命周期评价的基本结构归纳为以下四个有机联系的部分:

　　(1)定义目标与确定范围

　　这是生命周期评价的第一步,它直接影响到整个评价工作程序和最终的研究结论。定义目标,就是清楚地表明进行生命周期评价的目的、原因,以及研究结果可能应用的领域。研究范围的确定应保证能满足研究目的,包括界定所研究的系统,确定系统边界,说明数据要求,指出重要假设和限制等。

（2）清单分析

指对一种产品、工艺和活动在其整个生命周期内的能源与原材料需要量,以及对环境的排放(包括废气、废水、固体废弃物及其他环境释放物)进行以数据为基础的客观量化过程。该分析评价贯穿于产品的整个生命周期,即原材料的提取、加工,产品制造、销售、使用和用后处理。

（3）影响评价

指对清单分析阶段所识别的环境影响压力进行定量或定性的表征评价,即确定产品系统的物质和能量交换对其外部环境的影响。应考虑的影响包括对生态系统、人体健康以及其他方面的影响等。

（4）改善评价

指系统地评估在产品、工艺或活动的整个生命周期内削减能源消耗、原材料使用以及环境排放的需求与机会。包括定量和定性的改进措施,例如改变产品结构,重新选择原材料,改变制造工艺和消费方式,以及废弃物管理等。

2. ISO14000 系列标准的 LCA 概念框架

在 STEAC 的生命周期方法框架基础上,ISO 于 1997 年 6 月颁布了 ISO14040《环境管理——生命周期评价原则和框架》,成为指导生命周期方法的一个国际标准。

ISO14040 将生命周期评价分为互相联系的、不断重复进行的四个步骤:目的与范围确定、清单分析、影响评价和结果解释。在此标准中,ISO 对 STEAC 框架的一个重要改进是对第四个步骤,以结果解释替代了原有的改善评价。因为 ISO 认为,改善是开展 LCA 的目的,而不是它本身的一个必须阶段,所以,将其调整为生命周期评价的解释环节,以对前面互相联系的分析评价结果与发现进行解释。这种解释是双向的,也需要不断对评价目的、系统边界等进行调整。另外,ISO14040 框架细化了 LCA 的步骤,更利于规范生命周期评价的研究与应用。

4.3.1　产品生命周期分析的结构

当今世界,环境已经成为人们在各种决策中必须考虑的一个非常重要的问题。然而每个决策都会导致不同的活动和结果,如何预计或者评估这些行为对环境造成的后果,并将它们相互比较,从而指导今后的决策,是目前面临的非常紧迫的问题。传统的产品开发以被动的方式发展,结果导致社会上大量的废弃物排放出来。而对于可持续发展来说,应努力向减少废弃物的方向发展。对于产品从原材料的开采到精炼、制造、加工、组装进而到使用和废弃的全过程,要分析物质的使用形态及其环境负荷的大小。

要想弄清楚物质对自然环境造成什么样的影响,就得搞清楚物质的开采、运输、制造、消费、再生循环利用、废弃等各个环节的特性。物质在技术和产业部门被利用的情况,可以通过对产业相关报表及工业统计报表的整理来得到,再通过向大气、土壤、水质排放出污染物的种类、数量的分析,以及对设备、产品制造及其利用时投入的能耗分析,即可算出各个环节的环境负荷。在生产产品时,从原料的投入到材料及产品的制造、流通、使用、消费、废弃以至再生循环,都必须投入能量。一方面,有用的产品可有效地发挥作用;另一方面,在各种过程中要向大气、水域排放出各种污染环境的有害物质,也会产生固态废弃物。汇总和评估一个产品(或服务)体系在其整个寿命周期间的所有投入及产出对环境造成的和潜在的影响的方法叫做生命周期分析/评价或环境平衡。

1. 产品系统

产品系统包括产品功能的满足以及为满足这些功能所要求的所有其他过程,主要的过程是产品的生产、使用和废料的处理。产品的质量是由功能单元表征的。所谓功能单元,是指为某一用户或某一过程所提供的一种服务或使用价值。从某种意义上说,产品系统提供的功能比产品本身更为重要。

2. 过程树

一个产品系统的生命周期的框图可用过程树表示。图 4-7 就是一株简单的过程树,这株树有根和枝,这些根和枝相互联系并通过一个中心点与使用功能相联结。图中的根指物料的生产过程,枝是废料的处理过程,中心点是消费过程,通常称消费过程为产品的使用。

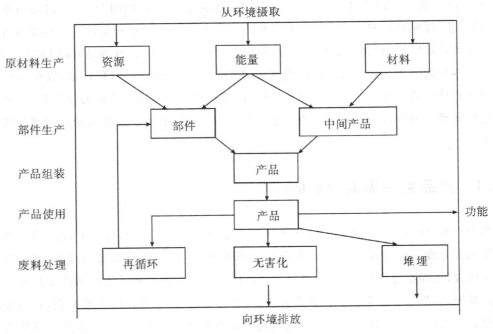

图 4-7　简单的过程树

3. 产品生命周期分析的结构

生命周期分析结构包括三个系统以及相应地包括了3个独立而又有相互联系的部分，见图4-8。产品系统在提供功能服务的同时，从环境摄取资源和能源，向环境排放废料和污染物，这被称为环境干预。清单分析就是要列出产品系统所有的环境干预。环境系统是指包含在环境中发生的所有过程，它通过"分类"（或称环境影响分析）来进行分析研究。分类是利用模型将产品系统的环境干预与环境系统的环境功能关联起来，指出产品系统对某些公认的环境效应的贡献，并利用"效应评分"使这些贡献定量化。环境系统功能的变化将会引起一系列人所不希望的消极后果，如危害人体健康，造成农业减产，破坏森林，影响景观，损害生态系统等等，这些后果都构成对人类社会的影响。

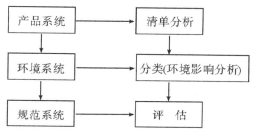

图 4-8　生命周期分析结构示意图

人类社会的法律、法规、准则、标准组成一个规范系统，环境系统的作用需要进行评估，在评估的基础上最终作出决策，或是排出不同系统的优劣次序，或是确定对产品系统应采取的完善措施，以减少该产品对环境的冲击。

4. 目标定义和范围界定

这是对产品分析和评价研究的目标和范围进行界定，是生命周期评价的第一步，它对确定产品生命周期的各个阶段的分析评价工作具有直接作用。其重要性在于它决定了为何要进行某项生命周期评价，并表述所要研究的系统和数据类型、研究目的、范围、应用意图以及涉及的研究的地域广度、时间跨度和所需数据的质量等因素。

（1）目标定义

目标定义是指要确定开展此项研究的原因、预期的应用以及服务对象。一般来讲，生命周期评价的目的是多方面的，例如，确定单一产品的环境影响；向消费者描述环境标志产品应有的性能；用于产品的设计开发；进行产品体系的全面评价和环境标志认证；有关产品的法规制定等。根据评价分析目标的不同，则可进一步确定被评价产品系统的范围与详尽程度以支持评价目的的完成。

（2）范围界定

在清单分析中，所有产品都需要作为一个系统来描述，这个系统就是产品生命周期系统。产品生命周期所有过程都落入系统的边界，边界外称为系统环境。系统边界一旦确定，也就决定了 LCA 中所要考虑的单元过程、工艺过程、系统的输入和输出等。

研究范围主要是界定所研究的产品系统、边界、数据要求、假设及限制条件等。为了保证研究的广度和深度满足预定目标,范围应该被详细定义。所有的边界、方法、数据类型和假设都应该表述清楚,主要包括地理范围(如局地、国家、区域、洲和全球等)及时间尺度(产品寿命、工艺的时间界限及影响)。

该阶段所要确定的内容包括评价目的与范围、数据的类型及收集方式、整个系统边界、评价方法等。需要确定的 LCA 评价问题包括以下方面:产品系统功能的定义、产品系统功能单元的定义、产品系统的定义、产品系统边界的定义、系统输入输出的分配方法、采用的环境性能评价方法及其相应的解释方法、数据要求、评价中使用的假设、评价中存在的局限性、原始数据的数据质量要求、采用的审核方法、评价报告的类型和格式。

(3)功能单位

在生命周期评价第一阶段,产品系统功能单位的确定是十分重要的工作内容。在确定研究范围时,需要对产品功能进行清楚地定义,由此衍生出功能单位的概念。功能单位是指在生命周期评价内作为参照单元的一个产品系统的量化的性能。一个功能单位是产品系统功能输出性能的一个度量,它提供了一个将输入和输出联系起来的参考,这个参考对于保证生命周期评价结果的可比性是必要的,功能单位决定了对产品进行比较的尺度。例如,一个乙烯生产系统的功能单位可以定义为 1t 乙烯产品;一个饮料生产系统的功能单元可以是一定量饮料所需的包装材料量等。

在清单分析过程中收集的所有数据都必须换算为功能单位。建立功能单位的主要目的在于对产品系统的输入和输出进行标准化,因而需要明确定义功能单位,而且要可测量。一旦确定了功能单位,就须确定实现相应功能所需的产品数量,此量化结果即为基准流。基准流主要用于表征系统的输入与输出。系统间的比较必须基于同样的功能,以对相同功能单位所对应的基准流的形式加以量化。

4.3.2 清单分析

1. 清单分析的数据收集和表示格式

清单分析是 LCA 的组成部分,是对产品系统进行的分析。为开展这种分析,首先要确定一种能表示过程数据的结构及贮存信息的格式,这种格式适宜用具有嵌套结构的框架来表示。

在将过程数据及信息通过一定的格式收集整理后,下一步就要归纳出该产品生命周期的环境影响以及与此相关的对环境的干预。清单分析的约束条件是物料平衡和能量平衡。

物料平衡
$$\sum_i m_{\text{in},i} = \sum_j m_{\text{out},j} \tag{4-1}$$

式中:$m_{\text{in},i}$ 为第 i 个输入的质量;$m_{\text{in},j}$ 为第 j 个输入的质量。

能量平衡 $$\sum_i E_{\text{in},i} = \sum_j E_{\text{out},j} \qquad (4\text{-}2)$$

式中：$E_{\text{in},i}$ 为第 i 个输入的能量；$E_{\text{out},j}$ 为第 j 个输入的能量。

当完成对某一产品的环境干预后，要对这一清单中的过程数据进行检验，若它们不能满足式（4-1），则说明过程数据不完全，或是因为有些数据被错误地引入了两次，或是由于不同数据的数量级差得太远。若清单不满足式（4-2），这可能存在两个原因：一是由于缺乏各种不同的输入和输出物料的内能以及化学能的数据，因此无法对系统进行全面的能量平衡的计算；二是因为对于物质的内能还没有统一的定义。

2．清单表

在清单分析中不仅要定性地给出各种环境干预，还要定量表示各种干预的程度，这就需要一张清单表。至今矩阵法被认为是用于建立清单表比较高效的方法。这一方法的主要思想是过程树所包含的所有数据都列到矩阵中去，矩阵的每一列表示某个过程，列的上部（a_1，$\cdots$，a_r）表示该过程的经济输入和输出，下部（b_1，$\cdots$，b_s）表示与环境相关的输入和输出。

$$\begin{bmatrix} a \\ b \end{bmatrix} = \begin{bmatrix} a_1 \\ \vdots \\ a_r \\ b_1 \\ \vdots \\ b_s \end{bmatrix} \qquad (4\text{-}3)$$

式中的输入用负号（－）表示，输入用正号（＋）表示。这样某一过程树中全部过程的输入和输出可用下面的矩阵表示。

$$\begin{bmatrix} A \\ B \end{bmatrix} = \begin{bmatrix} a_{11} & \cdots & a_{1r} & \cdots & a_{1q} \\ \cdots & \cdots & \cdots & \cdots & \cdots \\ a_{r1} & \cdots & a_{ri} & \cdots & a_{rq} \\ b_{11} & \cdots & b_{1r} & \cdots & b_{1q} \\ \cdots & \cdots & \cdots & \cdots & \cdots \\ b_{s1} & \cdots & b_{si} & \cdots & b_{sq} \end{bmatrix} \qquad (4\text{-}4)$$

式中：q 是过程树中过程的数目；各行代表各种单位的物流和能流。

如前所述，整个过程树向外提供使用功能，它可以用向量表示，作为核心过程的一部分。

$$\begin{bmatrix} a \\ b \end{bmatrix} = \begin{bmatrix} \alpha_1 \\ \vdots \\ \alpha_r \\ \beta_1 \\ \vdots \\ \beta_s \end{bmatrix} \qquad (4\text{-}5)$$

式中：$(\alpha_1,\cdots,\alpha_r)$代表核心过程的经济部分，而$(\beta_1,\cdots,\beta_s)$则是清单表。每个元素$\alpha_j$代表某一个使用功能，清单表$\beta$是未知的，进行清单分析的目的就是要计算这一清单表。如果每个过程的量贡献用p_i表示，则这些平衡式应有如下的表达式：

$$\sum_{i=1}^{q} \alpha_{ji} p_i = \alpha_j \tag{4-6}$$

对于经济运行部分，有：

$$\sum_{i=1}^{q} \alpha_{ji} p_i = \alpha_j \ (j=1,\cdots,r) \tag{4-7}$$

根据线性代数理论，线性方程组的系数可用克雷默准则求解

$$p_i = \frac{\det(A')}{\det(A)}, (i=1,\cdots,q) \tag{4-8}$$

下一步是计算清单表，可先由式（4-8）求得p_i，然后与过程的特征性b_{ki}相乘，再加和，就可求得β。

$$\beta = \sum_{i=1}^{q} b_{ki} p_i \ (k=1,\cdots,s) \tag{4-9}$$

4.3.3　分类与计算

1. 分类

分类是 LCA 的一个组成部分。它可定义为：针对一些公认的环境问题，将产品系统的环境干预定量化。一般说来，通过分类可将成百个不同类型的环境干预汇总成 $10\sim20$ 个"效应评分"。

影响分类就是将由清单分析得来的数据收入不同的环境影响类别。分类是根据环境机制来进行的。分类过程可识别并找出与清单中输入和输出数据相关联的环境问题。分类是一个将清单分析的结果划分到影响类型的过程。清单分析的结果，即与产品和产品系统相联系的环境交换（输入和输出）因子之间常常存在着复杂的因果关系，对生态系统和人体造成的环境影响常常难以归为某一因子的单独作用。不同环境影响类型受不同环境干扰因子（化学物品）影响。如臭氧层损耗主要受 CFC 类和其他温室气体影响；而酸雨问题主要受硫、氮的氧化物等影响。同一干扰因子可能会对不同的环境影响都有贡献。如二氧化碳同时对全球变暖和臭氧层损耗都有影响。对于环境影响最终所造成的生态环境问题又总是与环境干扰的强度及人类的关注程度有关，因此分类阶段的一个重要假设是，环境干扰因子与环境影响类型之间存在着一种线性关系。这在某种程度上是对当前科学发现的一种简化。用于分类的方法曾在 1992 年 2 月美国佛罗里达州召开的研讨会上讨论，这次讨论总结出可用于物质排放的几种方法。

①负荷分析。各种水排放物和大气排放物都无需加权而进行加和。

②等效单位分析。对各种排放物只按它们的潜在效应,不考虑环境过程和暴露方式进行加和。

③一般暴露效应分析。在对环境过程、暴露方式及潜在效应进行分析的基础上,同时考虑本底平均浓度,对各种排放物加和。

④现场暴露效应的专门分析。在对现场的环境过程、暴露方式及潜在效应进行专门分析的基础上,同时考虑现场本底浓度,对各种排放物加和。

上述几种方法都有各自的不足之处,在实际应用中,须按具体情况加以选用。

2. 分类系数的计算

物质的排放分类系数可以看做是由两个元素组成的,即暴露系数和效应系数。暴露系数指一个给定的受体对于某一个排放物可能的接受量。确定暴露系数是一个极为复杂的问题,它与许多因素有关。

①排放物的环境介质(大气、土壤)所占空间的大小;

②排放物在介质中的分散方式;

③排放物在环境介质中的衰变速度;

④人体潜在地吸收排放物的方式(直接或间接)以及每日从介质中吸取的排放物的量;

⑤与所研究的排放物接触的总人数。

实际的估算方法都是在某种假设的前提下提出的。效应系数是指某种给定的暴露在受体中引起的效应。

$$暴露量(接受量)=排放量×暴露系数$$
$$效应评分=暴露量×效应系数$$
$$效应评分=排放量×分类系数$$

每种物质的暴露系数和效应系数都可以根据模型或经验数据确定。

3. 计算

(1)非生物资源的消耗

将某种资源 i 被消耗量 m_i 与该资源可重新获得的储量 M_i 相联系,可估计非生物资源消耗 D_a。

$$D_a = \sum^i \frac{m_i}{M_i}$$

由上式可知,非生物资源消耗这一效应评分是无量纲的。耗量和储量采用何种单位可自由选择,但对同一种资源应取相同的单位。矿石一般用 kg,天然气用 m^3,化石原料看做是非生物资源。

(2)生物资源的消耗

将某种资源 i 被消耗的量 m_i 与该资源可重新获得的储量 M_i 及这些资源的年生产量 N_i 相联系,则可估计生物资源消耗 D_b。

$$D_b = \sum^i \left(\frac{N_i}{M_i} \times \frac{m_i}{M_i} \right) = \sum^i (\text{BDF}_i \times m_i)$$

式中：BDF_i 为生物消耗系数。

（3）增强温室效应

物质 i 使全球变暖的潜势 GWP_i 是指瞬时放出的温室气体吸收的热辐射对时间的积分和与其等量的 CO_2 吸收的热辐射对时间的积分之比。

$$\text{GWP}_i = \frac{\int_0^T a_i C_i(t)\,\mathrm{d}t}{\int_0^T a_{CO_2} C_{CO_2}(t)\,\mathrm{d}t} \tag{4-10}$$

式中：a_i 是温室气体 i 增加单位浓度时的热辐射吸收量；$C_i(t)$ 是气体排放后在时刻 t 的温室气体 i 的浓度；T 则是积分的年数。

GWP 是物质对温室效应潜在影响的一个度量，目前在实际应用中常以 GWP_i 来定量计算直接效应，而间接效应则加以定性说明。这样，计算温室效应简单效应评分 GE 的公式为：

$$\text{GE} = \sum^i (\text{GWP}_i \times m_i)$$

4.3.4　评估

通过分类，每个产品的生命周期对环境的影响可用 10～20 个效应评分来表示，下一步就要根据这些效应评分对某个产品的生命周期进行综合评估。这一个阶段主要是根据清单分析过程中获得的相关产品的各类数据以及影响评价中所获得的信息，系统地对产品、工艺和活动整个生命周期内的能源消耗、原材料使用以及环境排放等环境绩效进行分析评估，识别产品的薄弱环节，有目的、有重点地改进创新，为设计和生产更好的清洁产品提供依据和改进措施。同时，也可根据这些信息制定该类产品的评价标准，为以后的评价或影响提供一个可靠的基准。

评估是相对的，即对比不同产品对环境的影响，此时可能遇到这样的情况：甲产品的某几项效应评分比乙产品为好，而另几项效应评分却逊于乙产品，如何来评估两者的优劣呢？这就需要提出一种能综合反映各个效应评分的总的指数，评估的目的就在于此。

1. 评估方法

至今有两类评估的方法：定性多准则分析和定量多准则分析。

定性评估通常是由专家组成的讨论会对所提供的产品生命周期的各项效应评分进行综合评估，最后对讨论的各个产品排序，确定它们对环境的相对影响。

定量评估是通过各项效益评分加权而进行的，但至今还没有公认的加权系数表，故这一方法在实际应用中也有相当大的难度。

首先讨论评估指数的定义。环境评估指数 M 是由各效应评分 γ_i 与其加权系数 μ_i 乘积的加和而得到的。

$$M = \sum_{i=1}^{m} \mu_i \gamma_i \tag{4-11}$$

确定加权系数,可采用经济评估法和社会评估法两种方法。

经济评估法是将每个效应评分与一定的价格费用相联系,这样一个产品引起的环境经济损失等于各个效应评分与其单位效应评分价格乘积的加和。每个效应评分的单位价格可按为防止该效应发生所需的投资或为将某种排放降低到一定程度所耗费用来估算。

社会评估法是组织社会上有关各界(如科技界、工业界、环保部门等)专家对各个效应评分按社会关心程度进行排序并确定加权系数。经这种方法带有一定的任意性,但比较实用。

2. 可靠性分析

由于清单分析和环境绩效的可靠性会影响评估的最终结论,因此在评估的同时需要对产品生命周期环境分析中考虑各个因素的变化对最后结果的影响程度有清晰地了解,以确定评估结论的可靠性和适用性。事实上可以认为,与 LCA 有关的数据都带有不准确性,它们可以用误差来表示,如某参数的值是 14±3。

作为一种有效的环境管理和清洁生产工具,生命周期评价在清洁生产审核、产品生态设计、废物管理、生态工业等方面发挥着重要的作用。其作用主要表现在以下五个方面:

(1)清洁生产审核

清洁生产审核是对生产过程和服务实行预防污染的分析和评估,其审核的具体对象是生产的产品和生产过程。生命周期评价作为一种环境评价工具用于清洁生产审核,可以更全面地分析企业生产过程及其上游(原料供给方)和下游(产品及废物的接受方)产品全过程的资源消耗和环境状况,识别产品生命周期各个阶段中的环境问题,提出解决方案。

(2)产品和工艺的清洁生产技术规范制定

借助生命周期评价可以阐明产品的整个生命周期中各个阶段对环境造成影响的性质和影响的大小,从而发现和确定预防污染的机会,通过它可支持产业、政府或者科研机构制定有关如何改变产品或设计替代产品方面的环境决策,即由更清洁的工艺制造更清洁的产品。作为对产品和工艺过程进行清洁生产的系统分析,LCA 是最有效的支持技术之一。

(3)清洁产品设计和再设计

清洁产品设计,即生态设计,是 LCA 最重要的应用之一。它在产品开发和革新中,充分考虑产品整个生命周期的环境因素,真正从源头预防污染物的产生。它还可以为环境报告、环境标志等提供支持。

(4)废物回收和再循环管理

在生命周期评价基础上,给出废物处置的最佳方案,制定废物管理的政策措施。比如在包装标准制定方面,许多国家采用 LCA 研究牛奶包装、啤酒瓶和啤酒罐、PVC 包装等包装材料的环境影响,帮助制定相关政策。

（5）区域清洁生产

对于区域,特别是生态工业园的一个主要特征是:园区中各组成单元间相互利用废物作为生产原料,最终实现园区内资源利用最大化和环境污染最小化。LCA考虑的是产品生命周期全过程,即不仅考虑产品的生产过程,还考虑原材料的获取和产品（以及副产品、废物）的处置,将两者结合起来考察其资源利用和污染物排放及其环境影响,可以帮助进行生态工业园区的现状分析、园区设计和入园项目的筛选。

3. 生命周期评价的局限性

虽然生命周期评价在环境管理领域是一种很有潜力的重要工具,但是它只是风险评价、环境绩效评价、环境审核和环境影响评价等环境管理技术中的一种。很明显,生命周期评价在环境管理领域将成为一种很有潜力的重要工具。任何关于产品特性的评价将由整个过程的定量特点所决定。广泛的理解和接受是生命周期评价这一作用的必要条件。如果在数据收集、系统边界和基本原理一致的情况下,输出可被他人所重复,生命周期评价可将产品和包装之间的环境矛盾集体化,只有这时才可在作为科学技术的周期评价和作为管理和政策的周期评价之间建立联系。生命周期评价发展的关键是应将分类的客观性和精确性相结合。从方法论和实践的角度看,生命周期评价也存在某些局限性。

①生命周期评价中所做的选择和假设,如系统边界的设置影响类型的选择等,可能具有主观性。当使用基于同一数据库的标准模型时,统一地将周期评价清单转化成实际环境效应的方法是必要的。这是最需要进行研究和最容易引起争论的方面。但是若没有"价值"与"环境效应"之间的联系,生命周期评价被接受的价值是有限的。

②用于分析评价环境影响的模型简化中的局限性。另外,对于某些影响,可能无法建立适当的模型。生命周期评价所需数据库的标准化和有效性缺乏是一个严重的问题。专家们都意识到系统有效数据的必要性。在此领域,专家们一致赞同对于提供最新的、精确的和立足于尽量多的有效来源的数据库是非常重要的。数据不必包括解释,但应该对所有相关环境方面做出明确的定量化描述。平均数据应当给出范围和标准偏差。

③针对全球性或者区域性问题的生命周期研究结果可能不适合局部尺度问题应用,即局域条件可能与全球或区域的状况并不完全相同。大多数专家认为生命周期评价方法标准化是很有必要的。如果一套"模式"常规上可统一使用相同的系统边界以及可由所有模型计算的相同方法,生命周期评价的比较将大大简化。

④数据完整性和精度有限。生命周期评价需要大量的数据,这就不可避免地产生数据资料不可得的问题,因而会限制生命周期方法的使用。

⑤研究结果不确定性。这是由于许多表征参数还不可能简化到用一个指标来衡量和评判。

4.4　清洁生产与产品生态设计

产品的生态设计是 20 世纪 90 年代初出现的关于产品设计的一个新概念,又称产品的绿色设计或生命周期设计或环境设计,它是一种以环境资源为核心概念的设计过程。这是随着绿色消费运动和绿色市场的兴起,在产品设计领域中出现的新潮流。产品生态设计与清洁生产密切相关,也是清洁生产的一个很重要的组成部分。

4.4.1　产品生态设计的概念

生态设计(eco-design)是 20 世纪 90 年代初由荷兰公共机关和联合国环境规划署提出的一个环境管理领域的新概念。它融合了经济、环境、管理和生态学等多学科理论,是推行循环经济发展模式的有效途径,其绿色战略意义具体表现为能够节约资源、有效利用能源以及保护环境。

产品设计是一个将人的某种目的或需要转换为一个具体的物理形式或工具的过程。传统产品设计理论与方法是以人为中心,以满足人的需求和解决问题为出发点进行的,以产品是否顺利在市场上实现经济价值作为评价设计成败的标志。在传统的产品设计中主要考虑的是产品的基本属性,如产品功能、产品质量、寿命、市场消费需求、成本及制造技术的可行性等技术和经济属性,而没有将生态、环境、资源属性作为产品开发设计的一个重要指标。此外,传统的产品设计很少考虑后续产品使用过程中的资源和能源的消耗以及对环境的排放,更不关心产品生命周期结束后的问题。按照传统设计制造出来的产品,在其使用寿命结束后往往就变为一堆垃圾。生态设计是指将环境因素纳入产品设计之中,在产品生命周期的每一个环节都考虑其可能产生的环境负荷,并通过改进使产品的环境影响降低到最低程度。

1. 生态设计的特征

①从目的看,有利于保护自然资源,力求在设计过程中考虑环境问题,使产品对生态环境损害最小。

②从成本讲,指产品生命周期成本,既包括传统的内部成本,也包括外部成本,即环境代价。

③从效益看,既有经济效益,又有环境效益和社会效益。

2. 生态设计的新要求

生态设计需要确定各类可能的环境问题的信息,首先是现有产品的环境问题分析,其次是新设计产品的环境问题分析。这就要求掌握大量的环境方面的信息,从供货方(原材料)直至用户和产品使用后的处置。

生态设计给传统的产品设计增加了新的内容和要求,是产品设计领域的一个创新和发展。为了达到这种要求,环境意识必须根植于企业的每一个职工,将生态设计的思想贯彻到企业的产品开发上。

3.生态设计的需求

①环境的压力。生态环境日趋恶化,臭氧层破坏、全球气候变暖、酸雨、森林和沼泽地败坏、水体富营养化、烟雾、有毒和有害气体与垃圾等环境问题正困扰着人类,而这些环境问题大多数来自现代生产的产品。

②政府的压力。环境问题促使各国政府制定更为严格的环境保护法规。发达国家的环保标准更为严格,并设置了相应的绿色贸易壁垒,这就迫使生产经营者必须摒弃以牺牲环境为代价的生产方式并积极加入改善环境质量的各项活动之中。

③公众的压力。世界上环保团体越来越多,公众对环境问题日益强烈的关注使得企业必须承担保护环境的责任,改善环境绩效,这就要求企业开展生态设计,生产符合环保要求和满足环境友好消费模式的产品。

④市场的压力。下游企业和最终用户的环境需求是企业提高产品环境属性的重要动力。一些企业通过成功实行环境策略而降低成本,并树立了绿色形象。消费者环境意识的提高也促使企业生产生态产品。

4.4.2　生态设计的理念

产品生态设计,要求在产品及其生命周期全过程的设计中,充分考虑对资源和环境的影响,在考虑产品的功能、质量、开发周期和成本的同时,优化各有关设计因素,实现可拆卸性、可回收性、可维护性、可再用性等环境设计目标,使产品及其制造过程对环境的总体影响减到最小,资源利用效率最高。生态设计的实施要考虑从原材料选择、设计、生产、营销、售后服务到最终处置的全过程,是一个系统化和整体化的统一的过程。在实施生态设计策略时,应该遵守非材料化、产品共享性、功能多样化、功能最优化等基本原则。

通过生态设计产品生命周期成本评价,可以对产品的生态效益进行评估。根据产品的生态效益,可以把生态设计分为四种类型,即产品改进、产品再设计、功能创新、系统创新。产品改进就是应用污染预防与清洁生产观念来调整和改进现有产品,而总的产品技术基本维持现状。产品再设计是从污染预防和清洁生产的角度,对现有产品的结构和零部件重新设计,主要手段是增加使用无毒、无废材料,增加零部件和原材料的复用程度等。现在很多公司的生态设计就属于这种产品再设计,例如施乐公司设计可重复使用的复印机墨盒等。第三种为功能创新,与前两种类型经生态设计后保持基本功能不变有所不同,它从产品概念上进行创新,例如用电子邮件代替纸张传递信息等。第四种为系统创新,它涉及整个产品与服务的创新,要求相关的基础设施与社会观念发生变革,例如用生态农业取代传统农业等。生态设计和传统设计都是根据企业的实际情况和计划目标,通过市场调查和分析,综合运用企业的现行资源,研发符合市场需求并能给企业带来经济效益的产品的创新活动。但是生态设计强调考虑产品可能带来的环境问题,并把对环境问题的关注与传统的设计过程相结合。在这一过程中,产品发展过程的基本结构并未因考虑环境因素而发生改变,但要求设计人员在传统的设计过程中增加对产品环境影响的评估,要求新的设计能够减轻产品的环境影响。因此,需要设计人员收集各类与所设计产品有关的环境信息,从而筛选出可利用的有益信息,并把对这些信息的理解体现在新产品的设计之中。在生态设计过程中,设计人员经常会碰到应该使产品满足环境要求还是其他要求的选择困境。如在原材料的选择过程中是选择可以最大限度降低环境影响的材料,还是选择具有实用性但对环境保护作用不强、甚至有害的材料。而传统设计过程中,设计人员往往不需考虑这些问题。

4.4.3　生态设计的策略

生态设计的最高目标是可持续发展,对企业来讲,很大程度上就是实现清洁生产。在可持续发展目标的基础上,企业制定生态设计战略,从而指导生态设计管理。生态设计管理要考虑众多的内部和外部因素。外部因素包括政府政策与法规、市场需求、非政府组织标准等,如政府的环境保护法、市场上的绿色需求度、ISO14000 等等。而在公司内部,为了有效实施生态设计,要考虑战略、业绩标准、相关者利益、并行设计、可用资源、团队协作等因素。

生态设计包括需求分析、具体要求分析、设计类型选择、设计过程实施与获得设计成果、实现设计五个阶段。生命周期评价和生态设计管理始终贯彻于生态设计全过程,并且生态设计是一个根据需求和评价结果不断改进的动态过程。

生态设计是以节约资源和环境保护为宗旨的设计理念和方法,因此要求产品的设计人员首先应具备很强的环境意识。在绿色产品设计的时候应遵循以下生态设计原则:

1. 选择环境影响小的材料

环境影响小的材料包括:

①清洁的材料。在生产、使用和最终处置过程中,选择产生有害废物少的材料。

②可更新的材料。指可以通过地球本身的新陈代谢而得到更新的材料,尽可能少用或不用诸如化石燃料、铜等来自矿藏的原料。

③耗能较低的材料。

④再循环的材料。指在产品使用过后可以被再次使用的材料。

2. 营销系统的优化

这一战略追求的是确保产品以更有效的方式从工厂输送到零售商和用户手中,这往往与包装、运输、后勤系统有关。具体措施有：采用更少的、更清洁的和可再使用的包装，以减少包装废物的生成，节约包装材料的使用和减轻运输的压力。采用能源消耗少、环境污染小的运输模式。采用可以更有效利用能源的后勤系统，包括要求采购部尽可能在本地寻找供应商，以免长途运输的环境影响；提高营销渠道的效率，尽可能同时大量出货，采用标准运输包装，提高运输效率。

3. 延长产品生命周期

产品生命周期的延长是概念设计策略中最重要的一个内容，因为通过产品生命周期的延长，可以使用户推迟购买新产品，避免产品过早地进入处置阶段，提高产品的利用效率，延缓资源枯竭的速度。

4. 减少材料的使用量

产品设计尽可能减少原材料的使用量，节约资源，并减少运输和储备的空间，减轻由于运输而带来的环境压力。如产品的折叠设计可以减少对包装物的使用及减少用于运输和储藏的空间。

5. 生产技术的最优化

生态设计要求生产技术的实施尽可能减少对环境的影响，包括减少辅助材料的使用和能源的消费，通过清洁生产的实施，改进生产过程，不仅实现公司内部生产技术的最优化，还应要求供应商一同参与，共同改善整个供应链的环境绩效。

6. 产品处置系统的优化

产品在被用户消费使用后，就会进入处置阶段。产品处置系统的优化策略指的是再利用有价值的产品元部件和保证正确的废物处理。这要求在设计阶段就考虑使用环境影响小的原材料，以减少有害废物的排放，并设计适当的处置系统，以实现安全焚烧和掩埋处理。

生命周期评价贯穿于整个设计过程，如有可能，可以使用辅助生命周期评价软件等辅助设计手段。基于生命周期的生态设计过程，就是紧紧抓住生态设计的本质，致力于产品生命周期内部与外部成本的最小化，使企业实现清洁生产，从而走向可持续发展道路。

4.4.4 产品生态设计的实例

1. 丹麦卡伦堡生态工业园区

卡伦堡位于丹麦西兰岛西北部，哥本哈根以西大约 100km。目前卡伦堡生态工业园区是一个由 6 家加工企业、1 家废物处理公司和卡伦堡市政形成的生态产业系统，该生态工业园区是从 20 世纪 70 年代初逐步形成的。当初，卡伦堡市的几个重要企业试图在减少费用、废料管理和更有效地使用淡水等方面寻求革新，它们之间建立了紧密、相互协作的关系。80年代以来，以发电厂、炼油厂、生物制药厂和石膏板生产厂 4 个企业为核心，以及该地区的农场、大棚养殖、养鱼场、居民区及该地区以外的水泥厂和硫酸厂等成员之间通过谈判签订互利的经济合同,实行废物、废热有偿提供和交换,将它们作为自身生产的原料或部分替代原材料,实现了物质的部分循环和能源的逐级利用。当地主管发展的部门意识到这些企业自发地创造了一种新的体系,给予了积极地支持,将其称为"生态产业系统",这是目前国际上最成功的生态工业园区之一。图 4-9 是卡伦堡生态工业园区的产业系统示意图。

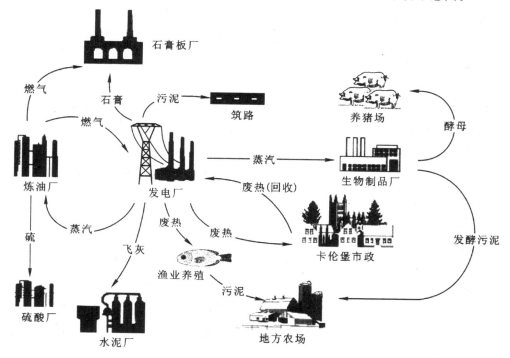

图 4-9　卡伦堡生态工业园区产业系统

（1）蒸汽与热能

发电厂向炼油厂和制药厂供发电过程中产生的蒸汽和热,炼油厂由此获得生产所需要的 40% 的蒸汽,制药厂获得所需的全部蒸汽,关闭了所有低效率的锅炉。发电厂还通过地下管道向卡伦堡居民供应废热,使镇上 3500 座燃烧油渣的炉子不再使用,减少了大量烟尘排放。此外,发电厂的部分余热还供养鱼场用于温水养鱼,该养鱼场年产 200t 鲑鱼。炼油厂和发电厂的其他低品余热进行温室养花。

（2）炼厂气

炼油厂的炼厂气首先在其内部得到综合利用。发电厂利用过剩的炼厂气替代部分煤和油,每年仅发电厂使用炼油厂的排放燃气就节煤 3×10^4 t,约占其燃煤量的 29%,节油 19×10^4 t。炼油厂还通过管道向石膏板厂供应产生的炼厂气,用于石膏板的干燥,虽然现在石膏厂使用天然气,但还是把炼厂气作为备用系统。

（3）石膏

发电厂建有脱硫装置。燃烧气体中的硫与石灰产生反应,生成副产品石膏（硫酸钙）。

每年 $20 \times 10^4 t$ 的副产品工业石膏全部出售给邻近的石膏板厂。同时,卡伦堡市政回收站回收的石膏也卖给石膏板厂,减少了石膏板厂的天然石膏用量,也减少卡伦堡的固体废物填埋量。

(4)硫

炼油厂建有一座车间,进行烟气吸硫生产稀硫酸,再用罐车运到 50km 外的一家硫酸厂生产硫酸;脱硫气供给发电厂燃烧。发电厂的脱硫设备用于降低炼油气中的硫含量,以大幅度减少二氧化硫的排放。这个过程的副产品是硫代硫酸铵。这种副产品被用于生产约 $2 \times 10^4 t$ 液体化肥,相当于丹麦所需化肥的年输消耗量。

(5)水

卡伦堡生态工业园区的企业进行了水资源的循环使用,特别是 Tisso 湖、发电厂与炼油厂在供水和用水上形成了密切的联系。卡伦堡地区水资源短缺,淡水来自于 Tisso 湖和卡伦堡市政供水系统。发电厂建有一个 $25 \times 10^4 m^2$ 的回用水堰,回用自身的废水,同时收集地表水,减少了 60% 的用水量。炼油厂的废水经过生物净化处理,通过管道年输送给发电厂 $70 \times 10^4 m^3$ 的冷却水,作为锅炉的补充水和洁净水。由于进行了水的循环使用,整个工业园区每年减少 25% 的需水量。

(6)生物质

制药厂的原料是土豆粉和玉米淀粉等农产品,土豆粉、玉米淀粉发酵产生 $15 \times 10^4 m^3$ 固体生物质和 $9 \times 10^4 t$ 液体生物质,这些生物质含有氟、磷和钙。过去对它们的处理方式是连同废水一起混合排入大海,现在是将它们杀菌消毒后经过管道运输或罐装运送到西兰岛,被约 600 户农民用作肥料,从而减少商品肥料用量。此外,制药厂胰岛素生产过程中残余的酵母被用来喂猪,每年有 80 万头猪使用这种产品喂养。

(7)污泥

污泥主要来自卡伦堡城市水处理厂,这些污泥被土壤修复公司用来做生物恢复过程的养料。此外,养鱼场的淤泥作为肥料出售给当地的农场。

(8)飞灰和粉煤灰

发电厂每年产生 $3 \times 10^4 t$ 粉煤灰,出售后用于造路和生产水泥。另外发电厂每年产生 $7 \times 10^4 t$ 的飞灰经除尘处理后,大部分用于生产水泥,也有一部分用来筑路。

园区内有一支十分精干的管理队伍,在 4 个厂及园区以外的厂之间进行协调、组织、结算、监督工作,还对新的废物利用项目予以资金和技术的支持,使物流、能流和信息流优化配量,使循环生产有序进行。对于每个参与者来说,都是由于交易成本低的利益驱动使他们走到了一起。制药厂之所以选择用发电厂的蒸汽而不自己生产,是因为用后者的蒸汽更省钱。同样的,石膏板厂用发电厂脱硫产生的石膏也是为了节省资金,原来该厂要从西班牙进口石膏原矿,现在用电厂脱硫产生的石膏,节省了运输费用,从而使产品的成本明显降低。该园区以发电厂、炼油厂、制药厂和石膏板厂四个厂为核心,通过贸易的方式把其他企业的废弃物或副产品作为本企业的生产原料,建立工业共生关系,最终实现园区的污染"零排放"。

2. 山东滨州黄河纸业集团有限公司

山东滨州黄河纸业集团有限公司是一个综合性国有大型纸浆造纸企业,它集制浆、造纸、包装、汽运于一体。该企业建于 1965 年,目前占地 $38.5 \times 10^4 m^2$,现有职工 2600 人,拥有固定资产 2.5 亿元,是山东造纸包装行业的重点骨干企业、滨州经济支柱企业之一。

该企业采用蒽醌-烧碱法生产工艺,以麦草为主要的原料生产漂白麦草浆,加配 20% 的长纤维硫酸盐漂白木浆,生产多用途的文化用纸。主要的生产设备有:漂白草浆生产线 3 条,再生纸处理生产线 2 条,文化纸机 6 台,板纸机 2 台,涂布纸机 3 台,瓦楞纸箱生产线 1 条。年制浆能力 $3.4 \times 10^4 t$,年产 8 大类 19 个品种的机制纸及纸板 $5.5 \times 10^4 t$ 和纸箱 $800 \times 10^4 m^2$,其中生产的双胶纸、邮封纸、有光纸等为部优、省优产品。

未实施清洁生产之前,大量制浆造纸工业废水未经有效处理直接排放,年排放污水 $500 \times 10^4 t$,其 COD 浓度几乎达到了 6000 mg/L。宝贵的资源和能源没有得到充分的利用,而是以废物的形式流向环境,并对滨州市区和下游流域造成了严重的污染。日趋突出的环境污染问题,使企业的发展受到了制约。为了增产不增污,增产还要减污,最大限度地削减污染负荷,以最小的投入、最大的产出来提高企业在市场经济中的竞争力,企业必须走清洁生产的道路,在发展生产取得经济效益的同时保护好环境,使生产和经济能够可持续地发展。

1995 年 8 月,山东滨州黄河纸业集团有限公司组建了清洁生产审计领导小组和清洁生产审计工作小组。领导小组由各个分厂的厂长和总工组成,总厂厂长任组长。领导小组的职责是负责组织协调和决策,全面负责清洁生产的审计工作。工作小组由各部、处的领导和专业人员组成,总工程师任组长。工作小组负责具体的清洁生产实施的组织工作。这些工作包括宣传动员,现场采样测试,分析化验,物料统计,物料衡算,水、汽的统计计算,方案可行性分析,编写报告等。

山东滨州黄河纸业集团有限公司在清洁生产的实施过程中贯彻边审边改的方针,及时实施无/低费方案,采取了以下措施:

①严格工艺规程,进行职工岗位培训,每年举办三期技术学习班,提高员工的素质。

②减少"跑冒滴漏";减少原料损失;控制车间冲洗用水量;洗浆采用逆流洗涤,即稀黑液洗涤浓黑液浆,稀漂白水洗涤浓漂白浆;回用部分造纸稀白水用于化碱;适当提高碱液、漂液及浆的浓度,尽量减少工艺用水,减少废物的产生。吨浆节水 18t。

③设备定期维修保养,加强管理,形成制度。按设备性能分类,组织人员定期维修保养,修旧利废,提高设备完好率和使用率。

④正确使用蒸煮助剂蒽醌,改变过去成袋集中投入蒸球内的方式,改为分散均匀地投入,使蒽醌能够和麦草充分接触,增加反应效果,吨浆的蒽醌用量减少 0.1kg。

⑤以前化碱使用清水加热,吨浆消耗蒸汽 650~700kg;现采用回收喷放余热加热稀白水化碱,吨浆节约蒸汽 600kg。

⑥ 强化麦草收购管理,制定麦草质量收购标准,改磅秤计量为磅秤与量方换算相结合的计量方法,杜绝了原料中掺土加水的现象。麦草的质量提高了,吨浆耗草量下降了 120kg。

⑦ 回收利用冷凝水。将抄纸机的烘缸排出的冷凝水收集起来,供生产办公楼和总厂办公楼冬季取暖,每年可节约蒸汽 8800t;另外每天有 200t 返回锅炉工段,作为软化水供锅炉生产蒸汽。

实施这些无/低费的清洁生产措施,全部投资没有超过 20 万元,每年的运行费用也只有 5 万元。在清洁生产备选方案的实施过程中,特别是无/低费方案,无须太多的资金投入,不但实施起来方便快捷,而且效果十分明显。该企业通过无/低费方案的实施,每年减少 COD 的排放 364.14t;减少废水的排放 59.71×10^4t;吨浆的单耗下降,每吨浆降低成本 107.8 元。无/低费方案的实施降低了产品的成本,使得企业每年获得 350 多万元的收益。节约原料的费用最多 140 多万元,占节约总额的 40% 以上。

制浆造纸行业的污染负荷 80% 以上来自制浆黑液。根据国内外纸浆造纸行业防止污染的经验,要有效治理制浆的污染,必须上碱回收车间。尽管碱回收工程一次性投资比较大,但是技术可行,治理污染有效,经济上合理。因此,该企业在清洁生产审计中,将碱回收项目及配套设施列为高费方案。通过碱回收车间的运转,全厂 COD 的污染负荷可以下降 75%,以年产 3.4×10^4t 浆计,每年减少 COD 排放量 24276t。由于麦草浆黑液的特点不同于木浆黑液,半纤维素降解物含量多,木质素含量低,黑液固形物发热值低且含硅最高,黑液黏度大,流动性差,因此设计单位充分考虑了草浆黑液的特点,设计了适合草浆黑液的碱回收系统。碱回收可以在治理制浆黑液污染的同时回收蒸煮用碱。制浆黑液通过碱回收烧去黑液中的木质素和其他的有机物,回收热能生产蒸汽,供自身使用,回收的无机物碳酸钠经过石灰苛化,生成蒸煮用碱,达到节能、降耗、减污的目的。常规的碱回收车间包括蒸发工段、燃烧工段、苛化工段。提取工段应该在制浆车间,为了保证黑液提取率和洗浆质量,这里将提取工段作为碱回收车间的一部分。黑液提取工段采用适合麦草浆过滤性能的鼓式真空洗浆机,逆流洗涤提取麦草浆黑液。这种洗浆设备与平带式洗浆机相比,单机日处理黑浆量大,黑液提取率高,黑液浓度高;由于浆料得到挤压扩散,洗净度高,吨浆耗水量、耗电量低;其鼓面是不锈钢材料制作,可抗黑液腐蚀。

由蒸煮工段喷放锅送来的浆料,经混合箱进入四台串联的真空洗浆机组,洗后浆料用螺旋输送机送到高深度浆塔,经稀释后泵送筛选工段。最后一段真空洗浆机用清洁热水洗涤,各台滤液用于串联逆流洗涤,第一段提取的黑液过滤后送蒸发工段稀黑液槽。这样既可提高黑液的提取率及稀黑液浓度,又可节省洗浆用水。吨浆可节约用水 30t。蒸发工段采用板式和管式蒸发器相结合的五效蒸发站,管式蒸发器供 10%～23% 稀黑液至半浓黑液的蒸发,板式蒸发器供 23%～45% 半浓黑液至浓黑液的蒸发。这种蒸发站的组合方式克服了草浆黑液在管式蒸发器中随黑液浓度提高,黏度增大而不能成膜蒸发,易在管内结垢,降低传热效率,而使蒸发终浓难于达到 45% 等问题。再者,这种设备的投资大大低于全板式蒸发器组成的蒸发站。根据麦草浆黑液黏度高、入炉黑液浓度低、黑液固形物发热值低等特点,燃烧工段选用蒸气压为 1.27MPa 的碱回收炉,日处理黑液固形物量能力为 130t。蒸发工段送来的黑液经圆盘蒸发器用烟气直接蒸发后,在混合槽中与碱炉和静电除尘器的碱灰混合,经黑液直接加热后送碱炉燃烧。熔融物在溶解槽中加温水或稀白液得到绿液送苛化工段。省煤器出口烟气经圆盘蒸发器,静电除尘后用引风机引入烟囱排出。燃烧工段送来的绿液,经澄清后送石灰消化提渣机,消化乳液经三台苛化器连续苛化。苛化液自流到白液澄清器,澄清后的白液送到蒸煮工段配碱系统。白泥与绿液至辅助苛化器与真空洗渣机送来的滤液再苛化后,送白泥洗涤器。澄清后稀白液送至燃烧工段溶解槽或配碱。抽出的白泥与绿泥经真空洗渣机洗涤浓缩,干度达 50% 左右送至厂外处置、处理或综合利用。

通过上述介绍我们可以得到以下结论:

①在实施清洁生产工程中,无/低费方案的实施率一般都很高。方案的内容主要是加强企业各个方面的管理,强化管理措施,将一些管理制度细化,以降低生产成本、减少污染物的排放为目的。清洁生产审计中提出的无/低费方案实施起来简单易行,投资不大或者零投资,而且具有一定的经济效益。因此,这些方案一般都能实施。实施这类方案需要的是持之以恒。

②清洁生产审计对企业实施清洁生产来讲是十分必要的。它对工艺过程进行物料平衡,找出物料流失的原因,提高原料、能源的利用率,减少污染物的产生,起着关键性的作用。需要指出的是,清洁生产审计不能走形式,审计提出的备选方案应该一项项地落实、实施;对于没有实施的方案究其原因,对于实施的方案分析研究是否达到预期效果,进行后评估。不断地提出新的备选方案,不断地总结经验,吸取教训,将推行企业实施清洁生产落在实处。

③制浆造纸行业的污染负荷 80% 以上来自制浆黑液。根据国内外制浆造纸行业防污染的经验,要有效地治理制浆的污染,上碱回收车间是最好的选择之一。尽管碱回收工程一次性投资大,但技术可行,治理污染有效,经济上也合理。

3. 合成氨工业清洁生产与节能降耗

氨是最为重要的基础化工产品之一,其产量居各种化工产品的首位。同时,合成氨工业也是能源消耗的大户,世界上大约 10% 的能源用于生产合成氨,未来合成氨技术进展的主要趋势是大型化,低能耗,结构调整,清洁生产,长周期运行。

合成氨生产根据原料不同有四种路线:即以煤、渣油、天然气、石脑油为原料的生产工艺,其中以煤为原料的生产工艺是合成氨生产的主要工艺。在中国,目前大型生产合成的装置是由以石油为原料转向以煤为原料。目前,国内外煤气化技术已相当成熟,最具代表性的是 Texaco 水煤浆气化和 Shell 干粉煤气化技术。

Texaco 水煤浆气化技术在国内已有多家企业采用,还有一些企业正在投资建设。该工艺经过多年的运行,已经非常成熟,无论是技术上还是设备上国内都作了很多的研究。但该技术也存在着一些缺点：①耐火砖价格高,使用寿命短,向火面砖必须每年更换 1 次;②烧嘴使用寿命短,必须每 2 个月检查更换 1 次;③耗氧量高,有效气含量仅 80% 左右,且对煤种有一定的要求;④灰和渣的含碳量较高,处理比较困难。

与 Texaco 水煤浆气化技术相比,Shell 公司研究开发的干粉煤气化技术有以下特点:①采用膜式水冷却取代耐火砖,延长使用寿命;②烧嘴使用寿命一般在 1 年左右;③煤气中有效气含量 90%,碳转化率大于 99%;④气化温度高,渣和灰含碳量低,易处理,环境污染小;⑤对煤种无特殊要求。Shell 煤气化流程为:来自煤场的煤和石灰石称重后通过给料机按一定比例混合后进入磨煤机混磨,并出热风作为动力带走煤中的水分,再经过袋式过滤器过滤,干燥的煤粉进入煤粉仓中贮存。出煤粉仓的煤粉通过锁斗装置,由氮气加压 4.2MPa 并以氮气作为动力送至烧嘴,与蒸汽、氧气一起进入气化炉内燃烧,反应温度约为 1500～1700℃,压强 35MPa。

出气化炉的气体先在气化炉顶部被激冷风缩机送来的冷煤气激冷至 900℃,然后经输气管换热器、合成气冷却器回收热量后温度降至 350℃,再进入高温高压陶瓷过滤器除去合成气中 99% 的飞灰。出高温高压过滤器的气体分为 2 股:一股进入激冲气压缩机压缩作为激冷气;另一股进入文丘里洗涤器和洗涤塔,经高压水洗工艺除去其中剩余的灰分,并将温度降至 150℃ 后,再进入气体净化装置。

合成氨厂原料气的净化包括脱除硫化物、一氧化碳变换、脱除二氧化碳等。通常脱除硫化物和脱除二氧化碳同时进行,称为酸化物质的脱除。原料气的净化通常用氨水吸收法和改良 ADA 法,它们存在着不同程度的缺点:氨水吸收法的氨损失较大,溶液的硫容量较低,电耗较高;改良 ADA 法常用于常压脱硫,加压条件下脱硫效果差,溶液易引起微生物生长,造成能耗大、溶液起泡、堵塞等缺点。

下面介绍几种湿法脱硫技术。

（1）栲胶法

其原理是以碱性溶液作为硫化氢气体的吸收剂,加入含有丹宁的栲胶（载氧体）、偏矾酸钠作为氧化剂进行脱硫。栲胶价廉,且本身还是良好的钒络合剂,不需添加酒石酸钾钠等络合剂。栲胶是聚酚类物质,可代替 ADA 做氧化载体。此法的吸收效果与 ADA 相近。该技术脱硫效率高,操作简便,无毒,原料来源丰富且消耗较低,硫黄不会沉淀于填料表面,不易发生堵塔现象。此法适合于中、小型企业,是目前较有前途的脱硫方法。

（2）MSQ 法

MSQ 法采用纯碱或氨水做吸收剂,以硫酸锰、水杨酸、对苯二酚和偏钒酸钠为混合催化剂。实质上,本法主要系偏钒酸钠与对苯二酚催化性能良好的结合。本法与改良 ADA 法相比,具有所用原料成本低、硫黄颗粒不易团聚和不易堵塔的优点;与对苯二酚法相比,则具有脱硫效率高、硫黄颗粒大的优点。因此,本法目前在中、小型氨厂中推广使用。

（3）螯合铁法

螯合铁法是采用 Fe^{3+}/Fe^{2+} 为氧化催化剂，完成 HS^- 的析硫过程。由于铁离子在碱性脱硫溶液中不稳定，极易生成沉淀从溶液中析出，为此，必须添加螯合剂以使铁离子稳定存在于液相。最先采用的螯合剂为 EDTA，它存在易于降解的严重缺点，后发现添加聚羟基蔗糖能够抑制 EDTA 降解。所谓 LO-CAT 氧化法脱硫即是根据这一原理构成的脱硫方法。

（4）FD 法

FD 法具有脱硫液价格低廉、硫回收率高、生产稳定可靠的优点。除氧化铁的干法脱硫除湿法脱硫外，干法脱硫作为精脱也常用于生产过程中。干法脱硫常用氧化锌、氧化铁和活性炭作为吸附剂，其中氧化铁系列脱硫剂已在工业上大规模用于煤气脱硫。如河北科技大学研究开发的 SW 型高效脱硫剂，该产品适用于各种煤气、沼气中硫化氢的脱除，具有活性高、阻力小、气流均匀、再生方便、抗潮解、强度高等优点，广泛地应用于化肥厂及城市煤气的净化。

在对工艺进行节能改造之前，我们需弄清楚能耗的分布，即弄清主要的耗能工段，做到有的放矢。通常合成与冷冻工段为主要耗能工段。合成与冷冻工段的有效能损耗为全装置的 15% 左右，流体流动、压缩、传热、冷冻、化学反应等方面的有效能损耗相当。降低这些能耗的关键在于催化剂，如能找到一种低温高活性的催化剂，则操作压力就可以降低，压缩功和循环功也可降低，当然氨分离就不能采用冷冻法了。氨合成反应是放热反应，合理回收能量是降耗的一个方面，适当增大一些反应设备和通气截面，就可降低传热、流动和化学反应的不可逆损耗。必须指出，减少弛放气、降低新鲜气的单耗是降耗的重要方面，虽然弛放气仍能做燃料使用，但氢气和原料的使用价值不一样。通过对全装置的能耗进行计算分析后，可以看出，从供到用热能损失 45%，有效能损失了 53%，而所有的动力蒸汽最后大部分以冷却水的形式损失掉。从以上数据可看以，全装置的能耗绝大部分是通过蒸汽动力系统消耗掉的。如何利用废热充分回收获汽和如何降低蒸汽的使用是合成氨装置节能的方向。

近年来，我国大型合成氨装置采用国际和国内的先进工艺、设备和控制技术，进行了大量技术改造。合成氨工艺的成本中能源费用占较大比例，合成氨生产的技术改进重点放在采用低能耗工艺、充分回收及合理利用能量上。合成氨生产的节能途径主要有以下几方面：

①开发新的原料气净化方法。"双甲"工艺可使合成氨原料气中一氧化碳和二氧化碳体积分数降至 $(5\sim10)\times10^{-6}$。"双甲"工艺除具有精制气体的功能外，还利用变换后的一氧化碳、脱碳后的二氧化碳产精甲醇，为化肥企业产品多样化提供了一条新路。"双甲"工艺已在数家氮肥企业得到成功应用，具有投资少、见效快、节能降耗明显的优点，是一项值得推广的技术。

②变换。采用低水碳比、高活性的催化剂，提高一氧化碳变换率，降低蒸汽消耗；降低变换阻力，如将高低变换炉由轴向床改为轴径向床。

③降低氨合成压力。优化氨合成系统压力，实现低压合成，大幅度降低产品电耗；推广

计算机集散控制系统,实现装置的安全稳产。

④弛放气回收。可采用深冷分离或膜分离技术,现多采用后者,效果很好。

⑤机泵。采用"三元流"设计的新型高效节能型转子、先进的防喘振控制系统和调速系统、大机组状态监测和故障诊断技术。一些效率较低的小型汽轮机改用电机驱动,有利于提高机组效率和装置运行可靠性。

⑥其他。工艺冷凝液回收,可采用中压蒸汽气提法或天然气饱和法;改进保温件结构及施工方法,减少过程热损失,提高热效率,如采用陶瓷纤维毡隔热取代传统的耐火砖等。

⑦渣油型装置。气化炉采用新型烧嘴,如 Shell 煤气化装置的多通道同心圆烧嘴,可将气化炉出口的有效气体成分提高 4%,使氨渣油消耗降低近 40kg/t。空分装置采用全低压分子筛流程,提高氧气收率。液氮洗装置可采用 Shell 冷箱液体泵回收 CO 技术,或采用林德公司设计的高压膨胀闪蒸回收技术,都可进一步降低油耗。变换过程采用宽温耐硫催化剂,提高 CO 转换率。

4. 东北制药总厂

(1)企业概况

东北制药总厂是中国生产化学合成兼生物发酵原料药及制剂产品的大型骨干企业,建于 1946 年,主要生产维生素类、激素类、磺胺类、抗生素类多种原料药,以及医药中间体和制剂产品,共 70 多种,固定资产原值 6.46 亿元,工业总产值 10 多亿元,出口创汇 4000 多万美元。维生素 C 是企业的主要产品,年产 10000t 维生素 C 的技术改造项目曾被列为国家级技术改造项目,投资 5.6 亿元,于 1995 年 9 月建成并一次投产试车成功。维生素 C 产品的各项质量指标在国内居于领先水平,在国内、国际市场具有一定的竞争实力,但该项目同时也带来严重的环境问题。

该企业 1996 年被确定为首批清洁生产试点。为了控制污染物的产生,降低末端治理的费用,减少污染物,提高企业的环境效益和经济效益,东北制药总厂决定以维生素 C 产品生产作为清洁生产示范在全厂实行清洁生产。

(2)企业实施清洁生产的情况

1)企业的污染现状

①污染物产生原因。该企业污染物的产生是由产品特点以及生产流程决定的,产生污染物的主要原因包括以下几个方面:

生产过程中,有机溶媒一部分生产产品,一部分回收再利用,一部分流失在环境中(空气、水);染菌、产品质量不合格返工,增加物耗和排污量;产品中间体回收利用不完全,收率低,随水、气带走;工艺参数配比未达到最佳值,造成消耗高;回收循环利用深度不够;环保处理设施运行不稳定,污染物排放超标。

②环境污染状况。该企业的污染物主要以制药有机废水为主,主要污染因子为 COD、-NO$_2$(硝基)。全年总用水量 6353×10^4t,新鲜水用量 1080×10^4t,重复利用率 83%,年排

废水 $700×10^4$ t、COD 排放量 3000t 左右。

该企业先后投资 4000 多万元建立了深井曝气、生物硫化床、厌氧消化池和固液两用焚烧炉等十余套"三废"处理设施，年处理 COD 近 6000t，"三废"处理及排放情况见表 4-1。

表 4-1　"三废"处理及排放情况

项　目	1986 年	1990 年	1996 年	1997 年	1998 年
工业总产值/万元	32231	51500	115127	77321	110000
废水排放量/$×10^4$ t	816	874	733.1	619.56	700
COD 产生量/t	9573.7	6527.75	9026.1	7480.8	9000
COD 处理量/t	1700	2938	5960	5670	6000
COD 排放量/t	7873.7	3489.75	3066.1	1810.8	3000

注：1998 年为估计数

由表 4-1 看出，1998 年与 1990 年相比工业产值增加了一倍多，但废水排放量呈下降趋势，COD 排放量持平，做到了增产不增污。

由表 4-2 看出，在三个产品中维生素 C 产品耗水量、COD 排放量以及排污管理费都是最高的，均居第一位。由此确定将维生素 C 产品生产列为审计重点。

表 4-2　单位产平产量排污情况

项目	产量/t	产值/万元	水耗/(kg/kg)	耗水量/t	COD/(kg/kg)	COD 产生量/t	排污管理费/万元
维生素 C	4695.2	22172.90	0.5897	2768	1.58	7387	220
氯霉素	373.6	8792.11	2.0643	771	1.68	628	143
吡拉西坦	467.8	4165.17	1.2094	566	0.49	229	33
合计	5536.6	35130.18	0.4714	4105	1.49	8242	396

2）企业实行清洁生产的措施

①建立完整的企业环保机构。该企业设有环保处，处内设有生产管理科、监测站、水处理站、焚烧站、保修组等监督检测部门，"三废"处理站，以及国家医药管理总局工业环境保护研究所。企业从事环境保护工作人员共计 300 多人，占企业员工总数的 23%，其中工程技术人员占 18%。全厂建立了车间（分厂）、班、组组成的三级环境保护管理机构。

②实行清洁生产审计。审计人员通过投入产出、物料平衡，分析生产工艺（包括提取、转化、精制）过程的"三废"情况，见表 4-3。

表 4-3　废物排放情况

工序	名称	排放量/(mg/d)	COD 浓度/(mg/L)	COD 量/(t/d)	pH	排放方式	去向
提取	粗蛋白废水	14	18.8×10^4	2.63	5.7	连续	排放
	粗蛋白液	24	10×10^4 ~ 14×10^4	2.88	5	连续	送环保处理
	废酸水	2 000	422	0.844	1.5	连续	中和
	一浓蒸出水	400	848	0.34	6.1	连续	送环保处理
	二浓蒸出水	42	780	0.033	3.5	间歇	送环保处理
	古龙酸母液	7.5	110×10^4	8.25	1.0	间歇	部分回收部分送环保处理
转化	酸水	480	1152	0.55	1.1	连续	中和
	母液	4.0	80×10^4	3.20	3.1	间歇	回收
	冷凝水	12	3669	0.044	3.2	间歇	送环保处理
精制	母液	2.3	50×10^4	1.25	1.8	间歇	回收
	冷凝水	5	3685	0.018	6.5	间歇	收集处理

　　a. 废水处理:提取、转化、离子交换及纯水制备产生的含酸废水(pH=2~3)进入调节池中和滤塔,曝塔处理,合格后排放。以转化三次母液、多次母液等为高浓度有机废水,与提取岗位产生的浓缩蒸出的低浓度有机废水,按比例进行有机调配,在调配池调配均匀后进入深井曝气池处理,在经脱水、沉淀后排入下水。

　　b. 废渣处理:提取工序超滤岗位产生的维生素 C 超滤蛋白渣(液),已采用了专用分离和干燥设备进行了工业化试验,但在技术和设备方面存在一定问题。在未采用该技术之前,废液经厌氧消化池,深井曝气处理。

　　废炭(转化、精制)经收集给活性炭厂再处理,古龙酸母液经回收产生古龙酸钠,重新用于生产维生素 C。回收后的废液送深井曝气净化处理。

　　③清洁生产备选方案。针对清洁生产审计中发现的问题,分析、归纳整理出了 29 个备选方案,其中无/低费方案 26 个,中/高费方案 3 个,见表 4-4。

表 4-4　削减废物产生的方案

类别	序号	名称	方案内容	取得效果
无费方案	1	扩大投料,高浓度发酵	不增加辅料,增加投料量,降低辅料的消耗	山梨酸投料由 4.55% 增加到 9%,相对节约电、水
	2	降低树脂再生频率,减少再生剂	降低发酵菌率,调整排渣时间和超滤压力,提高古龙酸质量等	减少再生次数 25%,少用碱 1077t,少用盐酸 2457t
	3	转换经营机制	实行从原料采购、生产组织、产品销售的全过程管理,竞争上岗	激发员工的劳动热情,减员分流 4765 人,提高生产效率
	4	实行指标责任	对组按责任指标签订目标责任状	制造成本有所降低
	5	进行清洁生产教育	进行以清洁生产宣传为主要内容的环境保护教育与培训	提高了全体员工环境与清洁生产的意识
	6	实行标准指标管理	加强基础管理,健全制度	
	7	降低染菌率,提高发酵收率	控制灭菌温度、压力,加强设备的维修和清洗,消毒彻底	染菌率降低 25.46%,发酵率提高 4.4%
	8	改进澄明度,提高产品的质量	查明影响澄明度的原因,加强树脂反洗	精制收率提高 0.8%
	9	加强管理,提高甲醇、乙醇的收率	对甲醇、乙醇使用量定额管理,同时提高精馏的效率	甲醇、乙醇的消耗量分别下降了 0.0.235% 和 0.0221%
	10	冷水套用	利用蒸发器的冷凝水,代替常水,洗树脂交换柱	节约工艺用水,日节水 300~470t
	11	洗炭水的利用	洗炭水代替常水溶解粗维生素 C	月节约用水 320t,并提高收率 1%
	12	改进成品包装	为了方便包装铜的处理,改用纸箱包装	
	13	离心机率先国产化	引进设备消化吸收,选用国产件代替进口件	达到了进口件标准,降低了维修费用
	14	三效进口电机,泵配件国产化	引进设备消化吸收,选用国产代件替进口件	达到进口件标准,保证生产

续表

类别	序号	名称	方案内容	取得效果
无费方案	15	培训	提高技术和操作水平	
	16	加强设备维护检修	定期检查,严格巡回检查,及时维修,提高设备的利用率	
	17	深井曝气排水回收	将深井曝气部分排放水用做稀释调配用水	每天节约用水 100t
	18	提高深井曝气污水处理能力	提高装置的容量负荷,严格操作规程,控制工艺参数	容积负荷提高到 6kg/$(m^3 \cdot d)$,多处理 COD 60t
低费方案	19	古龙酸二次母液回收	从二次母液中直接回收得到二次母液干品	每月回收古龙酸 5t,减少排放 COD 7t
	20	多次母液回收	对第三次母液回收,提高产品的质量,提高产品的回收量	精制收率提高 1.57%
	21	回收古龙酸	回收古龙酸,减少排污量	提高收率 1%,年创效益 109 万元
	22	微机控制	控制发酵工艺参数,提高收率	
	23	降低维生素 C 消耗	确定最佳洗涤剂用量,改进放料自控系统,提高甲醇、乙醇的回收率	1kg 维生素 C 少消耗 4kg 原料,节约原料 1×10^4 t
	24	无碳维生素 C 生产	加过滤装置,滤去成品中的炭黑,提高产品的质量	成品质量达到国际先进标准
	25	减少甲醛新工艺	酯化反应减少醇配比投料量	投料比从 1∶10 降到 1∶4
	26	改造下水管网	采用防腐蚀管材,杜绝污水跑冒	
中/高费方案	27	新技术应用	采用纳滤、超滤技术浓缩古龙酸	降低能耗
	28	生产蛋白饲料	采用絮凝-分离-干燥工艺制取蛋白饲料,减少污染	年生产 3500t 饲料,增加利润 150 万元,减少 VOD 排放量 2100t
	29	改进离心机	选用吊装离心机代替三足式离心机,减轻劳动强度,减少有机溶媒的挥发损失,提高设备的能力	月减少乙醇投加量 68t,节约乙醇 20t,减少劳动力

3)清洁生产备选方案实施情况

备选的 29 项方案,按照边审边改的原则,26 项无/低费方案均得到不同程度的实施;2 项中/高方案由于某种原因未能实施;古龙酸母液浓缩新技术应用(中费方案 27)技术可行性有待进一步试验结果后,再作安排。

①实施无/低费方案。本着"边审计、边提方案、边实施整改"的原则,对一些不投资或少量投资的项目,技术难度不大、短期内能得到解决的问题,积极采取实施措施。用初步取得的成果教育和激励员工积极参与下阶段清洁生产工作的开展,使清洁生产持续发展下去。

实施无费/低费方案措施,包括严格原料产生的管理,加强设备的维修保养,建立健全生产管理制度,加强员工的岗位培训、清洁生产教育,节约能源,减少浪费等措施。

原料管理:原料供应严格检查,保证进货质量,统一定购,降低进货成本;原材料、产品的贮存和搬运等环节加强管理,减少非生产中间损失。

设备管理:按照正确的操作规程使用,定期检查、维修保养,进行必要的操作使用和维修培训等方面的培训。

建立规章制度:加强现场管理,建立健全企业有关规章制度,严格执行。

岗位培训:定期对员工进行技术培训,提高其技术操作水平。

清洁生产教育:进行全员环保知识培训和清洁生产审计学习,提高环境保护意识。

节约能源:采取节约措施,能源计量,能源定量,定额使用,杜绝跑冒漏的浪费现象。

开展综合利用:加强原材料、产品的回收与循环利用,以及非产品的综合利用。

②实施中/高费方案。两项高费方案,即离心设备改造和维生素 C 超滤菌丝体制取蛋白饲料方案的实施进展如下:

a. 离心机分离设备改造进展。原三足式离心分离设备为敞开式,乙醇易挥发,不仅浪费原料,而且影响岗位操作环境;另外,三足式离心分离设备窖小,增加了停机装卸原料和清洗设备的次数,影响生产效率,且造成环境污染。为解决三足式离心机存在的问题,提出了三足式离心机改造方案,即采用电动吊装式离心机替代三足式离心机,并在维生素 C 车间装了一台进行单机示范,经过半年运行,效果明显,具体表现在以下几点:

改造设备操作方便,运行稳定,单机工作能力较原三足式离主机提高一倍。采用电动吊卸装料替代人工投料,减轻了员工劳动强度,占地面积小,便于操作管理、维修。

吊装式离心机密闭操作,减少乙醇的挥发损失,改善操作环境,乙醇加料减少了 15%,污染物产生量减少 15%,折 COD 每月少排 2.6t。

这带来了明显的经济效益。原料乙醇的用料减少 15%,每月节省乙醇 4t,价格 1.5 万元;节省电能,电功率从 30kW 下降到 23kW,每月节电 3 150kW·h,价值 1890 元;减少处理运行费用 2800 元;减少损失,提高效率 0.6%~0.8%;每月多产维生素 C 800kg,价值 3 万元。

假定全部采用吊装式离心机取代三足式离心机,经可行性分析,需投资 592 万元,可减少乙醇投加料 15％,回收乙醇蒸气用量 1256t,减少 COD 年产量和排放量约 900t,年增加收益 212 万元,投资收回期限 3 年左右。

b. 维生素 C 超滤丝体制取蛋白饲料方案。生物发酵法生产维生素 C 时,有效成分古龙酸经过滤、超滤提取后,生物发酵的菌丝体和残余培养基被截留下来,作为废弃物处理掉。而这些菌丝体内具有蛋白饲料所含有的常规营养成分和氨基酸,是一种可以用来抽取蛋白饲料的良好原料。

该企业维生素 C 生产过程中年产菌丝体 $2×10^4$ t,含水率 85％,COD 浓度为 12mg/L。用成套干燥设备年生产蛋白饲料 3500t,创产值 500 万元以上,同时可削减 COD 2100t,有良好的经济效益和环境效益。

维生素 C 菌丝体生产饲料蛋白采用絮凝-分离-干燥工艺。该企业环保所与东北大学曾共同进行了试验,并取得了良好的效果,生产的蛋白饲料进行喂养试验,通过了专家技术鉴定。离心分离设备改造和菌丝体生产蛋白饲料都具有良好的经济效益和环境效益,需投资 592 万元和 507 万元,偿还投资年限分别为 4 年、2 年。由于企业资金短缺,这两项高费方案未能实施。

(3)企业实行清洁生产所取得的经济效益和环境效益

通过清洁生产的审计工作和无/低费方案的实施,维生素 C 产品的各项技术经济指标有了大幅度提高,取得了良好的经济效益和环境效益。实施清洁生产前后对比:收率提高了 8.8％,消耗降低了 17.52％,水消耗降低了 64.84％,蒸汽消耗降低了 56.39％,电消耗降低了 8.76％,生产成本降低了 12.59％,初步估算年节约成本 1600 多万元,由于物耗的降低,对避免污染物产生了一定的积极作用。

▶▶▶▶ 参考文献 ◀◀◀◀

[1]周中平,赵毅红,朱慎林.清洁生产工艺及应用实例.北京:化学工业出版社,2002.

[2]张天柱,石磊,贾小平.清洁生产导论.北京:高等教育出版社,2006.

[3]熊文强,郭孝菊,洪卫.绿色环保与清洁生产概论.北京:化学工业出版社,2002.

[4]金适.清洁生产与循环经济.成都:气象出版社,2007.

[5]张凯,崔兆杰.清洁生产理论与方法.北京:科学出版社,2005.

[6]王丽萍.清洁生产理论与工艺.徐州:中国矿业大学出版社,2010.

第 5 章

工业生态学与清洁生产

5.1 工业生态学及其兴起

5.1.1 工业系统的组成

分析工业系统的结构,不难发现它与自然生态系统的结构很相似,我们不妨称其为工业生态系统,即"个体"类比于"企业";"种群"类比于"同类型企业";"生物群落"类比于"某区域范围的工业体系";"工业生态系统"类比于"工业体系与外部环境构成"等。而且,自然生态系统中种群间的作用关系几乎可以全部用于形象地描述工业企业之间的复杂关系。

工业个体是指工业生态系统内的单个企业,如钢铁厂、水泥厂等。工业种群是指具有同一行业性质的,占有一定空间和事件的企业集合体。一个工业种群类似于一个工业行业,如钢铁业、建材行业等。工业群落是指一定事件和空间范围内,由多个工业种群为了各自的经济利益组成的有机集合体。在工业群落中,存在不同的种群,它们在群落中的地位和作用是不同的。与生物群落类似,工业群落内的种群之间存在兼并和被兼并、竞争和互惠共生的关系。

与自然生态系统相似,工业生态系统主要由生产者、消费者、分解者和非生物环境四种基本成分组成。与自然生态系统中的生物成分相仿,工业生态系统中的生产者、消费者和分解者具有以下特点:

1. 生产者

生产者是利用基本环境要素(空气、水、土壤、岩石、矿物质等自然资源)生产初级产品的生产企业,如采矿厂、冶炼厂、热电厂等。

2. 消费者

消费者是加工生产企业,它们将资源生产企业提供的初级产品加工转换成人类生产生活必需的工业品,如机械制造、服装、电子、化工和食品加工企业等。

3. 分解者

分解者是对工业企业产生的副产品、废品以及报废后的产品进行处置,转化为可再利用资源的企业,如废品回收公司资源再生公司。

在工业生态系统中,生产者、消费者、分解者和环境也是通过营养关系连接起来的,即工业食物链。所谓工业食物链是指在工业生产的代谢过程中,通过工业生产的产品、副产品、废品和能量,将不同企业连接在一起而成的一种链状资源(包括能源)利用关系。工业食物链是工业生态系统内各个成分间连接的纽带。

依据工业食物链的不同属性,工业食物链可以分为三类:产品食物链、副产品、废品食物链和能量食物链。以工业制成品为核心构建的食物链称为产品食物链;以工业生产中副产品、废品的再利用为核心构建的食物链称为副产品、废品食物链,也称为生态工业链或者生态链;以能量流动和梯级利用为核心构建的食物链称为能量食物链。与自然生态系统的食物链相比,产品食物链类似于牧食食物链;副产品、废品食物链类似于腐食食物链。

工业食物链不是单独存在的,多种工业食物链同时存在是工业生态系统营养结构的常态。由于工业食物链中某些工业具有"多食性"特征,使不同的工业食物链交错成网,形成工业食物网。

在工业生态系统中,物质循环和能量流动也是沿着食物链(网)这条渠道进行的,并通过这种食物营养关系,把工业生态系统中各企业有机地连接成一个整体。

5.1.2　工业系统的进化

工业系统的进化与自然界生态系统也有相似性,大致可分为三个阶段。

第一阶段:简单、粗放、大量地开采资源和抛弃废物,这也正是日后产生各种环境问题的根源。

第二阶段:企业改进生产工艺和技术,采用节能环保型生产设备实现清洁生产,最大限度地减少产品生产过程中的资源消耗和污染物排放。

第三阶段:企业与企业、行业与行业之间协调配合、统一规划,形成生态工业链或者生态工业网。同一样东西对一个企业或者行业来说是废物,对另一个企业或行业来说却可能是资源,大幅度减少资源消耗和污染物排放。

当然,工业系统的进化不可能达到自然资源生态系统的状态,因此,无论怎么样努力,也只能"模仿"到一定程度。但是,只要工业系统仿照自然生态系统的运行和进化规律,则可逐步优化和完善自身,最终真正成为一个与自然界和谐共存的子系统,即工业生态系统。这也正是工业生态学的终极目标。

自工业革命以来,各类工业一直在不断进步。但是,在长远的历史进程中,当今的工业系统应该说仍处于进化初期，至多可以认为是介于一级和二级生态系统之间。较为理想的工业系统示意图如图 5-1 所示。

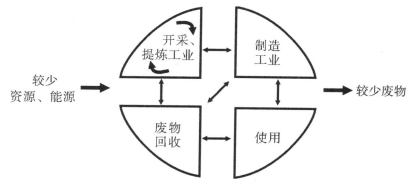

图 5-1　较为理想的工业生态系统示意图

应尽可能少地从自然界索取资源（能源），尽可能少地向自然界排出废物，依靠系统内的物质循环，尽可能多地生产产品，并多创造财富。

正如罗伯特·弗罗斯彻（R. Frosch）和尼古拉斯·格罗皮乌斯（N. E. Gallopoulous）所说："工业生态系统的概念与自然生态系统的概念之间的类比不一定完美无缺，但如果工业体系模仿自然界的运行规则，人类将受益无穷。"

5.2.3　工业生态学及其兴起

全球的环境恶化具有复杂性和系统性的特征。基于污染治理原则来解决这些问题的环境政策越来越明显地失去作用。另外，快速增加的环境治理费用对工业过程的影响越来越大，结果是无论在环境方面还是在经济方面都无法取得高效率。这一连串互相关联的压力要求环境治理采用新的模式，从新的角度来考虑这些环境问题。基于这些要求，一门新的学科——工业生态学诞生了。

工业生态学这一专有名词最早是由哈利·泽维·伊万（H. Z. Evan）在 1973 年波兰华沙召开的一次欧洲经济理事会的小型研讨会上提出的。随后，伊万在《国际劳工回顾》（*International Labour Review*）杂志发表了相关文章。伊万把工业生态学定义为对工业运行的系统化分析，这一分析引入了许多新的参数：技术、环境、自然资源、生物医学、机构和法律事务以及社会经济学因素。

工业生态学的概念最早是在 1989 年的《科学美国人》（*Scientific American*）杂志上由通用汽车研究实验室的罗伯特·弗罗斯彻（R. Frosch）和尼古拉斯·格罗皮乌斯（N. E. Gallopoulous）提出的。文中指出："在传统的工业体系中，每一道制造工序都独立于其他工序，通过消耗原料生产出即将被销售的产品和相应废料；我们完全可以运用一种更为一体化的生产方式来代替这种过于简单化的传统生产方式，那就是工业生态系统。在这样的工业生态系统里,能源和材料的消费被最优化了,一个过程的排放物可以作为另一过程的原材料。"文中指出的两种截然不同的工业系统可以用图 5-2、图 5-3 表示。

图 5-2　传统工业系统

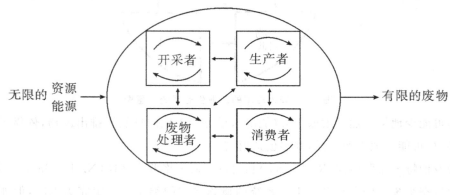

图 5-3　生态工业系统

从上述两图可以看到,在传统的工业系统中,存在着大量的物质流、能量流和信息流,各行其是,没有形成相互连接的关系。其运行方式就是不断从自然界获得资源,经过生产过程和产品使用后,毫无顾忌地向环境排放废弃物,从而造成了严重的环境污染问题。生态工业则把整个工业系统作为一个生态系统来看待,将系统中物质、能量和信息的流动和存储像生态系统那样循环运行,形成互相依赖、互相制约、互相影响、互相连接的网络系统。其运行方式是避免无限地从自然界获取有限的资源和能源,向有限的环境空间无限地排放废弃物,而是像生态系统那样以完整循环的方式运行,即没有资源和废弃物之分,将一个生产车间或者工厂的废弃物作为另一个生产车间或者工厂的资源,工业系统与环境系统之间、工业系统内部组成部分之间是相互依存、不可分割的。生态工业系统实质上是一个循环系统,其物质的总体循环贯穿于从原料开采到产品生产、包装、使用以及废弃物最终处理的过程,其循环优化不仅局限于一个企业内部,还涉及整个地区和横贯工业系统。生态工业系统顾名思义又是一个系统工程,要求按照系统的思维模式,以系统科学为指导,把工业系统视为一个整体模型加以分析和设计,并且按照自然系统来塑造工业系统,使现有的工业体系转换为可持续发展体系。

5.2　工业生态学的基本概念

5.2.1　工业生态学的基本概念

工业生态学(industrial ecology,IE),又称产业生态学,是一门研究社会生产活动中自然资源从源、流到汇的全代谢过程、组织管理体制以及生产、消费、调控行为的动力学机制、控制论方法及其与生命支持系统相互关系的系统科学。工业生态学研究的是如何对开放系统的运作规律通过人工过程进行干预和改变,把开放系统变成循环的封闭系统,使废物转为新的资源并进入新一轮的系统运行过程中。

工业生态学是一种革新性的可持续工业战略,因此美国学者艾伦比和格雷特尔合著的《工业生态学》又把工业生态学定义为:工业生态学是人类赖其得以审慎和合理地达到并保持一种企望使经济、文化和技术不断发展的支撑能力的方法。工业生态学还有很多定义,虽然这些定义的措辞不同,但其本质都是相同的。社会上认同了工业生态学的三个基本含义:①工业生态学是关于工业体系的所有组成部分以及其同生物圈的关系问题的全面的、一体化的分析;②工业体系的生物物理基础是工业生态学研究的范围,工业生态学运用非物质化的价值单位来考察经济;③科技动力是工业体系的一种决定性(但不是惟一的)因素,有利于从生物系统的循环中获得知识,把现有的工业体系转换为可持续发展的体系。

工业生态学是一门为可持续发展服务的学科,是一门研究工业(或者产业,下同)系统和自然生态系统之间的相互作用、相互关系的学科。

工业生态学也是一种工具。人们利用这种工具,通过精心策划、合理安排,可以在经济、文化和技术不断进步和发展的情况下,使环境负荷保持在所希望的水平上。为此,要把工业系统同它周围的环境协调起来,而不是把他看成孤立于环境之外的系统。这是一个系统的观点,它要求人们尽可能优化物质的整个循环系统,从原料到制成的材料、零部件、产品直到最后的废弃物,各个环节都要尽可能优化,优化的因素包括资源、能源、资金。

以上表述强调了"精心策划、安排合理"。也就是说,为了妥善解决资源环境问题,一定要在工业生态学的指引之下精心策划、合理安排,绝不要主观臆断、草率决策,否则可能适得其反,甚至造成重大损失,并为此付出沉重代价。

工业生态学涉及第一、第二和第三产业。其实,无论是工业还是产业,都不是孤立存在的,它与人类的其他各种活动都是互相关联的。从这个视角看,工业生态学的外延是很广泛的,甚至可以把人类的各个活动都包括进来,如矿业、制造业、农业、建筑业、交通运输业、服务业、消费业、商贸业、废物回收业等。总之,把工业生态学的视野局限在工厂的围墙之内是万万不可的。

5.2.2　工业生态系统

工业生态学流行的一个主题就是工业系统的设计能够在某种程度上模拟自然生态系统。自然生态系统证实了很多策略：

①生态系统惟一的能量来源是太阳能；

②浓缩的有毒物质只能在当地生产和使用；

③效率、生产率与弹性之间必须处于平衡，如果过多强调前两点而忽视了弹性就会造成系统的脆弱，并可能导致系统崩溃；

④通过物种的高度多样性和相互之间复杂的关系，生态系统在遭受变化时能保持一定的弹性，许多关系是通过自我组织过程来维持的，而不是自上而下地控制；

⑤在生态系统内，每一物种都独立活动，然而它们的活动模式与其他物种的模式联合结成网络，合作和竞争并存并保持平衡。

工业生态学家认为可持续的工业系统将很好地反映这种策略，它们将比机器甚至计算机更像一个生态系统。人类在 20 世纪的实践已经证明引用生态原则开展设计的效果显著，这提醒我们的生态工业园的设计者，通过将工业园看做工业生态系统来建设，会提高项目的可靠性、弹性以及效率。

当我们从生态系统的动态性和相互作用的角度来实践时，工业生态学的模拟自然系统的方法就显得非常有用。设计者不要仅仅从生态学中摘录一些孤零零的原理，应该从整个系统角度模拟生态系统，从而建立一个更有效的复杂工业系统。生态系统被证明是已经进化了几十亿年的可行系统，在各项挑战面前具有强大的恢复力，通过透视其如何维持自身的活力将会帮助我们从经济和环境角度建立高效的工业系统。

这个过程会涉及工业系统设计者（在适当的水平上）与生态系统研究者之间相互交换意见，他们会进行相互交流，一起设计模型，并探讨自然界是如何处理人类发展过程所遇到的各项问题。例如，在规划一个进行资源回收的生态工业园时，开发者将会招募一个相互协助的团队，这个团队由生态学专家、土木和生态工程师、资源回收方面的企业家、政策制定者和企业经理组成。他们将模拟一个或者多个特定生态系统中关于再循环的模式，设法建立一个合适的工业和消费者再循环系统的模型。在调查中具有代表性的问题将会是：

如何把再循环技术纳入一个更为统一的系统中？

在自然系统中用来减少和再使用材料的主要策略是什么？这将会促进社会废物的再循环利用吗？

在自然分解过程中主要的能源消费是什么？该过程是如何平衡的？这对资源回收工业园中的能源要求有什么借鉴之处？

自然系统中有机体相互反应的特殊作用是如何对新技术创新以及其相互关系提出建议的？是否有颇具前途的特定生物过程还没有应用在再循环和处理过程中？

生态系统中的分解过程是如何与生产过程结合起来的？这对工业系统中的生产和消费有什么提示？

5.2.3　工业生态学的学术思想

工业生态学的基本学术思想有三层含义：

①人类社会经济系统不是独立存在的，而是自然生态系统中的一个子系统，如图 5-4 所示，即工业是经济系统中的一个子系统，经济系统是人类社会系统的一个子系统，人类社会又是自然生态系统的一个子系统。

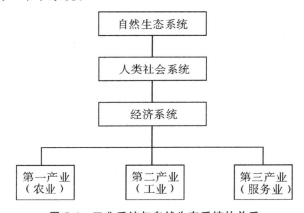

图 5-4　工业系统与自然生态系统的关系

归根结底，工业、经济、人类社会都是以自然生态系统为基础的，也必然全部受制于它。

②工业、经济、人类社会要与自然生态系统和谐相处。

工业生产从自然界获取资源，产生的污染物又向自然界排放。可见，自然界既是"源"，又是"汇"。但是，这个"源"和"汇"的容量都不是无穷大。如果"源"被过量抽取，甚至往外溢出，那么自然界就会发生变化，同时人类社会就会受到影响，可持续发展就会成为问题。

因此，人们要注意这些变化，随时进行跟踪、分析和预测，防微杜渐，采取措施，为可持续发展创造条件。一定要学会与自然生态系统和谐相处，不能把工业、经济、人类社会看成是自然生态系统以外的独立系统，不能任意地改造自然环境，不能无所顾忌地从自然界索取资源，向自然界排放污染物，否则，一定会遭到自然界的报复。

③工业系统要效仿自然生态系统。

在与自然生态系统和谐相处的基础上，工业系统要尽量效仿自然生态系统的运行模式。虽然工业系统不可能完全达到自然生态系统的状态，但是，一定可以不断进步和优化，最终实现与自然生态系统协调共生。

　　工业生态学这些新颖的学术思想帮助人们统观全局,学会综合思考问题的方法。它以全新的视角来审视工业、经济的发展与自然生态系统的关系和相互作用,把工业系统视为自然生态系统的一个三级子系统,遵从自然生态系统的发展规律,重新设计、控制和优化工业活动,统筹兼顾,保持适当的平衡,努力使工业、经济与自然生态系统协调发展,进而实现人类社会的可持续发展。

　　同时应该指出,学习和实践工业生态学要与具体情况相结合。中国正处于快速工业化进程中,重要特点之一就是经济持续高速增长。一方面,资源消耗量大、污染物排放量大的问题较为突出,亟待解决;另一方面,不同于多数经济平稳发展国家的静态特征,物质流呈显著的非稳、动态特征,没有现成理论和方法可循。因此,我们始终坚持将工业生态学研究与中国实际紧密结合,学习工业生态学基本思想和理论,探索适合中国国情的研究方法,解决中国的实际问题,更好地为中国可持续发展服务。

　　工业生态学的基本特点有:

　　①整体性。从全局和整体的视角,研究工业系统组成部分及其与自然生态系统的相互关系和相互作用。

　　②全过程。充分考虑产品、工艺或服务整个生命周期的环境影响,而不是只考虑局部或某个阶段的影响。

　　③长远发展。着眼于人类与生态系统的长远利益,关注工业生产、产品使用和再循环利用等技术未来潜在的环境影响。

　　④全球化。不仅要考虑人类工业活动对局部地区的环境影响,而且还要考虑区域性和全球性的重大影响。

　　⑤科技进步。科技进步是工业系统进化的决定性因素之一,应该从自然生态系统的进化规律中获得知识,逐渐把现有的工业系统改造成为符合可持续发展要求的系统。

　　⑥多学科综合。工业生态学具有典型的多学科性特点,涉及自然科学、工业技术和社会科学等许多学科(图5-5),各个学科从各自不同的角度去研究工业生态学的必要条件。

　　重点要强调的是,工业生态学的研究思路是以整体论为基础的,这种思路完全不同于研究“微观”问题的还原论的思路。因此,为了开展工业生态学方面的工作,必须养成从系统的角度看问题的习惯。

　　不难看出,我国和其他发展中国家是实施工业生态学最为理想的场所。我国人口密集,工业和经济发展快速,遵循工业生态学原则,探索可持续发展道路具有巨大的潜力。因此,我国能否坚持工业生态学实践,坚决走生态工业的发展道路,不仅对我国自身,而且对全世界都具有重大影响。

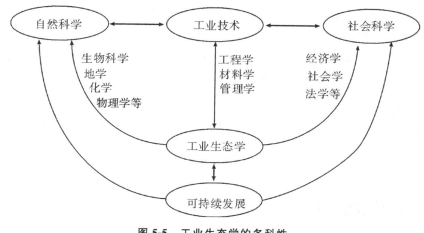

图 5-5　工业生态学的多科性

5.3　工业生态学研究的兴起

自 20 世纪 50 年代开始,人们将生态学引入产业政策,认为复杂的工业生产和经济活动中存在着与自然生态学相似的问题与现象,可以运用生态学的方法来研究现代工业的运行机制。20 世纪 60 年代末,日本通产省工业咨询委员会下属的一个工业生态小组通过研究,提出应以生态学观点重新审视现有的工业体系,谋求在生态环境中发展经济的理念。1972年 5 月,该小组发表了题为《工业生态学:生态学引入工业政策的引论》的报告。1983 年,比利时政治研究与信息中心出版了《比利时生态系统:工业生态学研究》专著,书中反映了生物学家、化学家、经济学家等对工业系统存在问题的思考。

1989 年 9 月,Frosch 和 Gallopoulous 发表题为《制造业的战略》一文,提出了工业生态学的概念,成为工业生态学研究的最初标志。文章认为工业系统应向自然生态系统学习,逐步建立类似于自然生态系统的工业生态系统。在这样的系统中,每个工业企业都与其他工业企业相互依存,相互联系,构成一个复合的大系统,可以运用一体化的生产方式代替过去简单化的传统生产方式,最终减少工业对自然生态环境的影响。

自 20 世纪 90 年代开始,工业生态学进入了蓬勃发展阶段。20 世纪 90 年代初,美国科学院举行会议,提出和形成了工业生态学的基本框架。1997 年出版了全球第一本《工业生态学杂志》(*Journal of Industrial Ecology*)。1998 年,美国矿产资源局(USGS)认为物质与能量流动的研究对于工业生态学研究具有重要意义。2000 年,美国跨部门研究工作小组发表《工业生态学——美国的物质与能量流动》的报告,对工业生态学和物质能量流动的关系进行了阐述。2000 年,成立了工业生态学国际学会(the International Society for Industrial Ecology,ISIE),标志着工业生态学正式进入有组织、有系统的系统研究阶段。

　　20 世纪 90 年代末,我国学者开始关注和研究工业生态学。2001 年 10 月,在陆钟武原始的倡导下,东北大学主持召开了国内首次工业生态学国际研讨会。2002 年 11 月,国家环境保护局(现国家环境保护部)批准东北大学、中国环境科学研究院、清华大学联合建立国家环境保护生态工业重点实验室,这是我国工业生态学研究领域的第一个重点实验室。2004 年 11 月,清华大学联合耶鲁大学在国内主持开了第一次工业生态学教学研讨会。经过十几年的发展,国内工业生态学研究已经初见成效,发表了一批各具特色的研究论文,出版了一批教材和专著。

5.4　工业生态学的研究领域

5.4.1　工业生态学的研究方法

　　工业生态学是以生态学的理论观点考察工业代谢过程,亦即取自自然环境到返回自然环境的物质转化全过程。正如在生物生态系统中,植物吸取养分,合成茎、枝、叶、花、果,供食草动物食用,食草动物又是食肉动物的食源,而食肉动物的排泄物及尸体又可以满足其他生物的生存之需。也就是说,某一有机体新陈代谢产生的一切物质对另外一个机体有用,其外部能量的惟一来源是太阳光,系统中没有浪费的东西。类似的,一个理想的工业生态系统应当是没有物质浪费的。在某种情况下,运用工业生态学的方法甚至可以把需要花费昂贵费用处理的废物变成企业的一个新的利益来源。如某种废物能成为被其他企业所购买或者使用的原料。

　　所谓工业生态系统,就是一批相关的工厂、企业组织在一起,他们相互依赖,共同生存,其联系的纽带是废物,它注重企业不同层次间、企业间(如工业园区)、地区间甚至整个工业体系的生态优化。该系统的最大特点是使资源的利用率达到最高,而将工厂、企业对环境的污染降到最低。其核心就是要设计像自然平衡一样的体系,无污染,无废物,完全可以再循环以此达到可持续发展的目标。由此看来,工业生态学是采用一种综合的、一体化的新思维去审视工业体和生物圈的关系。工业体系和生物物理基础,即和人类相关的物质与能量的流动,是工业生态学研究的主要范围。在工业生态学中,常用"工业共生"、"工业链"和"工业代谢"等生物生态系统类比的概念来表征工业生态系统的关系。当然,与自然生态系统相比,工业生态系统是人造的,是人们依照大自然而设计出来的。如图 5-6 所示是一个理想的工业生态系统。

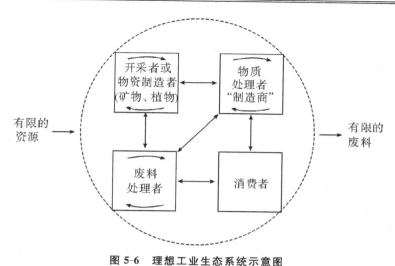

图 5-6 理想工业生态系统示意图

目前工业生态学研究一般由三大方法构成:

①面向原料的研究方法——工业代谢。

②面向产品的研究方法——生命周期评价。

③面向区域的研究方法——区域工业生态系统建设。

5.4.2 工业生态学的研究领域

工业生态学属于应用生态学,其研究核心是产业系统与自然系统、经济社会系统之间的相互关系。因此,工业生态学强调系统性、整体性、未来性、全球化,考虑产品或工艺的整个生命周期的环境影响,关注未来的生产、使用和再循环技术的潜在环境影响,其研究目标着眼于人类与生态系统的长远利益,追求经济效益、社会效益和生态效益的统一;不仅要考虑人类产业活动对局部、地区的环境影响,更要考虑对人类和地球生命支持系统的重大影响。工业生态学宏观上是国家产业政策的重要理论依据,围绕产业发展,将生态学的理论与原则融入国家法律、经济和社会发展纲要中,促进国家以及全球生态产业的发展。

工业生态学是研究各种产业活动及其产品与环境之间相互关系的科学。工业生态学是一门技术科学,是人类在经济、文化和技术不断发展的前提下,有目的、合理地去探索和维护可持续发展的方法。工业生态学是一门交叉学科,是生态、环境、能源、经济、信息技术、系统工程等多学科的交叉融合,它注重人类文化、个人选择和社会组织对技术、社会与环境的相互关系的重要影响,工业生态学在某种程度是一门社会科学;但工业生态学在本质上属于应用生态学的范畴,是生态学原理在工业领域内实践的总结。相对于传统的工业管理科学,工业生态学是一门关注未来的科学、一门研究可持续发展能力的科学。众多的学者认为,正是因为有了工业生态学,可持续发展才不仅仅停留在宣传口号上,才有了变为现实的可能。因此,工业生态学被认为是 21 世纪最有发展前景的生态学分支学科之一。

工业生态学的研究领域包括了三个层次。

①微观层次。研究可减轻产业对环境影响的具体技术措施,包括绿色工艺、原子节约工艺、废物零排放系统、物质替代、物质减量化和功能经济等。

②中观层次。研究对整个工业生态过程进行分析、检测和评价的方法,包括物流平衡分析、工业代谢、产品或过程的生命周期分析与评价、工业生态指标体系的建立等。

③宏观层次。在一定的区域范围内,通过代谢分析、资源分析工具的运用,掌握区域内部的物质、能量的流动状况,研究产业系统集成方法,包括物质集成、能量集成、水集成、信息集成和数学优化模型等;通过运用分析和预测工具所获得的信息,对整个国家或区域内能源结构、经济结构和土业结构生态化进行研究。

除此之外,工业生态学还包括对可促进生态工业实现的制度的研究,包括如何在市场规则、财务制度、法律法规方面做出的响应调整以使生态工业的思想可以贯穿整个工业和生活过程。

5.5　工业生态学与清洁生产的关系

工业生态园的建立,体现了工业生态学的基本思想,而清洁生产是工业生态园中实现生态工业所必需的和基本的手段之一。工业生态学和清洁生产两者之间存在着极大的相关性。从总体上来说,清洁生产和工业生态学的指导思想和目标是协调一致的,两者都是对传统环保理念的冲击和突破。传统上,环保工作的重点和主要内容是治理污染、达标排放;而清洁生产和工业生态学突破了这一界限,大大提升了环境保护的高度、深度和广度,提倡将环境保护与生产技术、产品和服务的全部生命周期紧密结合,将环境保护与经济增长模式相统一,从而将环境保护延伸到经济活动中一切有关领域,体现了人类对环境保护和可持续发展认识的深入和成熟。

然而,工业生态学和清洁生产仍然存在着一定的区别。清洁生产是关于产品生产过程中一种全新的、创造性的思维方式,通过对生产过程和产品持续运用整体预防的环境战略达到降低环境风险的目的。由于清洁生产的关注重点在于产品的生产工艺过程,而对于不同生产过程之间的连接考虑得较少,因此只能解决局部问题,对于解决日益紧迫的全球性和地区性的重大环境问题则有些力不从心。工业生态学的出现和发展,在一定程度上弥补了清洁生产的这一缺陷,从更为宏观的角度来审视经济发展与环境保护的协调问题。清洁生产的重点在于生产过程的控制,从本质上讲属于预防性措施。而工业生态学的研究对象是整个产业系统,它以全新的视角阐释工业生态系统内部各个组织所需的资源与产生的废物之间的矛盾与联系,力图模仿自然生态系统的运行,通过重组和调整工业系统,将环境因素整合到经济过程之中,根据可持续发展的原则来设计工业系统,即在更高的层次和更大的范围内提升和延伸了环境保护的理念与内涵。

　　工业生态学是建立在清洁生产的研究基础之上的,清洁生产是工业生态学的前提和本质。工业生态园的主要做法是将上游企业的废物作为下游企业的原料和能量,但这并不意味着上游企业可以无限制地任意排放废物,相反,在一个能够合理运行的工业生态系统之中,首先要减少上游企业产生的废物,尤其是有害物质。同样的,下游企业的生产过程也要遵循清洁生产的原则。也就是在整个工业生态系统之中,每一环节都要做到清洁生产,尽可能采用改进工艺、原料替代、加强管理等手段,实现生产中的污染物产出量最少,能源、资源消耗最小的目标。

5.6　化学工业生态学

5.6.1　工业生态学在生态工业园的三个应用

　　我们将利用工业生态学的三个应用实例来说明工业生态学的系统框架是如何帮助生态工业园的开发团队解决工业园开发和管理方面的重要问题。清洁生产的主要目标也将会在其中得到反映。

　　1.工业园区招商

　　亚洲许多国家的工业园招商目标主要集中在大型加工出口型跨国公司上。这么做虽然可令当地居民得到一些就业岗位和为一些小的服务公司或者供应商赢得一些订单,但当地的经济利益被相对削弱,并且这种发展模式带来的影响(交通压力、污染、住房需求等)经常会抵消可能获得的利益。这样的园区对那些寻找建立新厂的企业家缺乏吸引力。

　　一个利用工业生态学的整体思想开展工业园建设的开发商会发现工业生态学所强调的招商策略更具有商业价值:

　　①开展多元化招商而不是仅仅瞄准一些大公司。

　　②建立一个企业孵化器,使新企业或不断扩展的当地企业获得成功。这个孵化器本身就是园区的一个企业,它可以为工业园创造更多的新企业。

　　③发展新兴产业,从而帮助整个国家通过使用可更新能源、提高能源效率和促进资源回收的技术而在能源和材料方面变得能够自给自足。

　　④作为公共私人-伙伴关系的一员与当地社区的领导保持密切的工作联系,并帮助当地企业实现其经济目标。

　　⑤建立清洁生产中心,并寻找能帮助工业园和园区企业提高环境和经济绩效的咨询和

服务公司。

工业园招商策略的所有这些要素是以工业生态学最基本的原理为基础的：环境保护的目标能以一种有助于企业获得利益的方式来实现。

2. 有毒材料的管理

工业生产每年使用成千上万的危险物质，这些物质可能被排放到大气、水或者土壤中，并且需要安全地处理掉或者再循环。若这些物质被大量地存留在环境中，它们通常沿食物链方向进行积累和浓缩。处理危险物质的政策和规章制度尚不完善，并且往往因缺乏资金而无法有效执行。许多有危险的副产品被送到设计很差的垃圾填埋场或被非法倾倒掉。工业生态学的系统观点建议，在制定有毒物质管理的政策、规章制度和实践时，可通过制定短期的创新项目来实现长期绩效的提高。因此，生态工业园中条约、指导方针、设施和服务的规划者应该做到：

①在区域和全国层次上对政策的制定施加影响，为发展更清洁的经济系统和消除风险最高的材料设定长期目标。

②制定鼓励企业采用绿色化学品、高效处理和再循环技术的政策以及减少资源使用和进行过程再设计的政策。

③在园区内建立清洁生产中心，为园区企业提供减少有毒废料、分离有毒材料以使之能够再循环利用和进行高效库存管理的服务和培训。

④与政府和企业一起鼓励建造有毒材料再循环和处理的企业，以预防非法倾倒，在某些情况下，这种企业可能是所在园区招商的目标。

这些活动将有助于减少危险物质管理中的危险和负担，同时也为工业系统更少地使用这些物质做好了准备。有了这个框架，工业园的设计团队能更好地理解所需要的具体政策、服务和设施，从而帮助园区企业有效管理它们的有毒物质。

3. 减少温室气体

生态工业园是对工业生态学的重要应用，因为我们需要不断地和企业及附近社区打交道，把企业集中起来进行交流、学习和行动的效果可能会比单个企业自己发展更好。这对处理像气候变化这样的可以对全球产生影响的问题特别重要，因为科学已经证明了气候变化正是工业交通和能源系统排放的温室气体造成的。

当全球各个国家在对处理温室气体这一危机逐渐达成一致时，生态工业园的开发者已经在这一领域采取了实际行动。最直接的潜在利益就是生态工业园在融资过程中更加容易获取公共和私人部门的有关基金。

加拿大达尔胡西大学著名的工业生态学家瑞梦·考特(R. Cote)教授，目前正在指导一个关于如何对加拿大新斯科舍省得德伯特工业园实施减少或消除温室气体排放的研究项目。项目网站这样描述道："将要被评价的策略包括植被、用地规划和景观设计、建筑设计和建设、交通管理、经济鼓励和手段以及潜在的排放交易"。

　　虽然,加拿大的研究项目尚未结果,我们还没有结论可以参考,但我们可以在工业园内开展减少温室气体排放的行动,以扩大这个概念的应用。采取行动的主要领域包括工业园区设计,提高园区企业绩效的项目和工业园与当地社区和园区外的企业在减少温室气体方面进行的合作等。

5.6.2　化学工业生态学的实践

　　在许多工业部门,工业生态学的实践应用还主要体现在环境设计(DFE)方面。这些工业部门主要是产品制造业,包括家用电器、电子产品、航空设备和飞行器、汽车等。近几年以来,工业生态学在化学生产中的应用也逐渐被人们重视起来,化工生态园区的建立就是一个很好的例子。

　　化工生态园区是依据循环经济理论和工业生态学原理设计的一种新型工业组织形态,是生态工业的聚集场所。工业生态学将化工生态园区这样一个人工生态系统设想为自然生态系统,也存在着物质、能量和信息的流动与存储,并通过工业代谢研究,利用生态系统整体性原理,将各种原料、产品、副产物乃至所有排放的废物,利用其物理、化学成分间的相互联系、相互作用,互为因果地组成一个结构与功能协调的共生网络系统。化工生态工业园区是实现生态工业的重要途径,是经济发展和环境保护的大势所趋。从环境保护角度来看,化工生态工业园区是最具环保意义和生态绿色概念的工业生态园区。

　　化工生态园区是继经济技术开发区、高新技术开发区之后我国的第三代产业园区。化工生态工业园与前两代产业园的最大区别是:化工生态工业园区以生态工业理论为指导,着力于园区内生态链和生态网的建设,最大限度地提高资源利用率,从工业源头将污染物排放量减至最低,实现区域清洁生产。与传统的"设计—生产—使用—废弃"生产方式不同,生态工业园区遵循"回收—再利用—设计—生产"的循环经济模式。化工生态工业园区仿照自然生态系统物质循环方式,使不同企业之间形成共享资源和互换副产品的产业共生组合,使上游生产过程中的废物成为下游生产的原料,达到资源的最优化配置。

　　目前世界上一共有 60 多个生态工业园区在规划或者建设。从生态工业园的发展状况来看,建立和发展生态工业园区的行业多为化工、能源和农业。因为这类工业企业所需的原材料多,耗能高,产生的"废物"也多,这有利于其他行业和部门对该体系的"排泄物"再次利用。尤其是石油炼制、塑料加工、药品生产等化工行业,在传统经济模式下,都是污染最严重的,污染物最难处理,但在生态工业体系中却发挥了优势。

　　这种几近完美的工业生态园区的模式,是我国政府和企业界的追求,至今成功者较少。据全国人大常委执法检查组 2006 年 8 月公布的执法检查报告,我国工业废弃物综合利用率只有 56.1%。"工业固体废物的减量化工作进展迟缓,产生量逐年上升趋势,对存量越来越多"。2005年工业工业固体废物产生量达到$13.4×10^8$t，比2000年增加了64％。全国固体废物堆存量累计已近$80×10^8$t，占用和损毁土地$200×10^4$亩以上，对土壤和水体造成了严重的污染。

总体来讲，对生态工业园区建设比较成功的都是发达国家，这些国家基本上都已经进入了后工业化时代，在很多生产领域都拥有先进的生产工艺，掌握了大量的先进技术和熟练的市场经营方式和技巧。而我国工业化的进程还在进行，这就使得我国的工业生态园区建设有着自身的特殊性，国外许多成功的经验可能并不适合中国的实践。

2001年起，我国开始通过建立生态工业示范园区在区域层次推进循环经济的开展，比较著名的园区有贵港国家生态工业（制糖）示范园区、黄兴国家生态工业示范园、包头国家生态工业（铝业）示范园、石河子国家生态工业（造纸）示范园等。这些园区的建立，不仅能够促进该地的循环经济及生态工业的发展，而且对于调整、优化该地区的产品及产业结构，推动该地区的生态建设具有较好的示范和先导作用。下面以贵港国家生态工业（制糖）示范园区为例对生态工业园区进行说明。

贵港国家生态工业（制糖）示范园区以是贵糖（集团）股份有限公司为核心，以蔗田系统、制糖系统、酒精系统、造纸系统、热电联产系统、环境综合处理系统为框架，通过盘活、优化、提升、扩张等步骤，建设生态工业（制糖）示范园区。其总体框架如图5-7所示。

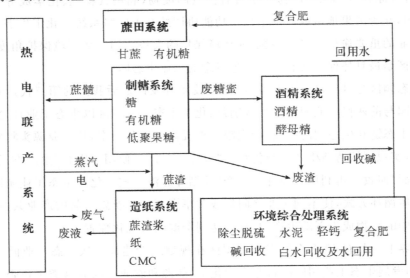

图5-7 贵港国家生态工业（制糖）示范园区总体结构

在总体结构中，每个系统内部分别有产品产出，各系统之间是通过中间产品和废弃物的相互交换而互相衔接，从而形成一个比较完整、闭合的生态工业网络。园区内的资源得到最佳配置，废弃物得到有效利用，环境污染减少到最低水平，因此，该示范园却充分体现了生态工业的四个主要特点，即横向耦合性、纵向闭合性、区域整合性以及区域的柔性结构。

在横向耦合性方面，园区内有三条主要的生态链：甘蔗→制糖→蔗渣造纸生态链；制糖

→糖蜜制酒精→酒精废液制复合肥生态链;制糖(有机糖)→低聚果糖生态链。这三条生态链相互间构成了横向耦合的关系,并在一定程度上形成了网状结构。物流中没有废物,只有资源,各环节实现了充分的资源共享,变污染负效益为资源正效益。

在纵向闭合性方面,园区内的主要原料是甘蔗,由甘蔗生产出糖、纸和酒精等产品,最后,酒精厂复合肥车间生产出的甘蔗专用复合肥和热电厂锅炉的部分煤灰一起作为肥料又施于甘蔗田,从而使整个园区形成"从源到汇再到源"的纵向闭合。

在区域整合性方面,园区内水资源消耗的主要环节中,将制糖生产中的冷凝水、凝结水回用,造纸系统的脉冲白水回用;锅炉的燃料可以用甘蔗蔗髓;将热电厂锅炉的含硫酸性烟气和造纸厂的碱性废水进行中和反应;将园区内的固体废弃物如滤泥、白泥、废渣等加以综合利用,最终使得排到环境中的污染物被降至最低。更重要的是,为解决广西制糖业的结构性污染问题,园区内的造纸厂、酒精厂消化了贵广市周边糖厂的 16×10^4 t 蔗渣以及广西全区内 98% 的蜜糖,从而实现了园区内、贵港市乃至广西全区的区域整合性。

在柔性方面,由于园内形成了一个比较完整、闭合的生态工业网络,因此,园区产品、生产规模等对资源供应、市场需求以及外界环境的随机波动具有较大的弹性,园区整体上抵御市场风险的能力大大加强,表现出了较强的柔韧性。

5.6.3　工业生态学今后的发展

应该说,工业生态学研究是伴随着人类可持续发展观的形成和实践而逐步兴起和发展的。可持续发展战略的实施是人类历史上前所未有的一次综合实践活动,没有现成的理论和经验可供借鉴和学习。随着其实践活动的不断推进和深入,人们迫切需要一种新的理论来探索、研究和指导这种实践,处理和解决工业、经济发展与生态环境破坏之间的尖锐矛盾。在此背景下,工业生态学应运而生并且快速发展。

由于其先进的理念和科学的方法论,工业生态学很快被人们接纳并付诸实践。特别是随着循环经济、生态工业园在美国、德国以及日本等国家取得巨大的成功,以资源节约、实现环境友好和可持续发展为特征的新的经济模式受到世界各国的关注,各国纷纷采取相应的举措以增强本国经济可持续发展的能力。

当前,我国正处于工业化进程之中,这一特殊的发展阶段产生了不断增长的环境负荷,带来长期环境破坏的巨大隐患。20 世纪 90 年代以来,国内学者逐渐认识到传统的污染末端治理方法无法从根本上解决我国的环境污染问题,工业生态学研究和循环经济实践受到越来越多的关注和重视,并取得了诸多研究和实践成果,为我国转变经济增长方式,加快建设资源节约型、环境友好型社会,促进社会、经济、环境的协调发展发挥了重要的作用。

今后,应从以下几方面进一步加强我国工业生态学的研究与实践:

①要针对工业生态学的学术思想和整体框架等主要问题进行充分讨论。学习、宣传工

业生态学的基本观点和方法,取得广泛共识,是开展研究工作的基础。目前,对工业生态学学术思想和研究内容的理解和认识还存在各种不同意见,应该通过学习和讨论,统一该领域研究人员的思想和认识,进一步推进我国工业生态学的研究和实践。

②要加强工业生态学高级专门人才的培养。提倡各个高校从工科专业本科毕业生或者在职教师中招收工业生态学硕士、博士研究生,毕业后专门从事工业生态学领域的教学和科研工作。要力争在较多高等院校中为本科生开设工业生态学必修课或选修课,为在职人员组织和开设多种形式的讲座或培训班。

③争取在研究生学科目录中增设工业生态学学科。为加快培养我国从事工业生态学研究的硕士、博士研究生,应向国务院学科建设委员会提出申请报告,建议在硕士、博士研究生学科目录中,增设工业生态学学科。

④继续加强工业生态学方向的科学研究工作。充分运用工业生态学的观点、理论和方法,在实际工作中迈出坚实的步伐是当务之急。特别要注意的是,在我国开展工业生态学的科研工作,不能照搬欧美思维模式和研究方法,要强调创新,密切联系中国实际。只有这样,才能逐步形成具有中国特色的工业生态学理论和实践体系,真正为我国的可持续发展作出贡献。

必须看到,我国是发展中国家,要提高社会生产力、增强综合国力和提高人民生活水平,就必须毫不动摇地把发展国民经济放在第一位,各项工作都要紧紧围绕经济建设这个中心来开展。我国是在人口基数大、人均资源少、经济和科技水平都比较落后的条件下实现经济快速发展的,这使本来就已经短缺的资源和脆弱的环境面临更大的压力。在这种形式下,我们只有遵循可持续发展战略思想,加快工业生态学研究和实践,从国家整体利益的高度来协调和组织各部门、各地方、各社会阶层和全体人民的行动,才能在顺利完成预期经济发展目标的同时,保护自然资源和改善生态环境,实现国家长期、稳定地发展。

▶▶▶▶ 参考文献 ◀◀◀◀

[1] 曹英耀,曹曙,李志坚.清洁生产理论与实务.广州:中山大学出版社,2009.

[2] R. A. Braden.工业生态学政策框架与实施.翁端译.北京:清华大学出版社,2005.

[3] 陆钟武.工业生态学基础.北京:科学出版社,2010.

[4] 尹建华.产业层面发展循环经济的理论与实践.北京:中国社会科学出版社,2010.

[5] 李炯华.工业旅游理论与实践.北京:光明日报出版社,2010.

[6] 尹建华.产业层面发展循环经济的理论与实践.北京:光明日报出版社,2010.

[7] 鞠美庭,盛连喜.产业生态学.北京:高等教育出版社,2008.

[8] 许芳,刘殿国.产业安全的生态预警机制研究.北京:科学出版社,2010.

[9] 王虹.生态工业园区运行机制与评价体系研究.北京:中国环境科学出版社,2008.

[10] 孙伟民.化工清洁生产技术概论.北京:高等教育出版社,2007.

[11] 罗宏,孟伟,冉圣宏.生态工业园区——理论与实证.北京:化学工业出版社,2004.

第6章

绿色化学化工技术

6.1 绿色化学化工技术概述

在绿色化学基础上发展的技术称为绿色化学化工技术或清洁化学化工技术、环境友好化学化工技术。理想的绿色化学化工技术是采用具有一定转化率的高选择性化学反应来生产目的产品,不生成或很少生成副产物或废物,实现或接近废物的"零排放";工艺过程使用无害的原料、溶剂和催化剂;生产环境友好的产品。绿色化学化工技术研究的目标就是运用现代科学技术的原理和方法在源头上减少和消除化学工业对环境的污染,从根本上实现化学工业的"绿色化",走可持续发展的道路。

绿色化学化工与传统的化学化工最大的不同点在于,它将通过重新设计化学物质的分子结构,保证其一方面具备产品所需的化学特性,另一方面,又能最大化地避免生产过程中排放有害物质。这种以化学方式来减少化学污染的形式在 20 世纪末期开始被留意,并在西方国家迅速推广开来。从 1990 年美国颁布污染防治法案开始,学者们对于绿色化学化工的研究就从未止步,迄今为止,美国通过设立"总统绿色化学挑战奖"、成立绿色研究所等方式,最大化地鼓励绿色化学化工的发展,包括欧盟、日本在内的许多联盟和国家都极其重视绿色化学化工的发展,通过各种各样的形式来推动本国的无污染化学生产的发展。1995 年,中国科学院化学部确定了"绿色化学与技术"的院士咨询课题,连续几年内,通过开研讨会、出版学术报刊等多种方式推动绿色化学化工技术的发展。1997 年,我国召开"可持续发展问题对于科学的挑战及绿色化学"研讨会,极大地推动了相关研究与产业的发展。

6.2 绿色化学在制药工业中的应用

制药工业的特点有:产品品种多,更新快,涉及的反应多,原料繁杂,且大多数是易燃易爆的危险品和有毒物质;除原料引发的污染问题外,产品总收率不高(一般只有30％左右,有时甚至更低),往往是几吨、几十吨甚至上百吨的原料才制造出 1 吨成品,因此"三废"多,严重污染了环境。有些发达国家由于对环境保护的要求日益严格,现在逐渐放弃了高污染的原料药生产;而我国作为一个发展中国家,已成为原料药的出口大国,这虽然能为国家赚取一定外汇,但同时也产生严重的环境问题,长此下去,势必破坏我国的可持续发展战略。为此,我们必须大力提倡和发展绿色制药工业。

6.2.1　化学制药的绿色化

萘普生是一种优良的非甾体消炎镇痛药,主要用于治疗类风湿性关节炎、风湿性关节炎、强直性脊椎炎、各种类型的风湿肌腱炎和肩周炎,其化学名为(S)-(＋)-1-(6-甲氧基-2-萘基)-丙酸。

合成方法是以 β-萘酚为起始原料,经甲醚化、F－C 丙酰化、溴化、缩酮和水解氢化拆分等步骤。其反应经过如图 6-1 所示。

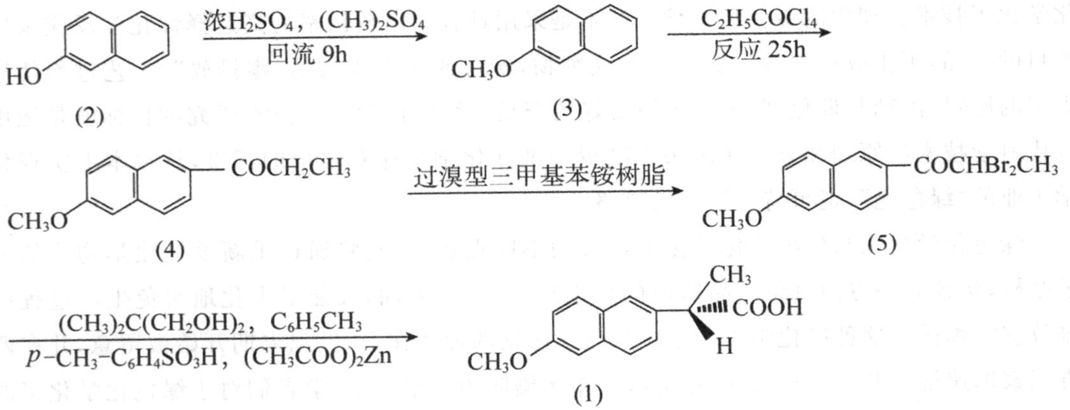

图 6-1　(S)-(＋)-1-(6-甲氧基-2-萘基)-丙酸的合成方法

这种采用分子内诱导合成拆分方法的特点是路线长、成本高和污染严重,反应中用到的浓硫酸、氢氧化钠水溶液和盐酸,都会造成大量的废水污染环境,不符合对环境友好工艺的要求。

近年来,萘普生不对称合成技术发展很快,该方法是利用末端烯烃氢缩羧化的区域选择性,将其用于萘普生的合成。对手性配体进行筛选用手性配体(7)(图 6-2),底物(6):配体(7):PdCl$_2$＝10:0.5:1,于室温和常压下能高产率、高选择性地合成萘普生,其反应过程见图 6-2。

(7): (S)-(+)-BNPPA

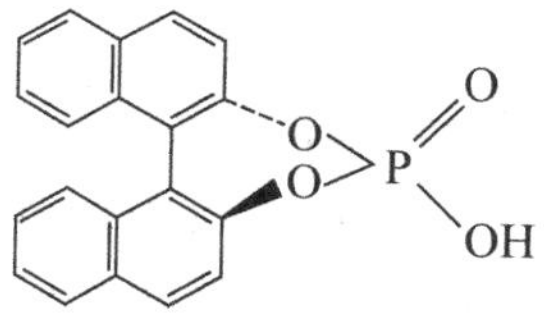

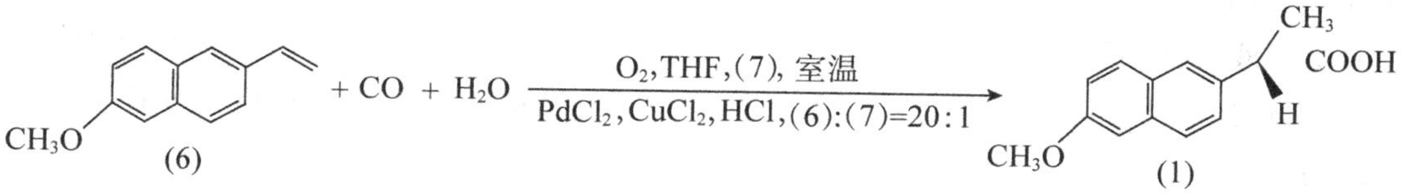

图 6-2　对手性配体进行筛选

与常规的方法相比:不对称合成技术反应步骤减少;常温常压反应条件温和;避免使用大量的像甲苯、甲醇、二氯乙烷等有害溶剂,后处理简单;几乎没有废物产生,减少了废水对环境的污染;收率高,产品不需要拆分。总之,由于萘普生对映异构体药理特性的差异和临床上巨大的应用价值,其不对称合成技术已引起广大化学和药物研究工作者的关注。

6.2.2　生物制药的绿色化

在新世纪,生物制药已成为制药行业的重要分支。生物制药即利用生物技术生产药物,这将为当代疑难疾病的治疗提供更多有效药物。例如,肿瘤是一种多机制的复杂疾病,目前仍用早期诊断、放疗、化疗等综合手段治疗,随着抗肿瘤药的发展,今后可应用基因工程抗体治疗肿瘤;再如采用神经生长因子治疗神经退化性疾病,还可治疗自身免疫性疾病、心血管疾病和病毒感染性疾病。生物技术提供的药物及新药的发展、设计、生产手段,以及对发病机制的解释,昭示 21 世纪的制药工业将以生物制药为主体。

生物制药的绿色化要求在开发和生产生物药物的过程中,所用的工程细胞株应是形态正常,无菌,染色体畸变率在可以接受的范围内,细胞及其产物无致瘤性;克隆的表达水平高,细胞在冷冻复苏后表达水平不下降;分离纯化过程简单且效果好。

1. 人促红细胞生长素

人促红细胞生长素(rhEPO)是一种由肾脏产生的高度糖基化蛋白,是红细胞发育过程中最重要的调节因子;对肾衰竭引起的贫血有明显的疗效和很小的毒副作用;可纠正恶性肿瘤相关贫血;在治疗艾滋病引起的贫血和化疗引起的贫血等方面,也显示很好的疗效。

天然存在的 EPO 药源极为匮乏,需从贫血病人的尿中提取,不能满足临床需要。1985年,研究人员成功地从胎儿肝中克隆出 EPO 基因,使通过基因工程大量产生重组 EPO 成为可能。国外用人促细胞生长素基因组 DNA(gDNA)在哺乳动物的细胞中得到了高效表达。在我国虽然也有重组产品问世,但存在表达水平低、生产成本偏高的问题,不能满足大规模工业化生产和临床应用的需要,因此迫切需要提高 EPO 在细胞中的表达量。

(1)rhEPO 工程细胞株的大规模培养

工程细胞株经由小方瓶、中方瓶、大方瓶至转瓶扩大培养后,接种到堆积床生物反应器中,生物反应器内充填一定量聚酯片,由 N_2、O_2、CO_2、空气来调节 pH 及溶解氧;细胞吸附于聚酯片上,细胞先在 10% 胎牛血清的培养基中生长,5~7 天后换为无血清的灌流培养,收集培养上清液,其中 EPO 的表达量约为 5000IU/mL;培养上清液经离子交换-反相-分子筛三步层析,得到高纯度比活性的 EPO。该工艺重复性好,时间短,可用于大规模生产 EPO 供临床使用。

(2)纯化工艺研究

纯化路线:培养上清液→离子交换层析(Q-Sepharose XL)→脱盐→C_4 反相层析→超滤浓缩→分子筛层析(S-200)。

发酵上清液直接加到以缓冲液平衡的离子交换层析柱(Q-Sepharose XL),经 1.0mol/L的 NaCl 溶液洗脱后,收集 EPO 峰,合并,经葡聚糖凝胶 G-25 柱脱盐,将收集液上以 0.1mol/L 三羧甲基氨基甲烷(Tris)-HCl 平衡的 C_4 柱,用无水乙醇做不连续洗脱,收集 EPO峰,经稀释和超滤浓缩后,最后上 S-200 分子筛柱,S-200 柱的流动相为 20mmol/L 柠檬酸和100mmol/L NaCl,pH 7.0。

①离子交换层析。Q-Sepharose XL 柱用 0.1mol/L 的磷酸缓冲平衡,取培养上清液,过滤除去细胞碎片后,直接上柱,上柱流速为 10mL/min,上样完毕后用含 10mol/L NaCl 的平衡缓冲液洗至基线,收集 EPO 洗脱峰溶液。

②反相层析。将收集的 EPO 洗脱峰溶液,经过 10mmol/L Tris-HCl(pH7.0)缓冲液平衡的 G-25 柱脱盐后上样,控制上样流速,上样完毕后先用平衡缓冲液洗至基线,以 10mmol/L Tris-HCl (pH 7.0)缓冲液为 A 液,无水乙醇为 B 液,分别用 20%、50%、60% B 液不连续梯度洗脱,收集 60% B 洗脱峰。收集样品用蒸馏水稀释后,超滤浓缩至一定体积。

③分子筛层析。将上面浓缩得到的样品上样于流动相为 10mmol/L 柠檬酸钠和100mmol/L NaCl 的 S-200 柱上,上样量小于柱床体积的 5%,上样及洗脱速度为 1mL/min。收集 EPO 活性峰。

此工艺操作时间短,整个纯化周期只需要 48h。特别是第一步的离子交换层析,采用线性流速快、载量大的 Q-Sepharose XL 作为纯化起始步骤的分离介质,上量流速大,可在较短时间内处理大量样品,经此步纯化工艺,EPO 的纯度达 40% 以上,减轻了后处理的负担,可在短时间内处理大量的培养上清液,避免因长时间处理引起细菌污染,导致产品中热原质过高及 EPO 分子降解。在离子交换层析后,采用反相层析进一步纯化,在 60% 乙醇梯度处可以洗脱高比活性的 EPO。经过 C_4 反相层析,样品中 EPO 纯度达 90% 以上。

采用该工艺纯化 EPO,生物活性总回收率达 46%,所得终产品各项指标均合格;免疫学检测证明其具天然 EPO 的免疫特性;生物活性分析表明其体内的生物学比活性超过国家规定人用重组 EPO 的体内的生物活性标准。因此,该工艺适合于大规模生产高纯度、高活性的 rhEPO。

rhEPO 的纯化工艺也有报道用反相-离子交换-分子筛层析的工艺路线。由于该工艺将反相层析这一高分辨率的纯化方法用作起始步骤，不能及时处理大量样品，而且起始物质成分复杂，达不到良好的分离效果，还会影响反相介质的再生使用。

2. 新型降钙素（nCT）

鲑鱼、猪和人降钙素以及鳗鱼降钙素类似物已用于临床治疗骨质疏松病和高血钙症。鲑鱼降钙素的生物学活性最高，它是人类降钙素的 50 倍，但长期使用非人源的鲑鱼降钙素会产生抗体。以人和鲑鱼的降钙素为先导化合物，可获得活性高、半衰期长、抗原性低的新型降钙素 Ntc/pGEX-2T/$E.coli$（大肠杆菌）BL21。pGEX-2T 是一种原核融合型表达载体，能高效表达外源蛋白。

外源基因克隆在谷胱甘肽（GST）转移酶基因 $3'$-末端，所表达的融合蛋白用偶联有谷胱甘肽的亲和层析柱，经过一步纯化就可得到融合蛋白，融合蛋白经磺酸化和溴化氰裂解，再经离子交换和反相-高压液相色谱（RP-HPLC）纯化，制得新型降钙素前体，将其转化为具有 C-末端酰胺化的新型降钙素 nCT，具体工艺过程如下：

（1）工程菌发酵工艺

将基因工程菌 Ntc/pGEX-2T/$E.coli$ BL21 单菌落接种于一定体积的 Luria-Bertani（LB）培养基中，于 37℃恒温振荡培养约 15h；次日，将此种子按 1‰接种量接种到有培养基的摇瓶中，37℃通气培养至吸光度 $A_{600nm} = 0.6$，加入诱导剂异丙基硫代-β-D-半乳糖苷（IPTG）至工程菌的终浓度为 0.1mmol/L；继续培养 4h，离心收集菌体，并用此条件在发酵罐进行发酵，大量制备菌体。

（2）融合蛋白纯化工艺

将离心收集的发酵液菌体按一定量分装到离心设备中，然后将离心设备放入干冰和乙醇形成的冰浴中 10min，再放入冰水浴中 2min，反复 3 次；每瓶加入一定量丁二酸-1,4-丁二酸聚酯（PBS）混悬，放入冰水浴中，间歇搅拌 1h 后离心 30min，收集上清液，并经强离子去污剂聚丙烯酰胺凝胶电泳（SDS-PAGE）检测融合蛋白；上清液通过谷胱甘肽的亲和层析柱，用一定量 PBS 洗涤，10mmol/L 谷胱甘肽（50mmol/L Tris-HCl，pH8.0）洗脱，收集洗脱液并进行 SDS-PAGE 检测；合并洗脱液，透析后再进行一次亲和层析，洗脱液透析后用聚乙二醇（PEG）浓缩，将融合蛋白浓度调整为 10mg/mL。

（3）前体纯化工艺

融合蛋白经磺酸化和溴化氰裂解后，裂解液加入快速凝胶柱中，用 10mmol/L 的 HCl 洗涤至 $A_{280nm} < 0.054$，然后用洗脱液（10mmol/L HCl，100mmol/L NaCl）洗脱，紫外检测器检测，收集出峰处流出液；冷冻干燥，再经 RP-HCl 纯化。

（4）新型降钙素制备工艺

将新型降钙素前体加入 pH9.5 的氨溶液（浓 $NH_3 \cdot H_2O$ 用 HCl 调节）中，加入二甲基亚砜使多肽完全溶解；然后加入 $50\mu mol/L$ 的羧肽酶 Y 溶液，在 37℃反应 1h，加入三氟乙醇（TFA）摇荡均匀（终浓度 1%），终止反应；用 2mol/L NaOH 调节 pH 至 8.0，加入半胱氨酸，使终浓度为 5mmol/L，仍然在 37 ℃反应 1h 以恢复二硫键，RP-HPLC 纯化，收集各出峰处流出液，减压蒸馏，冻干，进行氨基酸组分分析和质谱鉴定，确定新型降钙素的组分。

此工艺特点有：所用的基因工程菌 Ntc/pGEX-2T/*E. coli*（大肠杆菌）BL21 细胞株形态正常，无菌，细胞及其产物无致瘤性；降钙素的表达水平高，细胞在冷冻复苏后表达水平不下降；纯化过程非常简单且效果好。

6.3　超临界流体在绿色化学反应中的应用

绿色化学的核心问题之一是探索新反应条件和环境无害的介质。超临界流体（supercritical fluid，SCF）作为反应介质具有以下特性：

①高溶解能力。只需要改变压力，就可控制反应的相态，既可以使反应呈均相，又可以使反应呈非均相。超临界流体可以溶解大多数固体有机物，使反应在均相中进行。特别是对 H_2 等气体具有很高的溶解度，可提高氢的浓度，有利于加快反应速率。

②高扩散系数。一般固体催化剂是多孔物质，对液-固相反应，液态扩散到催化剂内部很困难，反应只能在固体催化剂表面进行。然而，在超临界状态下，由于组分在超临界流体中的扩散系数相当大，超临界流体对气体的溶解性大，对于受扩散制约的一些反应可以显著提高其反应速率。

③有效控制反应活性和选择性。超临界流体具有连续变化的性质（密度、极性和黏度等），可以通过溶剂与溶质或者溶质与溶质之间的分子作用力产生的溶剂效应和局部凝聚作用的影响有效控制反应活性和选择性；

④无毒性和不燃性。超临界流体（如 CO_2、H_2O 等）是无毒和不燃的，有利于安全生产。

在超临界条件下化学反应具有如下特点：

①加快受扩散速率控制的均相反应速率，这是因为超临界相态下的扩散系数大于液相。

②克服界面阻力，增加反应物的溶解度。

③实现反应和分离的耦合，在超临界流体中溶质的溶解度随相对分子质量、温度和压力的改变而有明显的变化，可利用这一性质及时地将反应产物从反应体系中除去，以获得较大的转化率。

④延长固体催化剂的寿命，保持催化剂的活性。

⑤在超临界介质中压力对反应速率常数的影响增强。

⑥酶催化反应的影响增强，酶能在非水的环境下保持活性和稳定性，因此，采用非水超临界流体作为一种溶剂，对酶催化反应具有促进作用。对于固定化酶，超临界流体溶剂还有

利于反应物和产物在固体孔道中的扩散。超临界流体在化学物质的萃取分离等过程中已有广泛应用。为此,本节着重介绍超临界反应中的相关基础、超临界流体中的分子催化反应等。

6.3.1　超临界流体中化学反应的相关基础

物质有气、液、固三种相态,此外,在临界点以上还存在一种无论温度和压力如何改变都不凝缩的流体相,成此种状态的物质为超临界流体。临界点是指气、液两相共存线的终结点,此时气、液两相的相对密度一致,差别消失。超临界流体在临界温度以上压力不高时与气体性质接近,压力较高时则与液体性质更为接近。超临界流体性质介于气、液之间,并易于随压力调节,有近似于气体的流动性为,黏度小,传质系数大,但其相对密度大,溶解度也比气相大得多,又表现出一定的液体行为。此外,超临界流体的介电常数、极化率和分子行为与气、液相均有明显的差别。根据不同的操作条件将超临界流体分为三大区域:亚临界、近临界和超临界,这三个区域内的反应行为差别较大。Brennecke 认为,在 $1 < T/T_c < 1.1$ 和 $1 < \rho/\rho_c < 2$ 的超临界范围内,超临界流体的专有性质表现突出。

1. 高压相行为

超临界流体作为反应介质,可以增加化学反应的选择性和速率,令反应物和催化剂处在均相中反应,以及利用超临界区域的相行为,使产物容易与反应物、副产物和催化剂分离。因此,为了更好地研究超临界流体中的化学反应,必须了解高压条件下反应混合物的相态变化,才能确保反应在超临界状态下进行。应该指出,目前关于超临界状态下混合物的相平衡研究还不成熟,人们正在寻求新的和准确的模型方程来预测超临界流体的相行为。

对于在混合临界区域进行的化学反应,确定压强-温度-组成(p-T-X)图中相界线的位置是相当重要的。这些相界线包括液-液(LL)、液-气(LV)边界,三相液-液-气(LLV)或固-液-气(SLV)边界,有时为四相固-固-液-气(SSLV)或液-液-固-气(LLSV)边界。为了描述超临界介质中相行为对反应行为的影响,首先应了解最基本的二元混合物的 p-T 相图。图 6-3为双组分 p-T 相图,包括五种类型。在图 6-3a 中,任何比例下液体是互溶的,并存在连续临界混合物曲线。图 6-3 中所有的 p-T 相图,混合物的组成均沿着临界混合物曲线变化。图 6-4 所示为苯-乙烯二元体系混合物组成沿着临界混合物曲线变化。图 6-3b 为在所有温度和压力下,液体并非完全互溶的 p-T 相图(Ⅱ)。LLV 线终止的临界端点(UCEP,是指有其他液相存在下,气、液两相的交汇点)的温度显然低于任一组分的临界点温度。UCEP 出现在 LL 线和 LLV 线交叉处,图中用△表示。图 6-3c 为第Ⅲ类型的 p-T 相图。它的液体不互溶特征与类型Ⅱ相图相似。然而从临界点 C_2 起始的临界混合物曲线分支在较低的临界溶液温度下,贯穿于液-液不互溶区,而不是终止于临界点 C_1。在临界点 C_1 起始的临界混合物曲线的另一个分支在 UCEP 处与 LLV 线交叉。此类型的相行为是有意义的,有可能在沿着LLV 线的条件下,将反应产物从反应物中分离出来。如果反应产物具有与反应物不同的取

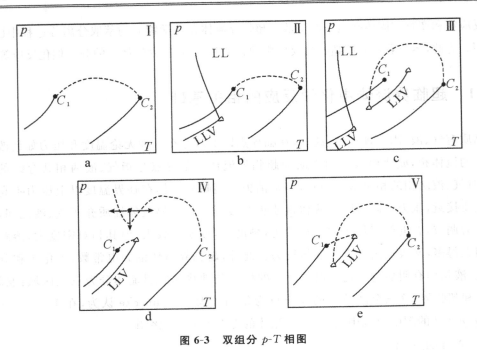

图 6-3　双组分 p-T 相图

[C_1 代表易挥发组分的临界点;C_2 代表难挥发组分的临界点;△代表临界端点(第
三非临界相存在时,其他两相的交汇点)]

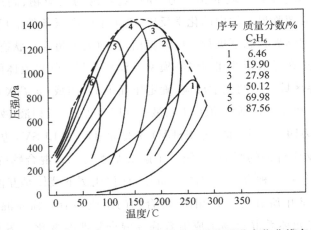

序号	质量分数/% C_2H_6
1	6.46
2	19.90
3	27.98
4	50.12
5	69.98
6	87.56

图 6-4　苯-乙烯二元体系混合物组成沿着临界混合物曲线变化

代基团,反应物-产物-SCF 混合物可能会在接近 SCF 的临界点附近出现不互溶区域。Dandge
等描述了取代基类型对溶质-非极性 SCF 混合物互溶性的影响。随着反应物、产物和 SCF
相对分子质量差别的增加,反应混合物将可能更多地表现出 LLV 行为。事实上,对于溶剂
和溶质分子大小差别很大的体系(如聚合物-溶剂体系),接近于纯溶剂临界点的 LLV 相行
为早已被人们所认识。图 6-3d 为第Ⅳ类型的 p-T 相图。在非常接近易挥发组分临界点 C_1
的条件下,类型Ⅳ的相行为与类型Ⅲ有一定的相似性。然而,起始于难挥发组分临界点 C_2

的临近混合物曲线分支在接近 C_1 点的温度时,压强存在一最小值。根据这种相行为可能会设计出大量的反应/分离方案。例如,在图 6-3d 的 * 号处的温度和压强下进行均相反应时,可通过将反应混合物分成两相来回收产物,前提是临界混合物曲线交叉[通过等温降压或等压升(降)温方法]。人们在 CO_2-角鲨烷和 CO_2-n-$C_{14}H_{34}$ 体系中观察到了这种相行为。对于第 Ⅳ 种类型的双元混合物系,也可能不存在图 6-3d 所示的压强极小值。图 6-3e 为第 Ⅴ 种类型的 p-T 相图,它与类型 Ⅲ 很相似。然而,LLV 临界区域由于受两条临界混合物曲线分支的约束,LLV 曲线将不会出现在如图 6-3c 所示的低温区域。

如果控制一定的条件,使反应物溶解于 SCF 相中,而产物不溶于 SCF 相,则有可能在反应进行将产物从反应混合物中分离出来。用这种方法可立即从反应系统中回收产物,同时避免了不希望产生的副产物。例如,在超临界 CO_2 中,异戊二烯与顺式丁烯二酸酐进行 D-A 反应随着反应的进行,产物从反应混合物中沉淀出来。反应是在接近纯 CO_2 临界点的超临界条件下进行的,要求反应物的浓度处于相当低的水平。随着反应的进行,产物不断以固体形式从 SCF 相中沉淀出来,回收更加容易。

在通过调节温度和压力将产物从溶液中分离出来的过程中,SCF 作为相传递介质,不仅使反应在均相中进行,而且使产物很容易与反应混合物分离。

2. 化学反应平衡

溶剂通过它在溶质周围的环境影响反应热力学。描述这种反应环境的溶剂性质包括极性和极化率。溶剂的极性对应着永久偶极-偶极间相互作用。极化率则与溶质分子在溶剂中产生诱导偶极有关。这样,通过在超临界流体中研究化学平衡可以了解到分子间相互作用情况。

Kimura 等通过测定溶剂密度对 2-甲基-2-亚硝基丙烷二聚平衡常数的影响,来研究流体结构对化学反应的影响。在超临界、密度从气相到 2.5 倍临界密度的条件下,对比密度 $\rho_r <$ 0.3 时,在 CO_2、$CClF_3$、CHF_3 溶剂中的平衡常数随密度的增加而增加;而当 $0.3 < \rho_r < 1.4$ 时,平衡常数随密度的增加而减小;而当 $\rho_r > 1.4$ 时,平衡常数再次随密度的增加而增加,如图 6-5 所示。他们认为三个区域的形成是由于每个区域中占主导地位的分子间作用力不同而引起的。在低温区域,分子间的吸引力和溶质-溶剂间的相互作用决定了密度对平衡常数的影响;在高密度区域,填充效应占主导地位;在中密度区域,分子间相互作用起主要作用,而且溶剂-溶剂间的相互作用也变得非常重要。对比在 Xe 和其他分子流体体系中的结果,他们认为平衡常数在中、高密度区域,溶剂的分子集合效应影响不是很大。

Peck 等应用原位 UV 光谱测定了在超临界 CO_2(393K,$T_r = 1.06$)和 1,1-二氟乙烷(403K,$T_r = 1.04$)中 2-羟基吡啶和 2-吡啶酮的异构平衡常数 K_c,在两种超临界流体中,平衡常数随压强的增大而增大。以二氟乙烷超临界流体为例(图 6-6),403K 下平衡常数从 20.68×10^5 Pa 下的 0.82 增加到 103.4×10^5 Pa 下的 1.84,最终增加到 206.8×10^5 Pa 下的 2.07。并且当压强超过 45×10^5 Pa 时,压力的影响减小。

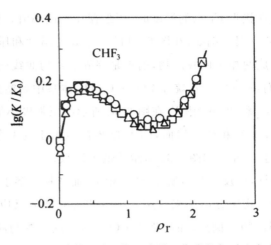

图 6-5　2-甲基-2-亚硝基丙烷二聚反应的平衡常数与对比密度的关系

（CHF₃ 为溶剂，60.9℃）

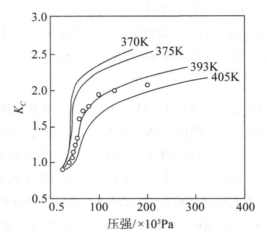

图 6-6　压强对平衡常数的影响

（超临界二氟乙烷中 2-羟基吡啶和 2-吡啶酮异构反应，代表 403K 下的实验数据）

　　2-羟基吡啶和 2-吡啶酮是同分异构体，具有相同的尺寸，因此压力对平衡常数的影响说明它们的极性是不同的。根据 KirKwood(1934)理论，K_C 和溶剂极性的关系作用式如下：

$$RT\ln K_C = \frac{\varepsilon}{\delta}\left(\frac{1-\varepsilon}{1+\varepsilon}\right)\left(\frac{\mu_2^2}{\gamma_2^3} - \frac{\mu_3^3}{\gamma_3^3}\right) \tag{6-1}$$

式中：R 是分子半径，下标 2 和 3 分别代表两个异构体。

　　图 6-7 所示为平衡常数与介电常数间的关联。随着溶剂极性的增加，平衡向 2-吡啶酮移动。在极性溶剂中的平衡常数与在非极性溶剂中相比，可达到更高值，这是因为前一个溶剂的介电常数大（给定的对比压力范围内）。另外，在同一介电常数下，丙烷溶剂中的平衡常数高于 1,1-二氟乙烷中的，这是因为单位体积的丙烷具有更高的极化能力。

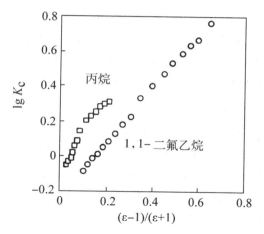

图 6-7　平衡常数与介电常数间的关联

在高压状态下,压力对密度和等温压缩率 K_T 的影响减少,故其对平衡常数 K_C 的影响显著降低。式(6-2)为平衡常数与压强的表达式:

$$\left[\frac{\delta \ln K_C}{\delta p}\right]T = \frac{-\Delta \overline{V}_{rxn}}{RT} + K_T \sum V_i \tag{6-2}$$

式中:$\Delta \overline{V}_{rxn}$ 代表产物与反应物偏摩尔体积之差,为反应始终各物质的化学计量系数之和,为等温压缩系数。在图 6-8 给出了由式(6-2)计算出的 $\Delta \overline{V}_{rxn}$ 与压强的关系,可见,在临界压强附近,存在极小值。

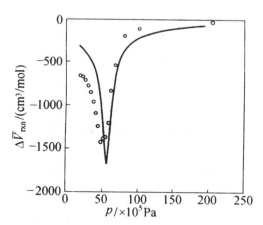

图 6-8　超临界流体 1,1-二氟乙烷中 2-羟基吡啶(2-吡啶酮)
同分异构反应的 $\Delta \overline{V}_{rxn}$ 与压强的关系

尽管 K_C 是压强的高度非线性函数,但 $\ln K_C$ 可近似表达成密度的线性函数。K_C 与密度的关系可由式(6-3)表示:

$$RT\left(\frac{\delta \ln K_C}{\delta \rho}\right)T = \frac{RT}{\rho K_T}\left(\frac{\delta \ln K_C}{\delta \rho}\right)T = \frac{-n}{\rho^2}\left[\left(\frac{\delta p}{\delta n_3}\right)_{T,V,n_1,n_2} - \left(\frac{\delta p}{n_2}\right)_{T,V,n_1,n_3}\right] \tag{6-3}$$

由于忽略了 K_T 的影响,式(6-3)所示的临界点附近,密度对 K_C 的影响比压强对 K_C 的影响要简单。

Gupta 等报道了超临界状态下化学平衡与氢键的关系。他们研究了超临界流体中甲醇和三乙胺的氢键,并发现溶剂的影响是显著的。在靠近临界点时,甲醇-三乙胺缔合平衡常数随压力下降而增加。在临界点附近,压力的影响最大。K_C 的自然对数也随密度而变化。$\ln K_C$ 与密度的关系图近似呈线性,但 50℃ 的 K_C 值和低于 8mol/L 的密度值都比预测值高,他们认为是由于溶质-溶质簇间的氢键作用加强所致。他们还修正了氢键晶格流体方程,加入了溶剂的影响,使之与实验更吻合。O'Shea 等通过研究超临界乙烷、三氟甲烷、CO_2 等溶剂中 4-苯偶氮-1-萘酚的偶氮腙同分异构反应平衡,考察了氢键和极性作用。在乙烷溶剂中,极性小的偶氮异构体占大部分;而在 CO_2 溶剂中,两种异构体的量几乎相同;在三氟甲烷溶剂中,极性强的腙占大部分。平衡组成的这种变化说明 CO_2 的四极矩、三氟甲烷的偶极矩和氢键供体有利于强极性异构体的形成。压力对氢键和特定极性作用的影响是不同的,因此可利用压力改变控制超临界流体中包括极性分子的反应过程。Yagi 等人也研究了在超临界 CO_2 和超临界正己烷中 2,4-戊二酮的醇-烯醇同分异构化平衡。他们发现,在非极性的正己烷液体中,2,4-戊二酮以弱极性的烯醇形式存在;而在弱极性的 CO_2 中,以 2,4-戊二酮形式存在。随超临界 CO_2 密度的增大,同分异构平衡明显由烯醇向酮方向移动,并且 $\lg K_C$ 与密度近似成线性关系。

除了上述通过化学平衡研究超临界流体中分子相互作用外,人们还在探讨相平衡变化的影响。混合物的临界点随组成的不同变化很大,仅仅根据化学平衡确定操作条件有可能使反应在非临界条件下进行。此外,超临界反应混合物的组成和组分决定了单相存在的压力-温度空间区域,且压力和温度又影响化学平衡。因此,化学平衡和相平衡都依赖操作条件,了解它们是如何随温度、压力变化的对正确理解动力学实验数据和合理设计超临界条件下的反应过程都是有用的。

6.3.2　超临界流体中有机金属化合物的合成

有机金属化合物的合成对很多催化反应都很重要。挥发性有机金属化合物可用于化学气相沉淀以生产薄片状微电子制品。超临界流体(尤其是 CO_2 和 Xe)作为有机金属物种的反应介质有助于合成出价值更高、新的有机金属化合物和形成催化反应中的关键中间配体物种。

Xe 属于惰性气体,超临界温度、压强和密度分别为:16.6℃、$57.7×10^5$ Pa 和 $1.1g/cm^3$,超临界条件比较温和,所以被用作合成有机金属化合物的介质。在超临界 Xe 流体中,Mn、Cr、Fe 的羰基配合物与 H_2 进行光化学反应,可得到 η^2 型的 H_2 配合物,如下所示:

$$CpM(CO)_3 + H_2 \xrightarrow[ScXe, 175 \times 10^5 Pa]{UV(200 \sim 400nm)} CpM(CO)_2(H_2) + CO$$

$$100 \times 10^5 Pa \qquad 25 \text{℃} \qquad \eta_2\text{-}H_2 \text{ 配合物}$$

$$M = Mn, Cr, Fe$$

$$CpM(CO)_2(H_2) + N_2 \xrightarrow{ScXe} CpM(CO)_2(N_2) + H_2$$

这些 H_2 配合物由于热稳定性差,不能用溶液反应来合成。采用超临界 XE,同常规溶液比,可显著提高 H_2 浓度,且可在室温下进行,配合物稳定性好。在超临界 Xe 中,可进行配体交换,如用 N_2 配体取代 H_2 配体。

上述反应可在超临界 CO_2 中进行。利用 CO_2 超临界场可把配合物以化学结合的方式固定在聚乙烯中。其过程为:首先将配合物 $Cp^* Ir(CO)_2$(Cp^* 为甲基环戊二烯基)溶解在超临界 CO_2 流体中,使之扩散浸入高密度聚乙烯薄膜中,在光照下铱配合物与 C—H 键结合,进而化学固定在薄层间。$Cp^* Ir(CO)_2$ 与聚乙烯在超临界 CO_2 中的反应过程如下:

萃取出去未反应的配合物后,CO_2 恢复到常压,只有反应了的配合物固定在聚乙烯。这种利用超临界流体的高溶解性能和向高分子层间扩散的能力将金属配合物引入高分子中的方法在新型材料合成、催化剂制备等方面具有重要意义。

利用超临界乙烯,在室温、光照下,$Cr(CO)_6$ 与乙烯反应合成乙烯铬配合物。该配合物具有下列所示的结构,它和传统的采用溶剂法反应得到的比较稳定的立体异构体不同。溶解在超临界流体中的生成物,可通过压力变化的绝热处理而结晶,所以可以较容易得到以前只能通过光谱确认的配合物或热稳定性差的有机金属化合物。

人们研究了以自由基激励进行的催化反应中超临界 CO_2 溶剂的"笼效应"。例如,在超

临界 CO_2 中，$MnH(CO)_5$ 和烯烃可进行化学计量反应，生成受笼效应影响的羰基化产物和不受笼效应影响的烃类产物。超临界 CO_2 作为溶剂时反应的选择性以及正己烷为溶剂时的选择性的对比结果如下：

	加氢产物	羰基化产物
20:6		
$ScCO_2$	66(6:1)	34(-)
正已烷	66(7:1)	34(7:1)

可见，笼效应的影响不大。因此，超临界 CO_2 可作为烯烃加氢或羰基化反应等均相反应的溶剂。

6.3.3　超临界流体中的有机化学反应

超临界流体由于具有连续变化的密度、极性和黏度等特点，可通过溶剂的笼效应或溶剂-溶质（溶质-溶质）间分子力产生的局部分子簇效应控制反应活性和选择性。另外，其只通过压力变化即可形成高密度相态，在高密度相态，溶剂分子与溶质分子间相互作用增强，所以可溶解固体有机化合物或有机金属配合物，形成均匀反应相。超临界流体可为自由基反应、聚合反应及酶反应等提供新的反应环境。

1. 与分子簇形成或笼效应有关的反应

在超临界流体中如存在溶质，则溶剂分子会在溶质分子周围形成局部分子簇，该部分流体浓度升高。尤其是在临界点附近，分子热运动产生的离散力和形成分子簇的凝聚力作用，使流体密度产生明显的振荡现象。分子簇的形成使流体分子的活化体积减小，1mol 溶质分子的活化体积为负值。在超临界条件下，反应过渡态具有负活化体积，与常规溶液反应相比，反应速率增加，选择性发生剧烈变化。例如，具有较大负活化体积的烯烃与 1,3-二烯烃的 D-A 反应，在溶液中主要生成物质物质对甲基苯甲酸甲酯 A，但在超临界点附近，选择性产生逆变，而是生成物质邻甲基苯甲酸甲酯 B。下式所示为超临界 CO_2 流体中异戊间二烯与丙烯酸甲酯的 D-A 反应式。

	A	B
异戊间二烯　丙烯酸甲酯		
常压：	99.5%	0.5%
$73.5×10^5$ Pa：	38.9%	61.1%
$203×10^5$ Pa：	85.9%	14.1%

可见,在常压和远高于临界点时,物质 A 的生成占优势,为 86%～99%,只有在临界点附近时,才以 B 物质为主。

在超临界 1,1-二氟乙烷流体中的 α-氯苯甲醚的热分解反应同有机溶剂中的反应相比,其反应速率大一个数量级以上。此时,由于临界点附近溶剂分子的分子簇作用,活化体积为 $-6000 cm^3/mol$,反应式为：

（过渡态）

在超临界流体中,当有两个以上反应分子存在时,反应分子间相互作用产生的局部分子簇也会使反应分子浓度升高,反应速率增加。特别是在临界点附近,可观测到反应速率显著随压力的变化而变化。例如,在超临界 CO_2 中的二苯甲酮的光致还原反应与在通常的溶剂中的反应速率大体相同,但是,在临界点附近压力的微小变化就使有机反应速率常数增加约 4 倍,这是由于溶质-溶质间相互作用显著的结果。应该指出,该反应的速率很慢,在通常溶剂中不受扩散控制。反应式为：

在超临界 CO_2 中,甲醇和邻苯二甲酸酐的酯化反应二级速率常数随压强变化很大,如下式所示,压强为 $96×10^5$ Pa 下的反应速率常数是 $164×10^5$ Pa 下的反应速率常数的 25 倍。这主要是由于邻苯二甲酸酐周围甲醇浓度高所致。

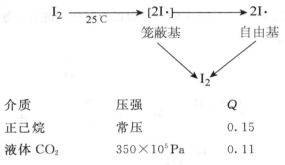

压强	速率常数 L/(mol·min)
$96 \times 10^5 Pa$	$3.48 \times 10^{-2} L/(mol·min)$
$164 \times 10^5 Pa$	$1.38 \times 10^{-3} L/(mol·min)$

基于溶质-溶剂间相互作用的超临界流体的笼效应,可通过一些自由基反应说明。通常,在有机溶剂中,I_2 光分解反应的光量子收率 Q 受溶剂笼效应影响而变化。如下式所示,在 CO_2 中的 Q 值与在正己烷中的 Q 值大体相同,说明此反应不受 CO_2 的笼效应影响。

$$I_2 \xrightarrow[25℃]{} [2I·] \longrightarrow 2I·$$
笼蔽基　　　　自由基
$$\searrow \quad \swarrow$$
$$I_2$$

介质	压强	Q
正己烷	常压	0.15
液体 CO_2	$350 \times 10^5 Pa$	0.11

非对称置换二苄基甲酮的光分解反应,经过苄基自由基,生成二苄基化合物,生成的两种自由基物种的再结合反应在受笼效应影响,优先生成非对称的二苄基化合物。而在超临界乙烷或 CO_2 中的反应,非对称产物只有 50%,和按游离基机理统计分布值相同,如下式所示,说明该反应也几乎不受笼效应的影响。

A-A	25%
A-B	50%
B-B	25%

对于 2,2-偶氮二异丁腈(AIBN)的热分解反应,生成的自由基在超临界 CO_2 流体中的笼蔽效应比在有机溶剂中的反应要小,笼蔽外的自由基反应优先,如下式所示:

介质	压强	f
苯	$1 \times 10^5 Pa$	0.53
$ScCO_2$	$273 \times 10^5 Pa$	0.83

在超临界 CO_2 临界点附近的乙酸萘酯的光 Fries 转位反应，由于溶剂-反应分子间的分子簇作用产生了较大的笼蔽效应，笼蔽外的脱氢生成萘酚的反应不如笼蔽内的转位反应优先，主要选择性生成乙酰基萘酯。此反应属于笼蔽效应控制反应方向。反应式如下：

2. 聚合反应

超临界条件下的烯烃聚合是超临界技术在化学反应中应用最早的一个实例。1933 年 ICI 公司偶然发现在 $170℃$、$1400 \times 10^5 Pa$ 下超临界乙烯的聚合反应。自此之后，关于超临界乙烯的低聚、高聚及多聚反应的研究逐渐多了起来。但这些聚合反应必须在高温高压下进行。为此，人们正在研究温和条件下的聚合反应。下式为超临界 CO_2 为溶剂时，含氟烷基单体自由基聚合反应。其反应速率与苯为溶剂时相比慢 2.5 倍，但由于自由基的笼蔽效应小，而具有很高的引发效率，反应始终在均相中进行，生成高聚体。此聚合物通常不溶于除氟氯碳以外的溶剂，但能溶于超临界 CO_2 中。

超临界 CO_2 流体对以亲 CO_2 的含氟化合物为表面活化剂的丙烯酰胺的反相乳化聚合反应是有效的,并且生成的高聚体的相对分子质量比在有机溶剂中要大,分支率低。

3. 超临界水中的反应

处于超临界状态下的水能高浓度溶解氧气,形成均匀反应相,主要作为污浊物质或有机氯化物等难分解物质氧化分解反应的介质。如超临界水中聚氯化联苯几乎完全水解为水、CO_2 和无机酸;又如在超临界水中,只通过控制压力就可使纤维素在 1s 以内水解生成葡萄糖和低聚糖。

6.4　绿色农药工业

6.4.1　绿色农药及制剂的含义

绿色农药和绿色农药制剂就是用无公害的原材料和不生成有害副产品的工艺制备生物效率高、药效稳定、易于操作使用、对环境友好的农药产品。使用绿色农药不仅可以保护作物的正常生长,保证农作物的稳产丰收,而且可以减少环境污染。

绿色农药应具备以下特点:

①有很高的生物活性,即控制农业有害生物药效高,单位面积使用量少。

②选择性高,包括对农业有害的自然天敌和非靶标生物无害或毒性极小。

③对农作物无害。

④使用后在农作物体内外,农产品以及土壤、大气、水体中无残留,即使有微量残留也可以在短期内降解,生成无毒物质而完全融入大自然。

因此,绿色农药是未来农药发展的必然趋势,是农业持续发展的一项基本保证。可以预见,在不久的将来,人类使用的所有植物保护产品都是绿色制品。

绿色农药也应包括绿色农药制剂。农药对环境造成的污染在很大程度上是由于制剂不是绿色而引起的,制剂好坏直接影响农药的使用效率。农药的残留主要原因之一是由于农药制剂的物理化学性能不良,对要保护植物表面的吸附能力弱,不能很好地润湿和铺展,造成大量农药无效浪费,并残留在植物或土壤中,被雨水冲入河流或渗入地下,造成污染。因此应该研究和开发绿色农药制剂,提倡和使用低毒、低污染的农药剂型,以水分散性颗粒剂取代粉状制剂。目前,缓释胶囊剂由于其优良的性能而成为农药制剂发展的重要方向。

6.4.2　绿色农药的分类

1. 生物农药

生物农药是利用生物活体或其代谢产物对有害生物进行防治的一类制剂,它较化学农药具有选择性强、无污染、不易产生抗药性、生产原料广泛等优点。目前已投放市场的商品生物农药可分为微生物活体、微生物代谢物、活体和代谢物的混合制剂、植物源农药、生化农药,另外具有抗病虫功能的转基因物种等也可归入生物农药的范畴。从防治对象上看,生物农药也可分为杀虫剂、杀菌剂、除草剂、植物生长调节剂等。

农用抗生素是微生物代谢产物,目前已发展成具有抗病毒、除草、植物生长调节剂等不同功能的各种产品。如研制出的杀蚜素和韶关霉素主要用于防治柑橘锈壁虱、叶螨和棉蚜;浏阳霉素、华光霉素、南昌霉素主要用于防治果树温室螨;农抗 109 是国家重点推广的新型农药,主要用于防治小麦、瓜果、蔬菜、花卉、烟草的白粉病、炭疽病等。

生化农药是指人工合成或从动植物体内提取的一类物质,能对害虫的生理行为产生长期影响。它包括昆虫的信息素,主要是性信息素、生长调节剂、趋避剂、拒食剂等。我国“七五”期间研制成功昆虫生长调节剂扑虱灵对同翅目害虫尤其是对飞虱科害虫有特效,现已大面积推广。

植物源农药目前已开发生产了十余个品种,包括烟碱制剂、鱼藤制剂、川楝素制剂、大蒜素、苦参制剂、拟源白头翁素等。中国植物源农药的研制及应用处于世界领先水平。

基因工程是正在开辟的植物病虫害防治的新途径,其产品主要包括转基因植物和重组微生物两类。目前,国内研究开发的转基因植物种类居世界第六位。

2. 化学合成农药

化学合成农药在过去的几十年里,对农业的发展作出了重大贡献,但同时也给环境造成了极大的伤害。随着社会的发展、人们环保意识的增强,同时为确保农业的可持续发展,开发高效、低毒、用量少、对环境无公害的超高效农药已成为化学合成农药的发展方向。

开发新农药是一个十分艰巨的任务。首先要从有机分子设计理论的建立开始,充分利用分子生物学的最新成就,采用量子化学、分子力学等方法,利用计算机辅助设计来开展合成工作,再将微量化、快速化生物测定模型所得活性数据反馈到有机合成的设计思维中去,对原来的设计思想加以整理修正。

American Cyanamid 公司开发成功的咪唑啉酮类除草剂就是一个例子。Arsenal(天草苾)及 Spcepter 是优良的大豆田除草剂,用药量仅为 0.5g/亩。

許多有机氟、氯新结构的出现引人注目。由于氟元素和氟基因导入分子后,使其电子效应加强,生物活性往往有很大改进,著名的除草剂氟乐灵即是一例。此外,氟酰胺是优良的杀菌剂。氟氯菊酯是一种新杀螨剂,具有特殊性能的含氟氯菊酯新品种正在不断地涌现。

第二代有机农药中,有机磷杀虫剂同有机氟杀虫剂相比每亩施药量低了两个数量级,施药量从每亩几千克降低到几十克。如刚研究开发成功的超高效农药杀菌剂三唑酮、杀虫剂1R,3R,α-s溴氰菊酯和除草剂氯磺隆,施药量已降至 $0.5 \sim 5g/$ 亩。这一方面大大降低了农药对生态环境的影响,另一方面也大大降低了化工原料的消耗。

3. 光活化农药

光活化农药包括光活化杀虫剂和光活化除草剂,与传统农药相比具有廉价、高效、无污染等优越性。光活化农药的关键是光敏剂,在有光和氧存在的条件下,光敏剂催化产生单重态氧杀灭害虫。光敏剂效果取决于其单重态氧的量子率,其分子本身只起催化作用,并不介入毒性反应,并且易被降解,因此对环境无污染。由于单重态氧在细胞上的生物化学作用点多,使害虫不易对其产生抗药性。这类绿色农药正在逐步走向实用化。

4. 化学信息素农药

化学信息素是个体之间传播信息的一种原生物质,是"信息物质"的同义词,由希腊语"semio"(信息)一词衍生而来。它可分为两部分:信息素(pheromones)和变异化学(allelochemicals)。信息素用于同类个体之间的交流;而变异化学则用于不同种族之间的个体交流。

化学信息素因对环境友好而越来越多地应用在害虫控制领域。它们通常都是简单结构的化合物,但是得到高纯对映体的合成方法却不简单。借助于先进的分析及合成技术能够得到甚至比天然化学信息素纯度更高的对映体,确定结构与活性之间的多样化关系特性。这大大推动信息素的研究开发与应用。

6.4.3　绿色农药的发展趋势

农药工业要想实现可持续发展,必须摒弃利己主义,在决策中同时考虑科学、经济和社会价值,将经济、环境和社会需要统一起来,采用现代技术改造产品和工艺,设置污染处理系统,以减少对环境的污染。同时大力开发绿色农药和绿色农药制剂,用药时采取综合防治体系,促进农业生产,又不危害环境的效果。

1. 努力实现从"杀死"到"调控"

生物调控剂（bioregulator）主要是指用不同的活性物质来调节、改变和抑制有害生物体在不同阶段的生长、发育和繁殖，同样能达到防治目的。目前，生物调控剂开发最成功的当属昆虫生长调控剂。与传统农药相比，昆虫生长调控剂作用方式新颖、独特，害虫不易产生抗性。

2. 大力发展转基因作物

由于转基因作物（GW）能大量减少农药使用量，既能有效保护生态环境，又省工省时，能创造可观的经济效益。因此，其已成为农药中的新贵。

3. 充分利用植物抗药性开发新农药

植物在遭受到植食性昆虫进攻后，能产生多种诱导防卫反应，即诱导抗生性，可直接影响昆虫行为、生长发育和繁殖等生物学特性，又可间接地通过天敌对植食性昆虫产生作用。近年来，已对 100 多种植物-昆虫系统进行过诱导抗生性研究。

4. 直接用有机生物体作农药

在现今的直接应用的生物源农药中，以 BT（苏云杆菌）居主要市场，约占整个生物源农药的 70% 以上。目前的 BT 商品约有数百种，可防治百余种有害昆虫。美国的 Mycogen 公司生产的日本金龟子芽孢杆菌等是已经产业化的细菌杀虫剂。

5. 依托现代生化技术开发低毒高效"特效药"

随着现代生化技术的发展，农药作用方式、传递方式、降解理论的探明，促进了针对性极强的特效农药的发展。如昆虫神经系统中有乙酰胆碱、γ-氨基丁酸、章鱼胺、谷氨酸等，针对这些神经传递物质来开发受体激活剂和拮抗剂成为杀虫剂研究的一个重要方法。针对昆虫表皮中几丁质合成的几丁质抑制剂、将酶作为筛选靶标的酶干扰剂、针对昆虫细胞生化物质的光敏活性杀虫剂、针对昆虫和植物激素开发的激素干扰剂、吸引雄性成虫的雌性成虫性诱剂（信息素）、抑制光合作用的除草剂等各类特效农药，尤其是针对昆虫、细菌特有生理现象的农药，靶标专一，环境相容性好，是发展可持续农药工业的必然选择。

6.4.4　光活化农药

光活化农药是近几年发展起来的一种新型、高效、低毒的农药。其原理是光动力作用，即光敏剂在有氧和光存在的条件下，对细胞、病毒、生物体有杀伤作用。光敏剂一般是一些在可见光谱下有强吸收的燃料。光敏剂在癌细胞上积累，光照后可以杀死癌细胞，叫做动力治疗；如果用做农药，用来杀死害虫或杂草，则叫做光活化农药。可应用于农药的光敏剂有黄素类、生物碱、呋喃并香豆素、噻吩、吖啶和咕吨（xanthene）类等化合物。

1. 原理

光活化农药的关键是光敏剂。光敏剂是在可见光区至红外区为强吸收的有色化合物。光敏剂在光照射下,吸收光子,首先跃迁到单重态,然后瞬间蹿跃到三重态和底物发生电子转移或氢原子转移,生成自由基或自由基离子。其作用类型分为类型Ⅰ和类型Ⅱ。类型Ⅰ为在氧的存在下底物被氧化的作用;类型Ⅱ则为处在三重态的光敏剂,通过能量转移使分子氧形成单重态氧$^1O_2$,对底物产生氧化作用,或产生从敏化剂到氧的电子转移,给出氧化了的敏化剂和超氧负离子O_2^-,对底物氧化作用。其物理过程见图6-9,整个过程可以说是一个光敏氧化过程。

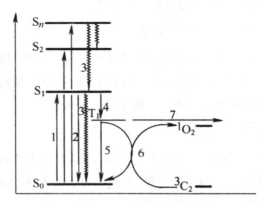

图 6-9　光敏剂的物理过程

染料分子并不介入毒性反应,只是起催化剂的作用。光敏剂从被激发到单重态到最后回到基态大约需10ms或更快。一个光敏剂分子有可能在每分钟产生上千个O_2,可以破坏上千个靶标分子。其杀虫过程取决于昆虫、染料、光和氧四个因素,速率方程为:

$$V = K[虫][染料][光][氧]$$

2. 光敏剂

光敏剂在光动力学过程中是关键组分,其效率取决于它是否有高的摩尔消光系数,是否有高的三重态产率,三重态的寿命是否足够长或者说是否有高的磷光量子产率。其种类有天然产物和合成产物两类。

(1) 天然的植物组分

现已从高等植物中鉴定出100多种光敏剂,它们对植物起保护作用,使植物免受害虫侵蚀。这些化合物来自不同科的35种植物,通过4种不同的生物化学合成途径在植物体内生成。但至今仍有大量的植物未被分析。搞清这些组分有助于:①了解含光敏剂化合物的植物间的类属关系;②评估高等植物间光活化防护的普遍性;③提供可作为生物控制的新型光敏剂。

天然光敏剂主要有香豆素类、呋喃并香豆素类、联噻吩类、苯乙酮类、稠环类等,其部分结构如下:

香豆素类（coumarin）

呋喃并香豆素类（furanocoumarin）

乙炔类（acetylence）

噻吩类（thiophen）

稠环醌类（extended quinane）

δ-氨基乙酰丙酸不是光敏剂，它是生物体内合成原卟啉Ⅸ的初始化合物，在暗处可产生并积累超出正常量的原卟啉Ⅸ，见光后可敏化产生 O_2，它氧化膜组分和其他生物分子，使生物死亡或损伤。稠环醌类化合物是效率极高的光敏剂，在有氧、光存在下，可产生 O_2，属于类型Ⅱ机制。此类化合物有从真菌 *Cercospora kiguchii* 属中分离出的尾胞素（cercosporin）、从 *Hypericum* sp. 中分出的金丝桃素（hypericin）、从 *Hypcrella bambnsae* 中分出的竹红菌素（hypocrellin）和从荞麦花中分出来的从荞麦碱（fagopyrin），其结构如下：

尾胞素（cercosporin）

金丝桃素（hypericin）

竹红菌素（hypocrellin）

荞麦碱（fagopyrin）

（2）合成光敏剂

适于做农药的主要是呫吨类染料，如荧光素（fluorescein）、曙红（eosin）、藻红（erythrosin B）、根皮红（photoxine B）、玫瑰红（rose Bengal），其结构为：

A	B	
H	H	荧光素
Br	H	曙红
I	H	藻红
Br	Cl	根皮红
I	Cl	玫瑰红

最有效的是含有卤素的化合物，卤素原子位于氧原子旁边，容易发生自旋轨道偶合。在光的作用下，氧容易激发单重态染料卤素蹿跃到第一激发三重态。卤素原子愈大，蹿跃到三重态的效率就愈高，分子的磷光就愈强。人工合成的光敏色素还有次甲基蓝和甲苯胺蓝等，其结构为：

次甲基蓝　　　　　　　　　　甲苯胺蓝

（3）光活化农药重要品种的应用

光农药对目标害虫有如下几个作用：①体外抑制已酰胆碱酯酶；②体内降低血淋巴；③还原血细胞；④减轻干重和湿重；⑤降低蛋白和脂肪的水平；⑥令成虫羽化后停止生长。

曾经研究过 α-三聚噻吩对一种线虫，以及 α-三聚噻吩和苯基庚三炔在阳光和紫外光下对伊蚊（aedes）、黑蝇（blackfly）幼虫的光动力作用。大田试验表明：α-三聚噻吩对伊蚊的光毒性在阳光下比在紫外光下更有效，而暗毒性很小。它对烟草灭蛾幼虫（tobacco hornworm）的光动力作用比对欧洲玉米钻蛀虫（european corn borer）的大 70 倍。这是因为后者对联噻吩的排泄速度快，且能很快将其代谢，但 α-三聚噻吩对烟草灭蛾是有效的。烟草灭蛾幼虫的成虫吃

了 α-三聚噻吩后照射紫外光若是死不了,则化蛹不正常且时间长,影响到蛹的外壳硬化和变异。

将藻红直接放到人畜粪便上,每周放 1 次,共 5 周,家蝇的成虫和幼虫的死亡率达 90%,成蝇表现出生殖力降低,卵成活率降低,并且在成长的每一个阶段死亡率都有所增加。可见,体内染料在蝇的整个生长过程中,都表现出毒性。将家蝇放到在暗处含玫瑰红或藻红的琼脂上,其蛹化和羽化率随染料浓度的增加而降低,即使在幼虫阶段吃了非致死量的染料,在成虫阶段也表现出很强的毒性影响。这一研究对光动力作用应用于大田害虫和医学上的害虫很重要。

对付蚊的幼虫,是将不溶于水的染料喷洒在产卵的水面上,效果比溶于水的染料好。但用表面活性剂将不溶的染料分散于水中,可增加染料的毒性。不溶的无毒的荧光素加到分散的藻红中,会增加毒性。

染料的浓度过大,如琼脂内含 1% 的染料时,成年的家蝇就拒食。对于果蝇,食饵的基本组分是蛋白质和糖,再加上毒剂组分,所有的果蝇对此都敏感。已开发的果蝇引诱剂,是由果糖和蛋白的水解物组成。如果能让害虫吃诱饵,则效果是明显的,所以开发具有很强的诱食作用的食饵是极重要的。

美国 Bergsten 博士对染料的安全性进行了详细的研究。用于杀死蚊蝇的一些染料已被批准用作药物、化妆品、食物色素等。这表明,它们对人类是安全的。根皮红在动物体内不代谢,而且排泄快,作为药和化妆品,可接受的根皮红的用量为 1.25mg/(kg·d),这个值为 RRV(regulatory reference valve),在此值以下无致癌作用。人对荧光素的 RRV 值是 0.7mg/(kg·d)。用于地中海果蝇的食饵中的马拉硫磷的用量是 10%,而使用根皮素的用量仅 0.5%。马拉硫磷对皮肤渗透性比根皮红大 87 倍,因此,综合排泄快、不致癌、用量少三个因素的特点,如果仅是皮肤接触含光敏剂的食饵,根皮红对人类的安全性是马拉硫磷的 10 万倍。总之,如用根皮红代替马拉硫磷,对环境的安全性大约增加 1 千倍。研究还表明根皮红对哺乳动物的危害极低,给鼠、狗吃含 1% 根皮红的食物 2 年,病理实验都没有观察到副作用。每周给田鼠皮内注射 1% 根皮红溶液,长时间也无癌变,同时,发现根皮红对鸟类、爬行类、两栖类、鱼类都无毒性作用。

光敏剂作为除草剂也有不少报道。在《当代化学前沿》一书中提到的光敏剂有恶唑烷酮类、吡唑基苯基醚等,这些都是合成化合物,作用机理属于类型 II,单重态氧 O_2 引起色素白化或细胞膜的过氧化,导致细胞的死亡。它主要有两个生物靶标:一是抑制 β-胡萝卜素的形成和类胡萝卜素的合成,使植物白化;二是阻断叶绿素的合成。δ-氨基乙酰丙酸是卟啉或叶绿素合成的前体化合物。所有的植物都需要叶绿素的生物合成,如果它们的生物合成途径被调制,在暗处产生大量的环状四吡咯化合物,并积累于生物体内,见光后可催化成 O_2,它氧化膜组分和其他重要生物分子,使植物死亡,有的情况下,见光 20min 可见损伤,见亮光 60min 产生不可逆转的损伤。引发的症状包括叶子上产生相间的白点,要么很快愈合,要么伴随着严重地干枯,24h内绿色植物变成棕色的组织死亡干枯体。

　　光活化农药由于对害虫高效,对人畜无毒,对环境无污染,愈来愈受到人们的青睐。再过几年,肯定会有越来越多的产品问世。光活化农药今后的发展方向是:① 从自然界分离鉴定有效的光敏剂,合成新型光敏剂;② 根据光动力原理,O_2 作用于生物分子靶位特点,设计毒性分子;③ 研究不同害虫的高效诱饵;④ 除草剂的开发和应用。

6.5　环境友好的固体酸

　　酸催化反应是化学工业中重要的反应过程之一。酸催化反应和酸催化剂是包括烃类裂解、重整、异构等石油炼制以及包括烯烃水合、芳烃烷基化、醚化及酯化等石油化工在内的酸、磷酸、三氯化铝等一些无机酸类的催化剂。但使用这类催化剂时存在一系列问题,如生产大量的废液废渣,设备腐蚀严重及催化剂与原料和产物不易分离,在工艺上难以实现连续化等缺点。若这些液体催化剂能以无毒无害的固体酸催化剂来代替,则上述诸多问题就可得到解决。因此,以固体酸代替液体酸化催化剂是实现环境友好催化新工艺的一条重要途径。

6.5.1　固体酸的定义、分类及测定

　　一般而言,固体酸可理解为凡能使碱性指示剂改变颜色的固体,或是凡能化学吸附碱性物质的固体。严格地讲,固体酸分为以下两种类型。

　　Bronsted 酸(简称 B 酸或质子酸):能够给出质子的物质称为 Bronsted 酸。

　　Lewis 酸(简称 L 酸):能够接受电子对的物质称为 Lewis 酸。

　　到目前为止,人们研究和开发的固体酸数目十分庞大,但大致可分为九类,见表 6-1。

表 6-1　固体酸的分类

序号	类型	实　例
1	固载化液体酸	HF/Al_2O_3、H_3PO_4/硅藻土
2	氧化物	简单氧化物:Al_2O_3、SiO_2、B_2O_3、Nb_2O_5、TiO_2、ZrO_2 复合氧化物:Al_2O_3/SiO_2、B_2O_3/Al_2O_3、ZrO_2/SiO_2
3	硫化物	CdS、ZnS
4	金属盐	磷酸盐:$AlPO_4$、BPO_4、$FePO_4$ 硫酸盐:$Fe_2(SO_4)_3$、$Al_2(SO_4)_3$、$CuSO_4$

序号	类型	实　例
5	分子筛	沸石分子筛:ZSM-5 沸石、X 沸石、Y 沸石、β 沸石、丝光沸石 非沸石分子筛:AlPO、SAPO 系列
6	杂多酸	$H_3PW_{12}O_{40}$、$H_3SiW_{12}O_{40}$、$H_3PMo_{12}O_{40}$
7	阳离子交换树脂	苯乙烯-二乙烯基苯共聚物、Nafion-H
8	天然黏土矿	高岭土、膨润土、蒙脱土
9	固体超强酸	SO_4^{2-}/ZrO_2、WO_3/ZrO_2、MoO_3/ZrO_2、B_2O_3/ZrO_2

　　固体酸性的表征一般包括酸中心的类型、酸强度和酸量等三个性质。酸类型是指 Bronsted 酸和 Lewis 酸;酸强度是指固体表面将吸附于其上的碱分子转化为共轭酸的能力;酸量是指单位质量固体或单位表面固体上所含酸中心数或毫摩尔数。另外,固体表面酸中心往往是不均匀的,有强有弱,为全面描述其酸性,需测定酸量对酸强度的分布。常用固体表面酸性的测定方法如表 6-2 所示。由于固体表面酸中心的结构比较复杂,可能同时存在 B 酸和 L 酸中心,而每种酸中心的强度并不单一。一个理想的成功的酸性测定方法要求能区别 B 酸和 L 酸,对每种酸类型、酸强度的标度物理意义准确,能分别定量地测定它们的酸量和酸强度分布。表 6-2 中的某种方法都具有某方面的优势,但都存在缺陷,不可能对固体酸的酸性进行全面、完全地定量表征。因此,在实际测定过程中,往往需要多种方法结合。

表 6-2　常用的固体酸表面酸性测定方法

方　　法	表征内容
吸附指示剂正丁胺滴定法	酸量、酸强度
吸附微量热法	酸量、酸强度
热分析(TG、DTA、DSC)方法	酸量、酸强度
程序升温脱附法	酸量、酸强度
羟基区红外光谱	各类表面羟基、酸性羟基
探针分子红外光谱	B 酸、L 酸、沸石骨架上、骨架外 L 酸
^{1}H MAS NMR	B 酸量、B 酸强度
^{27}Al MAS NMR	区分沸石的四面体铝、八面体铝(L 酸)

6.5.2　沸石分子筛

　　沸石分子筛是一种水合结晶硅铝酸盐,其化学组成表示如下:

$$M_2O \cdot Al_2O_3 \cdot mSiO_2 \cdot pH_2O$$

式中：M 为金属阳离子或有机阳离子；n 为金属阳离子的价数；m 为 SiO_2 的物质的量，数值上等于 SiO_2 和 Al_2O_3 的物质的量之比，又简称硅铝比；p 为 H_2O 的物质的量。

　　人工合成的分子筛是金属 Na^+ 阳离子型沸石分子筛，即 $Na_2O \cdot Al_2O_3 \cdot mSiO_2 \cdot pH_2O$。由于沸石分子筛中的硅铝组成要在一定范围内变化，并可用其他 3 价金属阳离子代替 Al_2O_3 中的 Al^{3+}，或者用 5 价离子代替 SiO_2 中的 Si^{4+}，还可选用不同金属阳离子代替 Na^+，以及用有机胺或无机氨合成分子筛，这样可得到多种类型的分子筛。目前，分子筛的种类已达到几百种，其中最常用的有 A 型、X 型、Y 型、M（丝光沸石）型和 ZSM-5 型。表 6-3 列出了几种常见分子筛型号、化学组成及孔径大小。

表 6-3　几种常见分子筛型号、化学组成及孔径大小

型 号	单胞典型化学组成	$n(Si)/n(Al)$	孔径大小/nm
3A	$K_{64}Na_{32}[(AlO_2)_{96}(SiO_2)_{96}] \cdot 216H_2O$	1	约 0.3
4A	$Na_{96}[(AlO_2)_{96}(SiO_2)_{96}] \cdot 216H_2O$	1	约 0.4
5A	$Ca_{34}Na_{28}[(AlO_2)_{96}(SiO_2)_{96}] \cdot 264H_2O$	1	约 0.5
13X	$Na_{86}[(AlO_2)_{86}(SiO_2)_{106}] \cdot 264H_2O$	1.23	0.8～0.9
10X	$Ca_{38}Na_{10}[(AlO_2)_{86}(SiO_2)_{106}] \cdot 264H_2O$	1.23	0.9～1.0
Y	$Na_{56}[(AlO_2)_{56}(SiO_2)_{136}] \cdot 264H_2O$	2.45	0.9～1.0
M	$Na_8[(AlO_2)_8(SiO_2)_{40}] \cdot 24H_2O$	5.00	0.58～0.70
ZSM-5	$Na_3[(AlO_2)_3(SiO_2)_{93}] \cdot 46H_2O$	31.00	0.52～0.58

1. 分子筛的结构

　　沸石具有三维空旷骨架结构，骨架是由硅氧四面体 $[SiO_4]$ 和铝氧四面体 $[AlO_4]$ 通过共用氧原子连接而成的，它们统称为 TO_4 四面体（基本结构单元）。所有 TO_4 四面体通过共享氧原子连接成多环和笼，称为次级结构单元（SUB）。这些次级结构单元组成沸石的三维骨架结构，骨架中由环组成的孔道是沸石的最主要结构。在骨架中硅氧四面体是中性的，而铝氧四面体则带负电荷，骨架的负电荷由阳离子平衡。这些阳离子可以被其他阳离子所交换。图 6-10 为常见的次级结构单元。图中没一个端点或交叉点代表一个 T 原子，每一条边表示一个氧桥，氧原子处于两个 T 原子中间。次级结构单元还可以通过氧桥进一步连接成笼结构，其主要结构如图 6-11 所示。复杂的沸石分子筛骨架结构就是由一种次级结构单元拼搭起来的。笼结构是构成各种沸石分子筛的主要结构单元。如 A 型沸石骨架是由四元环、六元环、八元环和 4-4 立方体拼起来的，而 Y 型沸石骨架则由四元环、六元环、八元环和 6-6 立方柱笼拼起来的。几种常见沸石的骨架结构示于图 6-12～图 6-15。

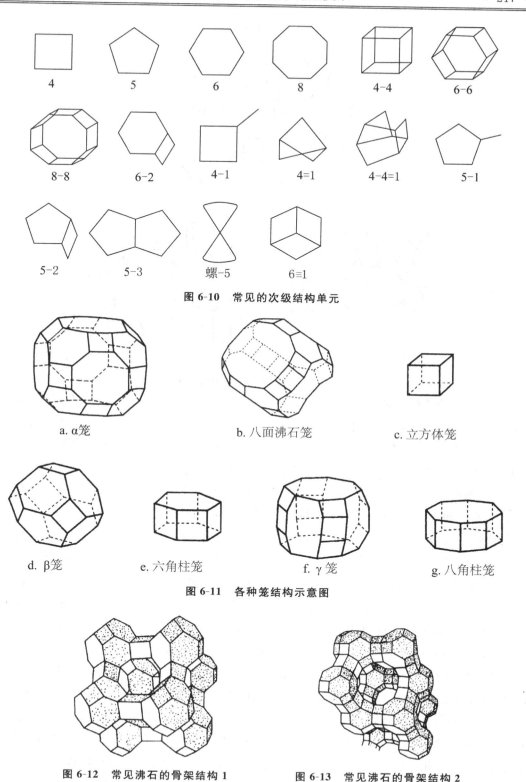

图 6-10　常见的次级结构单元

a.α笼　　　　　　　　b.八面沸石笼　　　　　　　c.立方体笼

d.β笼　　　e.六角柱笼　　　　f.γ笼　　　　　g.八角柱笼

图 6-11　各种笼结构示意图

图 6-12　常见沸石的骨架结构 1　　　　图 6-13　常见沸石的骨架结构 2

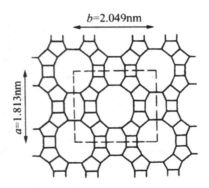

图 6-14　常见沸石的骨架结构 3

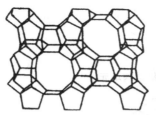

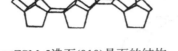

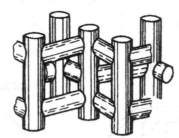

a. ZSM-5沸石(010)晶面的结构　　　b. ZSM-5沸石的孔道结构

图 6-15　常见沸石的骨架结构 4

　　A 型沸石的结构与氯化钠相似,属立方晶系。8 个 β 笼位于立方体的 8 个顶点上,以四元环通过 T—O—T 键相互连接,围成一个二十六面体笼(简称 α 笼)。α 笼直径为 1.14nm,是 A 型沸石的主要孔笼。α 笼与 α 笼之间 1 通过八元环沿三个晶轴方向互相贯通形成一个晶胞(图 6-12)。八元环是 A 型沸石的主要窗口,沸石孔径由八元环尺寸决定。

　　八面沸石的名称来自于天然矿物。人工合成的 X 型和 Y 型沸石晶体结构与八面体沸石相同,X 型和 Y 型沸石的差别只是硅铝比有所不同,习惯上把 Si/Al 比为 1.1～1.5 的称为 X 型沸石,把 Si/Al 比大于 1.5 的称为 Y 型沸石。它们的结构单元和 A 型沸石相同,也是 8 个 β 笼,只是排列方式不同。在 X 型和 Y 型沸石中,β 笼是按金刚石晶体式样排列的,金刚石结构中每一个碳原子由一个 β 笼代替,相邻的 β 笼通过六元环以 T—O—T 键连接,如图 6-13 所示。β 笼按上述方式连接时,围成一个二十六面体笼,称为八面体沸石笼或超笼。其直径为 1.8nm,是八面沸石的主要孔笼。八面沸石笼之间通过十二元环沿三个晶轴方向互相贯通,形成一个晶胞。十二元环是八面沸石的主要窗口,其孔径约为 0.74nm。

　　丝光沸石属于正交晶系,丝光沸石的结构中含有大量五元环,这些五元环是成对地连在一起的,即相邻的两个五元环共用两个硅(铝)氧四面体。它们又通过氧桥与另一对五元环连接,在相连的地方形成四元环,再由一串五元环和四元环组成链状结构围成八元环和十二元环,如图 6-14 所示。图 6-14 表示出丝光沸石晶体结构内的某一层,实际上丝光沸石晶体是由许多这样的层重叠在一起,通过适当的方式连接而成的。因此,在丝光沸石晶体中形成了许多互相平行的直筒形孔道,其中孔径最大的孔道是由十二元环组成,它是丝光沸石的主孔道。

ZSM-5 沸石属高硅五元环型沸石,属正交晶系。其基本结构单元是由 8 个五元环组成,这种基本结构单元通过共边连成链状结构,再围成沸石骨架。ZSM-5 沸石的孔道体系是三维的,其主孔道窗口为十元环,孔径尺寸为 0.54～0.56nm(图 6-15)。

2. 沸石分子筛的酸性

沸石分子筛之所以能广泛应用于催化领域,除其规整的骨架和孔道、高的热稳定性和水热稳定性等性能外,最重要的特征就是其酸性。

(1)氢型和脱氧离子型沸石分子筛酸中心的形成

用 NH_4^+(铵盐水溶液)交换 Na 型沸石,可得到 H 型沸石,由 H 型沸石脱水而得到脱阳离子型沸石,H 型和脱阳离子型沸石都具有很高的催化活性。

NH_4^+ 沸石经焙烧后得到了 H 型沸石,在室温下 H^+ 常与骨架氧结合为羟基。吡啶的红外光谱数据表明,HY 分子筛表面经常出现近 $3640cm^{-1}$ 的谱线,代表具有大笼酸性羟基。在 $1540cm^{-1}$ 出现 H^+ 酸吸附吡啶的特征峰,说明有 B 酸中心存在于 HY 沸石表面,正是它引起了一系列正碳离子反应。当 HY 沸石进一步焙烧,一部分表面羟基脱水产生了 L 酸性中心,此时吡啶的吸附红外光谱在 $1450cm^{-1}$ 处出现特征谱线,说明在脱阳离子沸石上有 L 酸中心存在,它是三配位的 Al 原子,带有正电荷,可作为电子对或 H^+ 的接受体,使烃类分子活化为正碳离子。实验表明,焙烧温度在 600℃左右时,催化活性最大,可见形成的表面 L 酸发挥了重要作用。实验表明,催化剂酸催化活性的最高峰并不与催化剂表面－OH 的最高含量相对应,而往往是经过局部脱水后才能使催化剂活性达到最高峰,个别甚至还要求基本上脱去表面－OH。对于这一现象,大多数人认为,表面－OH 只有少数或极少数为活性中心,这少数或极少数的－OH 要具备一定的表面微环境或表面场,而其机理到现在还不清楚。

沸石分子筛中的 B 酸和 L 酸是可以互相转化的:低温有水存在时,以 B 酸中心为主;相反,高温脱水会导致 L 酸为主,两个 B 酸中心形成一个 L 酸中心。

(2)多价阳离子交换后沸石分子筛酸中心的形成

当沸石分子筛中的 Na^+ 被二价或三价金属阳离子交换后,沸石中含有的吸附水或结晶水可与高价阳离子形成水合离子。干燥失水到一定程度,金属阳离子对水分的极化作用逐渐增强,最后解离出氢离子,生成 B 酸中心。

H^+ 酸中心是引起酸催化反应的活性中心。表面吸附红外光谱的数据显示 REY 分子筛表面有 $3640cm^{-1}$ 的谱线。阳离子交换沸石产生 B 酸中心,可以圆满说明碱土金属阳离子交换后沸石的催化活性规律。试验中发现,随着交换碱土金属离子半径的减小,催化剂活性增加,次序为 BeY＞MgY＞CaY＞SrY,MgX＞CaX＞SrX＞BaX。这一现象可以解释为当阳离子价数相同时,离子半径越小,对水的极化能力越强,故催化反应活性越高。

综上所述,沸石分子筛阳离子交换后可产生 B 酸中心,再经脱水可产生 L 酸中心,它们均可与反应物形成正碳离子。

（3）沸石分子筛催化活性中心的动态模型

近年来许多研究表明,沸石分子筛中的质子、阳离子以及骨架中的氧都可以移动,为此提出了酸中心动态模型。动态模型认为沸石表面上阳离子与阳离子的表面扩散,可导致O—H解离,增加了酸强度。

NMR 实验证实了表面质子酸的迁移。引人注目的是,吡啶吸附在酸中心 H^+ 上,增加了 H^+ 的迁移率。有人认为吡啶吸附减弱了沸石与 H^+ 的键强,促使 H^+ 在固体表面更快地迁移,质子运动的跳跃频率给出了动态酸强度的新概念。

3. 沸石分子筛酸性质的调变

沸石分子筛酸性质的调变对沸石催化反应的活性和选择性都有很大的影响,这也是沸石催化研究的重点。沸石分子筛酸性质的调变通常有以下的方法:

①合成具有不同硅铝比的沸石,或将低硅沸石通过脱铝提高其硅铝比。在一定硅铝比范围内,一般随硅铝比增加,反应的活性增加。

②通过调节交换阳离子的类型、数量来调节沸石的酸强度和酸浓度,从而改变催化反应的活性和选择性。

③通过高温焙烧、高温水处理、预积炭或碱中毒可以杀死沸石分子筛催化剂中的强酸中心,从而改变沸石的选择性和稳定性。

④通过改变反应气氛,如反应中通入少量二氧化碳或水汽可以提高酸中心浓度。

4. 沸石分子筛的择形催化作用

择形催化作用是指沸石分子筛催化剂对反应物和产物分子具有独特的择形选择性。沸石分子筛催化剂上的反应是在晶内进行的,因此只有那些大小和形状与沸石孔道相匹配的分子才能通过扩散进入晶内参与反应,或者由晶内扩散出来成为产物。择形催化反应按其机理不同可分为三类:反应物择形、过渡态择形和产物择形反应。这三类反应的择形分别是由反应物、过渡态分子和产物的扩散限制引起的,如图 6-16 所示。

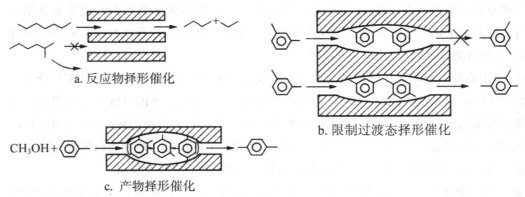

a. 反应物择形催化

b. 限制过渡态择形催化

c. 产物择形催化

图 6-16　三类择形催化反应

反应物择形就是有两种或两种以上具有不同尺寸的反应物分子,如果尺寸比较大的一类反应物分子要么无法进入分子筛微孔孔道,要么在孔道内扩散受阻,那么这类反应物分子在分子筛内的反应就受限制,表现出对反应物的择形性。

产物择形是指反应中存在两种尺寸的产物分子,其中尺寸较大的产物分子在分子筛微孔孔道内扩散受到限制,那么,这种产物分子的形成就受到抑制,表现出产物择形性。

反应物分子相互作用时可生成相应的过渡态,这需要一定的时间。当沸石分子筛催化剂空腔中的有效空间小于过渡态所需要的空间时,反应将受阻,因而表现出反应过渡态的择形性。过渡态择形性实际上是一种内禀化学反应择形。

反应物和产物择形催化都是受扩撒限制的,故其反应速率受催化剂颗粒大小的影响;而过渡态择形催化不受此影响。因此,可以用颗粒度不同的催化剂,通过实验来区分上述三种择形催化的类型。近年来,择形催化又有了进一步地发展,一些新的择形方式被提出,如笼效应、窗口效应、取向吸附效应、二次择形、逆向择形等。择形催化已成为分子筛催化的最重要特点之一。

5. 几种新型沸石分子筛

随着微孔化合物合成化学、合成技术以及表征手段的不断完善,大量具有不同组成元素与基本结构单元的微孔化合物被合成与开发出来。2004 年 IZA(国际沸石学会)的统计表明,有 157 种微孔结构类型的分子筛。由于骨架元素的大量扩展、骨架的调变与二次合成方法的进步,使微孔骨架结构类型的沸石分子筛不计其数。下面仅对磷酸盐类分子筛作一简单介绍。

1982 年 UCC 公司的 Wilson 等成功合成与开发出一个全新的分子筛家族——磷酸铝分子筛 $AlPO_4$-n。如用氧化物的形式表示产物的组成,则为 $xR \cdot Al_2O_3 \cdot (1 \pm 0.2)P_2O_5 \cdot yH_2O$,其中 R 代表一种胺或季胺模板剂。通常在 773~873K 灼烧以除去 R 和水,所得多孔分子筛用 $AlPO_4$ 表示。虽然其中少数物质在结构上属于沸石类分子筛,但大多数却属于新型结构。$AlPO_4$-n 的一些经典结构列于表 6-4。其孔径以及用氧或水的吸附所测的孔容也一并列于其中。$ALPO_4$-n 骨架是中性的,因此无离子交换能力,仅有弱酸催化性能。

表 6-4　一些 $AlPO_4$ 分子筛的性质

结　构	孔径/nm	吸附性质[①]		
		孔环大小[②]	总内孔容积/(cm³/g)	
			O_2	H_2O
$AlPO_4$-5	0.8	12	0.18	0.3
$AlPO_4$-11	0.61	10	0.11	0.16
$AlPO_4$-14	0.41	8	0.19	0.28
$AlPO_4$-6	0.3	6	0	0.30
$AlPO_4$-17	0.46	8	0.20	0.28

续表

结　构	孔径/nm	吸附性质①		
		孔环大小②	总内孔容积/(cm³/g)	
			O_2	H_2O
$AlPO_4$-18	0.46	8	0.27	0.35
$AlPO_4$-20	0.3	6	0	0.24
$AlPO_4$-31	0.8	12	0.09	0.17
$AlPO_4$-33	0.41	8	0.23	0.23

①采用标准 McBain-Baker 重量法测定样品的吸附量,吸附前先在氢气中焙烧(773～873K)。孔径由不同大小的吸附质分子吸附量得到。孔容积是在 80K 吸附 O_2,室温吸附 H_2O 至接近饱和而测定的。

②指控制孔口大小的氧环中所含的四面体原子(Al 或 P)数。

此外还有磷酸硅铝分子筛(SAPO-n)晶体。其中有些拓扑结构上与沸石或 $AlPO_4$-n 相关,其他则具有新的结构。SAPO-n 可看做是硅铝取代部分磷酸铝骨架而形成的,其中硅主要取代骨架磷分子。

近年来,人们又成功地将各种元素结合到磷酸铝或磷酸铝硅的骨架上。这些物质可用 MeAPO$_4$-n 和 MeSPAPO-n 表示。其中 Me 指金属离子,如 Fe、Mg、Co、Zn 等。SAPO、MeAPO、MeAPO 具有带负电的阴离子骨架,因而具有阳离子交换能力和产生 BRONSTED 酸"中心的潜力"。

在发现磷酸铝分子筛后,其他磷酸盐沸石类结构也被陆续发现,例如磷酸镓、含氟磷酸镓、磷酸锌、磷酸铍、磷酸钼、磷酸锡、磷酸钡和磷酸钴等。这些磷酸盐中,只有少数几个具有已知的沸石结构,其他均为新结构。某些磷酸盐也含有非四面体单元,例如 V、Co、Mo、Sn、Fe、Ga 和 In 的磷酸盐。

▶▶▶▶ 参考文献 ◀◀◀◀

[1] 陆文华. 美国的绿色化学计划和总统绿色化学奖. 全球科技经济瞭望,2000,(4):56.

[2] 王静康,龚俊波,鲍颖. 21 世纪中国绿色化学与化工发展的思考. 化工学报,2011,(9):1945-1949.

[3] M. Trostb. The atom economy search for synthetic efficiency. *Science*,1991,254:1471.

[4] 贡长生,张克立. 绿色化学化工实用技术. 北京:化学工业出版社,2002.

[5] 梁文平,唐晋. 2010 年度国家杰出青年科学基金评审结果简况. 化学进展,2000,12(2):228.

[6] J. H. Clark. Challenges and opportunities. *Green chemistry*,1999,1(1):1.

[7] R. Sheldon. Enantioselective hydrogenation of polar substrates in inverted supercritical CO_2/aqueous biphasic media. *Nature*,2000,405:129-132.

[8] 朱清时. 绿色化学. 化学进展,2000,12(4):410-412.

［9］闵恩泽,傅军.绿色化学的进展.化学通报,1999,(1):10-15.

［10］张邦乐,伟炜,张生勇.萘普生的催化不对称合成.中国医药工业杂志,1999,30(9):426-430.

［11］G. P. Rodgers,G. T. Dover,N. Uyesaka,et al. Augmentation by erythropoietin of the fetal-hemoglobin response to hydroxyurea in sickle cells disease. *New England J. of Med.*,1993,328:73-78.

［12］C. Y. Fan,L. Jiang. Preparation of hydrophobic nanometer gold particles and their optical-absorption in chloroform. *Langmuir*,1997:3059-3062.

［13］文平,郑裴能,王仪.走出中国农药的创新之路.农药,1999,38(9):1-5.

［14］S. V. Ley,et al. Insect antifeedants from Azadirachta indica (Part 5):Chemical modification and structure-activity relationships of azadirachtin and some related limonoids. *Tetrahedron*,1989,45:5175-5192.

［15］C. S. Foote,ed al. Photophysical properties of sixty atom carbon molecule (C60). *Ptotobiol.*,1991,95:11-12.

［16］周本新.农药新剂型.北京:化学工业出版社,1994.

［17］马金石,成昊,闫芳.新型绿色农药——光活化农药.化学进展,1999,11(4):341-347.

［18］朱炳晨,朱子彬.催化反应工程.北京:中国石油出版社,2000.

［19］陈维纽.超临界流体萃取的原理和应用.北京:化学工业出版社,1998.

［20］K. P. Johnston,C. Haynes. New directions in supercritical fluid science and technology. *ACS Symposium sersis*,1989,406:1-12.

［21］B. R. Ristopher. Unique pressure effects on the absolute kinetics of triplet benzophenone photoreduction in supercritical carbon dioxide. *J. Am. Chem.*,1999,114 (22):8455-8463.

［22］王延吉,赵新强.绿色催化过程与工艺.北京:化学工业出版社,2002.

［23］朱宪.绿色化工工艺导论.北京:中国石化出版,2009.

［23］沈玉龙,曹文华.绿色化学:北京:中国环境科学出版社,2009.

［25］闫立峰.绿色化学.合肥:中国科学技术大学出版社,2007.

图书在版编目(CIP)数据

绿色化工与清洁生产导论/赵德明编. —杭州:浙江大学出版社,2013.9(2024.2重印)

ISBN 978-7-308-12052-4

Ⅰ.①绿… Ⅱ.①赵… Ⅲ.①化学工业—无污染技术 Ⅳ.①X78

中国版本图书馆 CIP 数据核字(2013)第 195334 号

绿色化工与清洁生产导论

赵德明 编

丛书策划	季 峥	
责任编辑	季 峥	
出版发行	浙江大学出版社	
	(杭州市天目山路 148 号 邮政编码 310007)	
	(网址:http://www.zjupress.com)	
排 版	杭州林智广告有限公司	
印 刷	浙江新华数码印务有限公司	
开 本	787mm×1092mm 1/16	
印 张	14.5	
字 数	308 千	
版 印 次	2013 年 9 月第 1 版 2024 年 2 月第 7 次印刷	
书 号	ISBN 978-7-308-12052-4	
定 价	35.00 元	